STARK

ABITUR 2016

Original-Prüfungsaufgaben mit Lösungen

Biologie

Gymnasium Bayern

2011–2015

STARK

6. ergänzte Auflage
www.stark-verlag.de

Inhalt

Abiturpüfung 2012

Abiturprüfung 2013

Abiturprüfung 2014

Abiturprüfung 2015

Jeweils zu Beginn des neuen Schuljahres erscheinen die neuen Ausgaben der Abiturprüfungsaufgaben mit Lösungen.

Autoren:

Jürgen Rojacher: Übungsaufgaben A 1, B 1, C 2; Lösungen zum Musterabitur A 1, B 1, zum Abitur 2011 A 1, B 1, C 2, zum Abitur 2012 A 1, B 2, C 1, zum Abitur 2013 A 1, B 2, C 2, zum Abitur 2014 A1, B2, C2 und zum Abitur 2015 A1, B1, C1
Harald Steinhofer: Übungsaufgaben A 2, B 2, B 3, C 1; Lösungen zum Musterabitur B 1, C 1, zum Abitur 2011 A 2, B 2, C 1, zum Abitur 2012 A 2, B 1, C 2, zum Abitur 2013 A 2, B 1, C 1, zum Abitur 2014 A2, B1, C1 und zum Abitur 2015 A2, B2, C2

Vorwort

Liebe Schülerin, lieber Schüler,

dieses Buch enthält neben zahlreichen **Übungsaufgaben** und dem **Musterabitur** des Staatsinstituts für Schulqualität und Bildungsforschung (ISB) die **Abiturprüfungen 2011 bis 2015**. Es unterstützt Sie optimal bei der systematischen und effektiven **Vorbereitung** auf Ihre schriftliche Abiturprüfung. Zur expliziten Vorbereitung auf die mündliche Abiturprüfung finden Sie im Band „Biologie Kolloquium" (Stark Verlag, Bestellnr. 95711) zahlreiche Aufgabenstellungen im Stil der zu haltenden Kurzreferate und viele weitere Zusatzfragen.

Kennzeichnend für die Aufgabenstellung im Abitur sind die anwendungsbezogene Auseinandersetzung mit dem Aufgabenthema, das Arbeiten mit Materialien und die Vernetzung verschiedener Lernbereiche. Dieser Anspruch wird im Aufbau dieses Buches umgesetzt:

- In den **„Hinweisen und Tipps zum Abitur"** finden Sie u. a. eine Beschreibung der Rahmenbedingungen für die Abiturprüfung, eine Lehrplanübersicht sowie konkrete Hinweise für eine erfolgreiche Herangehensweise an Ihre Abiturprüfung.
- Die **Übungsaufgaben** behandeln für die Abiturprüfung typische Fragestellungen aus allen Themenbereichen des Lehrplans und geben Ihnen die Möglichkeit, grundlegende Fertigkeiten und Arbeitstechniken, wie z. B. den richtigen Umgang mit Operatoren, einzuüben und Ihr Wissen zu überprüfen.
- Das **Musterabitur** und die **Original-Abituraufgaben** der **Jahrgänge 2011 bis 2015** dienen Ihnen als Beispiel für die Gestaltung zukünftiger Abituraufgaben und unterstützen Sie so optimal bei der Prüfungsvorbereitung.
- Alle **Lösungsvorschläge** sind bewusst ausführlich formuliert, damit Sie eventuelle Wissenslücken schließen können. Die durch Rauten und kursiven Druck hervorgehobenen **Hinweise** geben Ihnen Tipps zur Lösung der Aufgaben.
- Abgerundet wird der Band durch ein praktisches **Stichwortverzeichnis**. Dieses ermöglicht eine rasche Suche nach bestimmten Schlagwörtern.

Sollten nach Erscheinen dieses Bandes noch wichtige Änderungen in der Abiturprüfung 2016 vom Kultusministerium bekannt gegeben werden, finden Sie aktuelle Informationen dazu im Internet unter
www.stark-verlag.de/pruefung-aktuell.

Viel Erfolg bei der Arbeit mit diesem Buch und im Abitur!

Jürgen Rojacher und Harald Steinhofer

Stichwortverzeichnis

Hinweise und Tipps zum Abitur

1 Die Abiturprüfung in Bayern

Die bayerischen Abiturientinnen und Abiturienten legen ihr Abitur in fünf Fächern in Form einer schriftlichen (drei Fächer) bzw. einer mündlichen (zwei Fächer) Prüfung ab. Das Abitur findet in den Monaten April bis Juni statt.

Die schriftliche Prüfung

Jeder Abiturient wird in **drei Fächern schriftlich** geprüft. Neben den verpflichtenden Fächern Deutsch und Mathematik kann Biologie als eine der Naturwissenschaften gewählt werden.
Die schriftlichen Prüfungen finden als Zentralabitur statt. Das bedeutet, dass alle Schülerinnen und Schüler am selben Tag vom Bayerischen Staatsministerium für Unterricht und Kultus zentral erstellte Aufgaben bearbeiten. Bayernweit werden dem Fachausschuss (Fachlehrer, Zweitkorrektor und ein Vorsitzender) des jeweiligen Gymnasiums am Prüfungstag **drei Aufgabenblöcke** (A, B und C) vorgelegt. Jeder dieser Blöcke besteht aus zwei Aufgabenvorschlägen (A 1 oder A 2, B 1 oder B 2 und C 1 oder C 2) mit mehreren Teilaufgaben im Umfang von 40 Bewertungseinheiten. Aus diesen Vorschlägen wählt der Fachausschuss **eine Aufgabe je Aufgabenblock** zur Bearbeitung aus. Allen Prüflingen werden diese **drei ausgewählten Aufgaben** zur Bearbeitung vorgelegt. Die Aufgabenblöcke können themen- und jahrgangsübergreifend angelegt sein, sodass die einzelnen Wissensgebiete miteinander in Zusammenhang gebracht werden. Die für das Fach Biologie angegebenen 180 Minuten Bearbeitungszeit verstehen sich als Gesamtarbeitszeit einschließlich Einlesezeit.
Die Bewertung der Prüfungsleistung wird vom Fachausschuss auf Grundlage der vom Bayerischen Staatsministerium für Unterricht und Kultus erstellten **Korrekturhinweise** vorgenommen. Diese enthalten keine vollständigen Lösungen, sondern stellen einen knappen Erwartungshorizont dar. Sie dienen den Korrektoren als Basis für vergleichbare und transparente Korrektur (allen Teilaufgaben sind jedoch verbindliche Bewertungseinheiten zugeordnet).

Für die Erstellung der Notenpunkte bzw. der Gesamtnote aus der maximal erreichbaren Zahl von 120 Bewertungseinheiten wird die folgende Zuordnungstabelle verbindlich zugrunde gelegt:

Bewertungseinheiten	Noten mit Tendenzangabe	Notenpunkte	Intervalle in %
120–115	+1	15	
114–109	1	14	15
108–103	1–	13	
102–97	+2	12	
96–91	2	11	15
90–85	2–	10	
84–79	+3	9	
78–73	3	8	15
72–67	3–	7	
66–61	+4	6	
60–55	4	5	15
54–49	4–	4	
48–41	+5	3	
40–33	5	2	20
32–25	5–	1	
24–0	6	0	20

Die mündliche Prüfung (Kolloquium)

Alle Abiturienten legen ihr Abitur zusätzlich in **zwei Fächern** in Form einer **mündlichen** Prüfung (4. und 5. Prüfungsfach) ab. Das Fach Biologie kann als Einzelprüfung in den folgenden Fällen mündlich geprüft werden:
- als 4. oder 5. Prüfungsfach, wenn Biologie nicht als schriftliches Prüfungsfach gewählt wurde,
- freiwillig als Zusatzprüfung (dies muss jedoch schriftlich beantragt werden),
- unfreiwillig auf Anordnung des Vorsitzenden des Prüfungsausschusses (bei zu schlechten Leistungen in der schriftlichen Prüfung).

Im **Kolloquium** können die Schüler einen Prüfungsschwerpunkt wählen. Dabei werden die Lerninhalte des ersten oder des zweiten Ausbildungsabschnitts ausgeschlossen und die Lerninhalte eines der drei verbleibenden Ausbildungsabschnitte zum Prüfungsschwerpunkt erklärt.

Der Zeitplan für die Prüfungen wird den Schülern spätestens am Tag vor der Prüfung bekannt gegeben. Der Prüfungsausschuss legt aus dem gewählten Themenbereich die Themen für die Kurzreferate fest. Etwa 30 Minuten vor Prüfungsbeginn wird dem Prüfling das Thema schriftlich bekannt gegeben. Der Prüfling darf sich unter Auf-

sicht auf das Kolloquium vorbereiten und dabei Aufzeichnungen als Grundlage für seine Ausführungen machen. Die Prüfung gliedert sich in zwei Teile von je etwa 15 Minuten Dauer: Sie beginnt mit einem ca. 10-minütigen **Kurzreferat** zum gestellten Thema aus dem gewählten Prüfungsschwerpunkt sowie einem Dialog über das Kurzreferat. Anschließend folgt ein **Gespräch** zu Problemstellungen aus den zwei weiteren gewählten Ausbildungsabschnitten.
Im Kolloquium soll der Prüfling seine allgemeine und fachspezifische Studierfähigkeit nachweisen, indem er in der vorgegebenen Zeit anhand eines Kurzreferats eine Aufgabenstellung löst und vertiefte fachliche Kenntnisse im Schwerpunktbereich nachweist. Im Prüfungsgespräch soll er zeigen, dass er über das Wissen fachlicher und fächerübergreifender Zusammenhänge verfügt und seine Gesprächsfähigkeit beweisen.
Die maximal erreichbare Gesamtpunktzahl in der Kolloquiumsprüfung beträgt 60 Punkte. Die Bekanntgabe des Ergebnisses erfolgt durch den Prüfungsausschuss, der Termin wird jedoch von jeder Schule eigenverantwortlich festgelegt.

Die **freiwillige mündliche Zusatzprüfung** muss spätestens am Tag nach Bekanntgabe des Ergebnisses der schriftlichen Prüfung vom Abiturienten beim Prüfungsausschuss schriftlich beantragt werden. Der Prüfungsausschuss kann einen Schüler aber auch in die **unfreiwillige mündliche Zusatzprüfung** verweisen. Der Schüler darf ähnlich wie beim Kolloquium ein Halbjahr als Prüfungsschwerpunkt festlegen und die Lerninhalte des ersten oder zweiten Halbjahres ausschließen. Allerdings darf sich der Schüler nur etwa 20 Minuten auf die Zusatzprüfung unter Aufsicht vorbereiten und Aufzeichnungen machen. Die Zusatzprüfung dauert in der Regel 20 Minuten.

Zur zielgerichteten Vorbereitung auf die mündliche Biologieprüfung eignet sich der Band „Biologie Kolloquium" (Stark Verlag, Bestellnr. 95711). Das Buch enthält im Stil der zu haltenden Kurzreferate Aufgabenstellungen zu allen lehrplanrelevanten Themengebieten sowie Zusatzfragen zu allen Ausbildungsabschnitten.

Das Prüfungsergebnis

Alle fünf Abiturprüfungen werden jeweils **vierfach** gewertet. Somit können in jeder Abiturprüfung bis zu 60 Punkte erreicht werden:

Schriftliches oder mündliches Prüfungsfach:
Ergebnis der Abiturprüfung $\times 4 \rightarrow$ max. 60 Punkte

Die Gesamtleistung der Abiturienten setzt sich folgendermaßen zusammen:

Qualifikationsphase (Jahrgangsstufen 11 und 12) (30 HJL Pflicht- und Wahlpflichteinbringungen + 10 HJL Profileinbringungen) × max. 15 Punkte **= max. 600 Punkte**	+	**Abiturprüfung** 5 Prüfungen × max. 60 Punkte **= max. 300 Punkte**	=	**Gesamtqualifikation** **max. 900 Punkte** (entspricht Abiturschnitt 1,0)

Für die Bestimmung der Durchschnittsnote aus der maximal erreichbaren Zahl von 900 Notenpunkten wird die folgende Zuordnungstabelle verbindlich zugrunde gelegt:

Punkte	900–823	822–805	804–787	786–769	768–751	750–733	732–715
Note	1,0	1,1	1,2	1,3	1,4	1,5	1,6
Punkte	714–697	696–679	678–661	660–643	642–625	624–607	606–589
Note	1,7	1,8	1,9	2,0	2,1	2,2	2,3
Punkte	588–571	570–553	552–535	534–517	516–499	498–481	480–463
Note	2,4	2,5	2,6	2,7	2,8	2,9	3,0
Punkte	462–445	444–427	426–409	408–391	390–373	372–355	354–337
Note	3,1	3,2	3,3	3,4	3,5	3,6	3,7
Punkte	336–319	318–301	300				
Note	3,8	3,9	4,0				

2 Prüfungsanforderungen und Aufgabenkultur

Grundlage für die zentral gestellten schriftlichen Aufgaben der Abiturprüfung sind die verbindlichen Vorgaben der Lehrpläne für die gymnasiale Oberstufe aus dem Jahr 2009. Die Lehrpläne aller Fächer und Jahrgangsstufen lassen sich unter folgender Internetadresse abrufen: *http://www.isb-gym8-lehrplan.de/contentserv/3.1.neu/g8.de/index.php?StoryID=1*.

In der folgenden Tabelle finden Sie die fachspezifischen **Themenbereiche** des gültigen Lehrplans im Fach Biologie für das achtjährige Gymnasium und einen Verweis auf entsprechende Aufgabenbeispiele in diesem Buch.

Lehrplaninhalte	Beispiele*
Jahrgangsstufe 11	
Strukturelle und energetische Grundlagen des Lebens	
Organisation und Funktion der Zelle	
• elektronenoptisch erkennbare Strukturen der Zelle (Biomembranen, Chloroplasten, Mitochondrien, Zellkern)	Ü A2/1.2; 14 C1/1.1.1
• Bedeutung und Regulation enzymatischer Prozesse	11 B1/2.1; 15 C1/4;
Energiebindung und Stoffaufbau durch Fotosynthese	
• bedeutsame Experimente zur Aufklärung wesentlicher Fotosyntheseschritte	Ü A2/1.1
• Lichtreaktionen und lichtunabhängige Reaktionen	11 B1/1.2, 2.3
• Bedeutung der Fotosyntheseprodukte für die Pflanze	Ü A2/1.4
• experimentelle Untersuchung und Deutung der Abhängigkeit der Fotosyntheserate	Ü A1/3.1; 15 C1/1

* Ü = Übungsaufgabe; M = Musterabitur; 11/12/13/14/15 = Jahrgänge 2011/2012/2013/2014/2015; angegeben ist jeweils die Nummer der Aufgabe und die entsprechende Teilaufgabe

Grundprinzipien der Energiefreisetzung durch Stoffabbau	
• Energiefreisetzung durch anaeroben (Gärung) und aeroben (Zellatmung) Stoffabbau	14 A2/1.2; 15 A1/1.3.2
• Stoff- und Energiegesamtbilanz des anaeroben und des aeroben Stoffabbaus	13 C2/2.1; 15 C2/2.2
Genetik und Gentechnik	
Molekulargenetik	
• DNA als Speicher der genetischen Information; Vergleich mit einem entsprechenden RNA-Modell	Ü A2/4; 13 A2/1.2.1
• Replikation	
• Realisierung der genetischen Information (Proteinbiosynthese) bei Prokaryoten und bei Eukaryoten	M A1/1, 2.1; 15 A1/2.1
• Ursachen und Folgen von Genmutationen	M A1/1, 3.2
Zytogenetik	
• Zellzyklus und Mitose	Ü A2/3.2
• geschlechtliche Fortpflanzung	Ü B2/1.1
• numerische Chromosomenaberration beim Menschen (wie z. B. Trisomie 21, gonosomale Abweichungen)	
Klassische Genetik	
• Mendel'sche Regeln	Ü A1/1; 15 C1/2
Humangenetik	
• Erbgänge beim Menschen, Erbkrankheiten	Ü B3/3.2; 15 A2/2.2.1
• AB0-Blutgruppensystem, Rhesussystem	Ü B1/1
• Methoden der genet. Familienberatung und Risikoabschätzung	11 C2/1.2
Gentechnik	
• Neukombination von Erbanlagen mit molekulargenet. Techniken	15 C1/3.2.2
• bedeutsame Methoden und Anwendung der Gentechnik (genetischer Fingerabdruck, Lebensmittel- und Medikamentenherstellung, Gendiagnostik und Gentherapie beim Menschen)	Ü B3/3.1, 3.3; 14 C1/3; 15 B1/1
Mensch als Umweltfaktor – Populationsdynamik & Biodiversität	
• idealisierte Populationsentwicklung: Wachstumsphasen	14 B2/1.1
• Einfluss von Umweltfaktoren auf die Entwicklung von Populationen: logistisches Wachstum	11 A2/2.1; 15 C1/3.1
• Bedeutung verschiedener Fortpflanzungsstrategien	M C1/2.2
• Populationsentwicklung des Menschen und anthropogene Einflüsse auf die Artenvielfalt, z. B. durch weltweiten Tier- und Pflanzentransfer, wirtschaftliche Nutzung, Freizeitverhalten, Klimaveränderungen	Ü B3/2.2
Jahrgangsstufe 12	
Evolution	
Evolutionsforschung	
• Gemeinsamkeiten und Vielfalt fossiler und rezenter Organismen	Ü C2/1, 3
• Beurteilung von Ähnlichkeiten zur Rekonstruktion der Stammesgeschichte	Ü C2/3

• Homologiekriterien an Beispielen aus der Anatomie, Embryologie, Molekularbiologie • Analogie und konvergente Entwicklung	 Ü C2/3
Mechanismen der Evolution • Zusammenspiel von Evolutionsfaktoren aus der Sicht der erweiterten Evolutionstheorie • Rassen- und Artbildung	 Ü C2/3; 11 C2/3; 14 C2/2.2
Evolutionsprozesse • Koevolution: Bestäuber – Blütenpflanze, Wirt – Parasit	 Ü B2/3.1; 14 C1/5
Evolution des Menschen • Einordnung des *Homo sapiens* im System anhand anatomischer, chromosomaler und molekularer Merkmale • Zusammenwirken verschiedener Faktoren bei der Hominiden-Entwicklung: Umweltveränderungen, anatomisch-morphologische Veränderungen, soziale und kulturelle Evolution	 Ü B3/1
Neuronale Informationsverarbeitung • Bau eines Neurons • Ruhepotenzial und Aktionspotenzial • Prinzip der Erregungsübertragung an chemischen Synapsen • Wirkung von Nervengiften, Medikamenten und Suchtmitteln	 14 C1/1.1 11 A1/3.1 15 B1/2.1
Verhaltensbiologie *Vollständig und überwiegend genetisch bedingte Verhaltensweisen* • unbedingte Reflexe • komplexere Erbkoordinationen (Instinkthandlungen) bei einfachen Verhaltensweisen: Voraussetzungen, Attrappenversuche • experimentelle Hinweise auf erbbedingtes Verhalten: Kaspar-Hauser-Experimente	 M B1/1.3, 1.4 Ü C1/3.2; Ü C2/2.4 Ü C1/3.1
Erweiterung einfacher Verhaltensweisen durch Lerneinflüsse • Prägung und prägungsähnliche Vorgänge beim Menschen • Prinzip der Konditionierung • Verhalten mit höherer Plastizität: Spielverhalten, Nachahmung und Tradition, kognitives Lernen	 Ü B3/4; 15 B2/4 14 B2/3
Individuum und soziale Gruppe • Bsp. für Kooperation bei Nahrungserwerb, Schutz, Verteidigung, Fortpflanzung; Kosten-Nutzen-Betrachtung, Optimalitätsmodell • altruistisches Verhalten: Helfergesellschaften; Eusozialität; Verwandtschaftsgrad (Hamilton-Regel); direkter und indirekter Fortpflanzungserfolg als Maßstab für eine evolutionsstabile Strategie • Kosten und Nutzen der Kommunikation: Signalisieren und Signalempfang; Signalfälschung • Aggression: Imponieren, Drohen, Kämpfen; Beschädigen • Formen der Aggressionskontrolle: Beschwichtigung, Rangordnung, Territorialität, Migration • Sexualverhalten, Partnerfindung und Partnerbindung	 Ü C1/1; M C1/1 Ü C1/2.4; M C1/2.1; 14 A1/4 Ü B2/3.3; 15 B1/3 11 A1/2.2 Ü C1/2.1 15 B1/4

Aus der Aufgabenstellung der zentralen Abituraufgaben müssen Art und Umfang der geforderten Leistung eindeutig hervorgehen. Hierzu werden in den Aufgaben Operatoren (= Signalwörter) verwendet, die Rückschlüsse auf das Anforderungsniveau zulassen. Mithilfe der Operatoren können Sie demnach auf Art und Umfang der Bearbeitung einer Fragestellung schließen. Die Aufgaben werden in drei Anforderungsbereiche unterteilt, denen typische Operatoren zugeordnet werden können:

- Anforderungsbereich I: Reproduktion
- Anforderungsbereich II: Reorganisation
- Anforderungsbereich III: Transfer und problemlösendes Denken

Falls Sie sich trotz der Operatoren nicht sicher sind, auf welche Art Sie die Aufgabe beantworten sollen, können Ihnen die Bewertungseinheiten der Teilaufgaben einen zusätzlichen Hinweis auf den erwarteten Umfang geben.
Im folgenden Abschnitt erhalten Sie eine Übersicht über typische Operatoren der einzelnen Anforderungsbereiche. Darin wird die Bedeutung der Operatoren erläutert und anhand von Beispielen Bezug auf Aufgaben in diesem Buch genommen.

Anforderungsbereich I: Reproduktion

Zur Beantwortung von Aufgaben des Anforderungsbereichs I müssen Sie im Unterricht erlerntes Wissen wiedergeben. Typische biologische Vorgänge sollen wiedergegeben, bekannte Experimente beschrieben oder Skizzen von Strukturen angefertigt werden.

Operator	Bedeutung	Beispiele
angeben, nennen	Elemente, Sachverhalte, Begriffe, Daten ohne Erläuterungen aufzählen	Ü A1/1.2; 11 A1/1.3; 11 B1/1.4; 15 B1/3.2
benennen, bezeichnen	Eigenschaften, Bestandteile biologischer Sachverhalte und Vorgänge genau angeben (evtl. durch Zeichnen kenntlich machen)	Ü B1/1.2; 15 A2/3.1
beschreiben	Strukturen, Sachverhalte oder Zusammenhänge strukturiert und fachsprachlich richtig mit eigenen Worten wiedergeben	Ü B1/1.2; 11 A1/1.1, 3.1; 11 B1/1.2, 2.3; 11 C2/2.3; 15 A1/1.1
darstellen	Sachverhalte, Zusammenhänge, Methoden etc. strukturiert und gegebenenfalls fachsprachlich wiedergeben	Ü A1/2.1; 11 A1/3.1; 11 B1/2.3; 14 B1/1.1; 15 C1/3.2.2
formulieren, wiedergeben	Bekannte Inhalte wiederholen oder zusammenfassen	Ü A1/3.2
skizzieren	Sachverhalte, Strukturen oder Ergebnisse auf das Wesentliche reduziert übersichtlich grafisch darstellen	Ü A1/2.1; 11 A1/3.1; 11 B1/1.2; 11 C2/2.2, 2.3; 15 A1/1.3.3
zeichnen	Eine möglichst exakte grafische Darstellung beobachtbarer oder gegebener Strukturen anfertigen	Ü A1/2.2; 11 B1/2.2.2; 14 A1/2.1
zusammenfassen	Das Wesentliche in konzentrierter Form herausstellen	Ü B1/3.2

Anforderungsbereich II: Reorganisation

Aufgaben dieses Anforderungsbereichs verlangen einen gewissen Grad an Selbstständigkeit. Sie müssen erlerntes Fachwissen auf neue Zusammenhänge anwenden. Häufig wird in Aufgaben in Form von Materialien wie Tabellen oder Skizzen neues Wissen eingeführt, das Sie auf Erlerntes beziehen müssen. Beschriebene Sachverhalte müssen erklärt, Daten aus Tabellen oder Grafiken ausgewertet oder Vorgänge interpretiert werden.

Operator	**Bedeutung**	**Beispiele**
ableiten	Auf der Grundlage wesentlicher Merkmale sachgerechte Schlüsse ziehen	Ü B1/3.1; 11 C2/1.1, 2.1; 15 B1/4.2
analysieren, untersuchen	Wichtige Bestandteile oder Eigenschaften auf eine bestimmte Fragestellung hin herausarbeiten; Untersuchen beinhaltet ggf. zusätzlich praktische Anteile	Ü C1/1.2; 12 C1/2.1
auswerten	Daten, Einzelergebnisse oder andere Elemente in einen Zusammenhang stellen und ggf. zu einer Gesamtaussage zusammenführen	Ü C1/3.2
definieren	Formulieren einer eindeutigen Begriffsbestimmung durch Nennung des Oberbegriffs und Angabe der wesentlichen Merkmale	Ü A1/1.2
erklären	Einen Sachverhalt mithilfe eigener Kenntnisse in einen Zusammenhang einordnen sowie ihn nachvollziehbar und verständlich machen	Ü A1/2.3; 11 A1/2.1; 11 C2/2.2, 4; 14 B2/1.1, 1.3; 15 B1/3.1
erläutern	Einen Sachverhalt veranschaulichend darstellen und durch zusätzliche Informationen verständlich machen	Ü A1/2.2; 11 A1/1.2, 2.2, 3.2; 11 B1/1.1, 2.2.2; 15 C1/3.2.1
ermitteln	Einen Zusammenhang oder eine Lösung finden und das Ergebnis formulieren	Ü B1/4.1; 13 A2/2.1; 14 C1/4
erstellen	Daten oder Sachverhalte in Form von Diagrammen oder Schemata aufzeigen	
interpretieren, deuten	Fachspezifische Zusammenhänge in Hinblick auf eine gegebene Fragestellung begründet darstellen	Ü C2/2.1; 12 C1/1.2; 15 B2/3.1.1; 15 B1/2.2
kennzeichnen, charakterisieren	Wesentliche und typische Gesichtspunkte eines Sachverhalts oder biologischen Vorgangs nach bestimmten Gesichtspunkten benennen und beschreiben	Ü A1/1.1; 15 C1/2
ordnen, zuordnen, einordnen	Daten, Fakten, Begriffe oder Systeme werden zueinander in Beziehung gesetzt, wobei Zusammenhänge hergestellt und nach bestimmten Gesichtspunkten bewertet werden	Ü A1/1.2; 11 C2/1.2 13 B2/3.2

überprüfen, prüfen	Sachverhalte oder Aussagen an Fakten oder innerer Logik messen und eventuelle Widersprüche aufdecken	Ü A1/2.3
vergleichen	Gemeinsamkeiten, Ähnlichkeiten und Unterschiede ermitteln	Ü A1/3.1; 11 B1/1.3 13 B1/2.2; 14 A2/1.4; 15 A1/1.3.2

Anforderungsbereich III: Problemlösendes Denken und Transfer

Dieser Anforderungsbereich ist besonders anspruchsvoll. Typische Aufgabenstellungen sind das Begründen oder Beurteilen von Sachverhalten bzw. das kritische Bewerten oder Erörtern kontroverser Aussagen. Dabei wird häufig erwartet, dass Sie auf der Grundlage des im Unterricht erworbenen Fachwissens eigene Hypothesen aufstellen oder alternative Lösungswege entwickeln.

Operator	**Bedeutung**	**Beispiele**
begründen	Sachverhalte auf Regeln und Gesetzmäßigkeiten bzw. kausale Beziehungen von Ursachen und Wirkung zurückführen	Ü C2/2.3; 11 B1/1.3; 11 C2/3; 14 A2/1.1
beurteilen, bewerten, werten	Einen Sachverhalt (Prozesse, Aussagen, Handlungen, Gegenstände usw.) unter Verwendung von Fachwissen und Fachmethoden begründet formulieren	Ü C1/2.4; 11 B1/2.2.1; 14 B1/2.2; 14 B2/2.2.2;
beweisen	Argumente anführen, die aufzeigen, dass eine Aussage richtig ist	Ü B3/3.2
erörtern, diskutieren	Argumente und Beispiele zu einer Aussage oder These einander gegenüberstellen und abwägen	Ü C1/2.2.2; 14 C2/2.3.1; 15 C2/1.1
Hypothese oder Vermutung entwickeln, aufstellen	Begründete Vermutung auf der Grundlage von Beobachtungen, Untersuchungen, Experimenten oder Aussagen formulieren	Ü C1/1.2; 13 A1/1.2.2, 2.2; 14 B2/1.2; 14 C1/2, 5; 15 B1/2.1
planen	Zu einem vorgegebenen Problem eine Experimentieranleitung erstellen	14 A1/1.2
Stellung nehmen	Zu einem Gegenstand, der an sich nicht eindeutig ist, nach kritischer Prüfung und sorgfältiger Abwägung ein begründetes Urteil abgeben	Ü B3/3.3

3 Tipps zur Bearbeitung der schriftlichen Prüfung

Die Tipps im folgenden Abschnitt sollen Ihnen bei der Bearbeitung von Aufgaben helfen. Sie geben Ihnen einen Überblick zum Umgang mit Aufgabenstellungen und der Analyse und Auswertung von Materialien wie Diagrammen, Tabellen oder Abbildungen. Im Buch „Training Methoden – Biologie“ (Stark Verlag, Bestellnr. 94710), finden Sie weiterführende Hilfestellungen zur Bearbeitung von Prüfungsaufgaben.
Jedem Aufgabenblock des Abiturs liegt ein Gesamtthema zugrunde, dass sich wie ein roter Faden durch alle Teilaufgaben zieht. Häufig beginnt ein Block mit einem **einleitenden Text** oder **allgemeinen Materialien** wie Abbildungen, die **Informationen enthalten**, auf die in den **einzelnen Teilaufgaben Bezug** genommen wird. Lesen und betrachten Sie deshalb **einleitende Texte und Materialien genau**, bevor Sie zur Bearbeitung der Teilaufgaben übergehen.
Viele Aufgaben im Fach Biologie beinhalten materialgebundene Aufgabenstellungen, d. h. zur Beantwortung der Fragestellung müssen Sie Materialien wie Texte, Abbildungen, Tabellen, Grafiken, Statistiken oder Diagramme analysieren und auswerten.

Bearbeitung der Aufgabenblöcke

Dem Fachausschuss jedes bayrischen Gymnasiums werden am Tag des Abiturs drei Aufgabenblöcke A, B und C vorgelegt. Jeder Block besteht aus 2 Aufgabenvorschlägen (z. B. A 1 und A 2), wovon der Fachausschuss je einen Aufgabenvorschlag aus einem Aufgabenblock auswählt, den die Schülerinnen und Schüler des Gymnasiums im Abitur bearbeiten müssen. Stellen Sie sicher, dass Sie nur die für Sie vom Fachausschuss ausgewählten Aufgaben bearbeiten und streichen Sie, wenn nötig, die anderen Aufgabenvorschläge durch. Verschwenden Sie auch keine Zeit damit, die gestrichenen Aufgaben zu lesen und sich darüber zu ärgern, dass Sie diese unter Umständen besser hätten lösen können. Beachten Sie, dass die Gesamtprüfungsdauer des Abiturs 180 Minuten beträgt; pro Aufgabenblock stehen Ihnen somit ca. 60 Minuten zur Verfügung.

Bearbeiten Sie die einzelnen Aufgabenblöcke in folgenden Schritten:
a) Lesen der Gesamtaufgabe
b) Analysieren der Teilaufgaben
c) Anfertigen und Gliedern einer Stoffsammlung
d) Vergleichen der Stoffsammlung mit der Aufgabenstellung
e) Darstellen der Ergebnisse
f) Überprüfen auf Vollständigkeit

a) Lesen der Gesamtaufgabe
Da den Aufgabenblöcken ein Gesamtthema zugrunde liegt, können schon **im einleitenden Text Informationen stecken**, die für die Bearbeitung der Teilaufgaben von Bedeutung sind. Verschaffen Sie sich deshalb einen Überblick über das Ge-

samtthema, indem Sie die **Informationen aufmerksam lesen** und die **Materialien betrachten**. Häufig finden sich in solchen Einleitungen **allgemeine fachliche Aussagen**, die Ihnen zwar unbekannt sind, die aber an Ihre Vorkenntnisse anknüpfen. Ihre Aufgabe ist es zu erkennen, auf welche bekannten biologischen Sachverhalte Bezug genommen wird. Sie müssen Ihre Vorkenntnisse auf die neuen Inhalte übertragen bzw. Daten und Fakten aus den gegebenen Materialien auswerten. Bearbeiten Sie im Anschluss die Teilaufgaben in der Reihenfolge, die für Sie am besten geeignet ist, wobei Sie die Fragen innerhalb einer Teilaufgabe nacheinander beantworten sollten, da diese meist aufeinander aufbauen.

b) Analysieren der Teilaufgaben

- Lesen Sie sich den Aufgabentext der Teilaufgabe durch und **unterstreichen** Sie die **Operatoren**. Beachten Sie auch, wie viele **Bewertungseinheiten** der Teilaufgabe zugeordnet sind. Dies kann ebenfalls einen Hinweis geben, wie ausführlich eine Aufgabe bearbeitet werden soll.
- **Unterteilen** Sie komplexe Fragestellungen in Teilaufgaben.
- Lesen Sie unter Berücksichtigung der Operatoren nochmals den zur Teilaufgabe gehörenden Text bzw. betrachten Sie das Material. Kennzeichnen Sie dabei wichtige Informationen und machen Sie sich Randnotizen am Aufgabentext.
- Finden Sie inhaltliche Schwerpunkte und grenzen Sie diese ab.

c) Anfertigen und Gliedern einer Stoffsammlung

- Legen Sie sich ein Konzeptblatt zurecht und notieren Sie wichtige Stichworte. Vermeiden Sie es aus zeitlichen Gründen, ganze Gedankengänge auszuformulieren.
- Ordnen Sie die Stichpunkte vom Allgemeinen zum Detail.
- Gehen Sie auf Materialien ein bzw. fügen Sie Skizzen oder Diagramme ein.

d) Vergleichen der Stoffsammlung mit der Aufgabenstellung

Prüfen Sie auf Vollständigkeit:

- Haben Sie die Arbeitsanweisungen befolgt? Lesen Sie zur Sicherheit nochmals die Operatoren.
- Berücksichtigen Sie alle Teilaspekte der Aufgabe?
- Beziehen Sie sich gegebenenfalls auf die Materialien?
- Verwenden Sie sinnvolle bzw. geforderte Beispiele, Skizzen oder Diagramme?

e) Darstellen der Ergebnisse

- Beachten Sie die **Arbeitsanweisungen**. Bei „Nennen“ reicht eine Aufzählung, während „Erläutern“ eine anschauliche Darstellung der Sachverhalte meint.
- Ordnen Sie Ihre Ergebnisse logisch und konzentrieren Sie sich auf das Thema. Abschweifungen kosten nicht nur Zeit, Sie vergessen dadurch auch leicht Teilaspekte der Aufgabenstellung zu beantworten.
- Achten Sie auf eine klare Ausdrucksweise. Einfache kurze Sätze sind verständlicher als komplizierte Schachtelsätze.

- Verwenden Sie die **Fachsprache**. Fachbegriffe müssen nur bei Aufforderung (z. B. „Definieren Sie den Begriff …") umschrieben werden.
- Wenn Sie Abkürzungen verwenden, definieren Sie diese einmal, außer es handel sich um Standardabkürzungen wie DNA oder RNA.
- Skizzen, Tabellen und Diagramme sind grundsätzlich sauber (z. B. mit Lineal) und beschriftet anzufertigen.
- Lassen Sie nach jeder beantworteten Teilaufgabe ein paar Zeilen frei oder beginnen Sie mit der Bearbeitung der nächsten Teilaufgabe auf der folgenden Seite. So können Sie jederzeit Ergänzungen einfügen.

f) Überprüfen auf Vollständigkeit
- Vergleichen Sie nochmals kurz Ihre dargestellten Ergebnisse mit der Aufgabenstellung und Ihrem Konzeptblatt.
- Lesen Sie sich Ihre Antwort durch und korrigieren Sie Rechtschreibung und Grammatik.

Analysieren des Materials

Zur Beantwortung der Fragestellung müssen häufig Materialien wie Abbildungen, Diagramme, Grafiken oder Tabellen ausgewertet werden. Im Folgenden erhalten Sie einen kurzen Überblick, wie Sie bei der Auswertung des Materials optimal vorgehen:

Abbildungen
- Verschaffen Sie sich Klarheit über das Zusatzmaterial. Ist es ein Versuchsaufbau, ein mikroskopisches Bild oder eine schematische Darstellung. Lesen Sie hierzu den Begleittext bzw. die Bildunterschrift.
- Prüfen Sie, ob Ihnen der dargestellte Sachverhalt aus dem Unterricht bekannt ist und ordnen Sie der Abbildung, wenn möglich, Fachbegriffe zu.
- Lesen Sie in der Aufgabenstellung nach, ob eine Erklärung, eine Beschreibung oder Rückschlüsse von Ihnen erwartet werden.
- Notieren Sie sich stichpunktartig,
  - welche Bildinformationen gegeben sind.
  - welche Beobachtungen Sie machen können. Beschränken Sie sich darauf, was sich eindeutig ableiten lässt.
  - welche offenen Fragen bleiben bzw. welche Rückschlüsse Sie aus dem Sachverhalt ziehen können.

  Achten Sie darauf, dass Sie eine Abbildung in dieser logischen Reihenfolge beschreiben, da Sie sonst leicht Teilaspekte übersehen bzw. vergessen.

Grafiken und Diagramme
- Prüfen Sie, welchem biologischen Sachverhalt sich das Diagramm zuordnen lässt und überlegen Sie, ob Ihnen aus dem Unterricht ähnliche Darstellungen bekannt sind.
- Lesen Sie die Aufgabenstellung und überlegen Sie, welcher Arbeitsauftrag gestellt ist. Sie können eine Grafik z. B. beschreiben, erklären, interpretieren oder vergleichen.

- Prüfen Sie, wie viele und welche Größen verwendet werden.
- Die unabhängige Größe befindet sich meist auf der x-Achse, die abhängige auf der y-Achse.
- Achten Sie auf die Einteilung der Skalen. Bei einer logarithmischen Skala entspricht der nächsthöhere Wert dem Zehnfachen des vorhergehenden.
- Notieren Sie stichpunktartig,
  - welche Hauptaussagen sich machen lassen (allgemeine Trends).
  - welche Teilaussagen formuliert werden können (z. B. Minima, Maxima, Zunahmen oder Abnahmen).
  - welche Aussagen sich durch das Diagramm zur Fragestellung machen lassen.
  - welche Fragen evtl. durch das Diagramm aufgeworfen werden.

Tabellen

- Tabellen stellen häufig zusammengefasste Daten dar, die in Experimenten oder biologischen Beobachtungen gewonnen werden. Auch hier gilt: Verschaffen Sie sich zunächst einen Überblick und versuchen Sie, die Inhalte der Tabelle einem Ihnen bekannten Sachverhalt zuzuordnen.
- Betrachten Sie die Kopfzeile und gegebenenfalls die Randspalte, um die Struktur der Tabelle zu verstehen. Sie müssen feststellen, ob es sich beispielsweise um Messdaten oder Daten aus Experimenten handelt.
- Achten Sie auf Einheiten und Größen, die in der Tabelle verwendet werden.
- Prüfen Sie, ob bereits die Aufgabenstellung Hinweise zur Auswertung enthält.
- Notieren Sie, ähnlich wie bei Diagrammen, welche Hauptaussagen und Teilaussagen gemacht werden können. Hierzu müssen Sie die einzelnen Zeilen und Spalten auswerten. Eventuell hilft es Ihnen, wenn Sie die Inhalte der Tabelle in ein Diagramm auf Ihr Konzeptblatt übertragen.

Abitur Biologie (Bayern G8)
Übungsaufgabe A 1: Fabaceae – Schmetterlingsblütengewächse

BE

1 Die Erbsenart *Pisum sativum* gehört zu der Familie der Fabaceae und diente schon JOHANN GREGOR MENDEL als Forschungsobjekt. Er führte viele Kreuzungsexperimente mit reinerbigen Erbsenpflanzen durch und erkannte so Gesetzmäßigkeiten, die als mendelsche Regeln bekannt sind.
Verschiedene Sorten von *Pisum sativum* haben leicht unterscheidbare Merkmale. Zwei reinerbige Erbsenpflanzen werden miteinander gekreuzt (siehe Abbildung 1). In der F_1-Generation gibt es ausschließlich Pflanzen mit achsenständiger Blütenstellung, deren Achsenlänge größer als 180 cm ist.

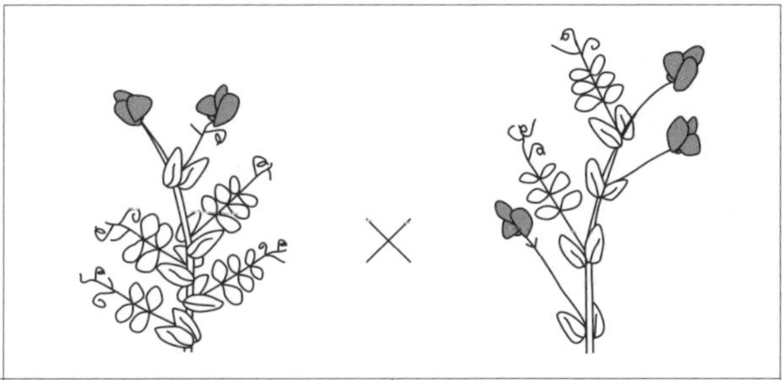

Achsenlänge	kurz (kleiner als 30 cm)	lang (größer als 180 cm)
Blütenstellung	endständig	achsenständig

Abb. 1 Kreuzung von zwei Sorten der Erbsenpflanze *Pisum sativum*

1.1 Charakterisieren Sie den Erbgang unter Verwendung der entsprechenden Fachbegriffe! Gehen Sie davon aus, dass bei diesem Erbgang die drei mendelschen Regeln gelten. 3

1.2 Ein F_1-Individuum wird mit einer reinerbigen Pflanze gekreuzt, deren Achse kürzer als 30 cm ist und deren Blüten endständig sind. Erstellen Sie mithilfe eines Kombinationsquadrates das Erbschema für diese Kreuzung. Definieren Sie hierzu die Allelsymbole, ordnen Sie den Genotypen die entsprechenden Phänotypen zu und geben Sie deren Zahlenverhältnis an! 8

2 Damit Pflanzen Aminosäuren aufbauen können, müssen sie Stickstoffsalze wie Nitrat oder Ammonium aufnehmen. Die Konzentration der Salze im Boden ist oft gering, weshalb Stickstoff meist ein Mangelelement für Pflanzen darstellt. Viele Schmetterlingsblütengewächse sind aufgrund einer Symbiose mit Knöllchenbakterien in der Lage, Stickstoff aus der Luft zu fixieren, was energieaufwendig ist. Um die Knöllchenbakterien mit ausreichend Sauerstoff für die Zellatmung zu versorgen, besitzen die Schmetterlingsblütengewächse das Protein Leghämoglobin.

2.1 Der Enzymkomplex Nitrogenase ist hauptverantwortlich für die Fixierung von Stickstoff. Für dessen Synthese sind verschiedene Gene verantwortlich, weshalb der Wissenschaft noch kein gentechnischer Transfer in andere Nutzpflanzen gelungen ist. Ein erster Schritt wäre beispielsweise der Transfer des Gens zur Synthese von Leghämoglobin. Stellen Sie mithilfe von Skizzen die Gewinnung eines geeigneten Hybridplasmids dar und erklären Sie eine Selektionsmethode, mit der der Einbau der Fremd-DNA nachgewiesen werden kann! 7

2.2 Die Untereinheiten der Nitrogenase entstehen durch Proteinbiosynthese. Erläutern Sie den Ablauf der Transkription unter Verwendung einer beschrifteten Zeichnung! 7

2.3 Cyanobakterien sind ebenfalls in der Lage, Stickstoff zu fixieren. In einem Versuch werden zwei Cyanobakterienkulturen in Nährlösungen angelegt, wobei eine Nährlösung mit Ammoniumionen versetzt wird (siehe Abbildung 2). Nach einigen Tagen wird die Anzahl der Bakterien bestimmt. Überprüfen und erklären Sie, in welcher Kultur mehr Cyanobakterien zu finden sind! 3

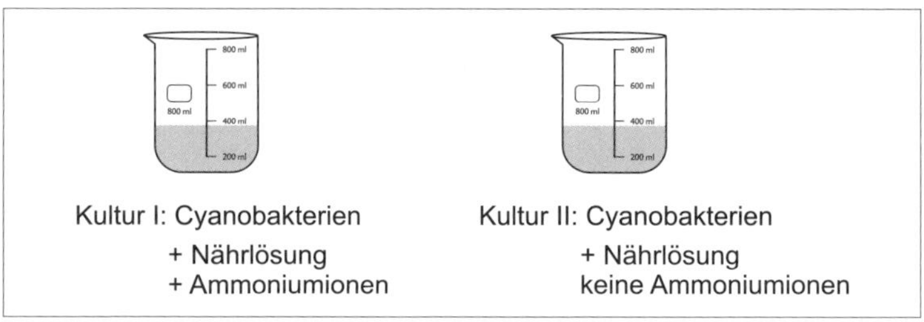

Abb. 2 Versuchsaufbau schematisch

3 Die Erdnuss *(Arachis hypogaea)* gehört zur Familie der Schmetterlingsblütengewächse. Ihre Früchte sind demnach keine Nüsse, sondern Hülsenfrüchte. Ursprünglich wuchs die Erdnuss in den Anden, aufgrund ihrer wirtschaftlichen Bedeutung wird sie heutzutage weltweit angebaut. Da die Pflanze eine warme Umgebung zum Gedeihen benötigt, kann sie in gemäßigten Klimazonen nur in Gewächshäusern angebaut werden.

3.1 In einem Testversuch sollen Möglichkeiten zur Ertragsoptimierung in verschiedenen Gewächshäusern untersucht werden. Die drei Gewächshäuser sind mit unterschiedlich farbigen Glasplatten abgedeckt. Die Bedingungen in den drei Testgewächshäusern sind in Tabelle 1 zusammengefasst.

	Gewächshaus 1	Gewächshaus 2	Gewächshaus 3
Temperatur	20 °C	25 °C	30 °C
CO_2-Konzentration der Luft	0,1 %	0,05 %	0,2 %
Glasplatten	farblos	rot	grün

Tab. 1 Bedingungen in den drei Gewächshäusern

Vergleichen Sie die zu erwartenden Fotosyntheseraten in den drei Gewächshäusern und begründen Sie Ihre Entscheidung! 7

3.2 Die Gewinnung von ATP erfolgt an der ATP-Synthase. Dieses Enzym nutzt den Konzentrationsunterschied von Protonen zwischen dem Thylakoidlumen und dem Stroma, um ATP zu erzeugen. Geben Sie alle Vorgänge an, die das Konzentrationsgefälle von Protonen an der Thylakoidmembran beim nichtzyklischen Elektronentransport beeinflussen! Formulieren Sie hierzu die Reaktionsgleichungen! 5

40

Erwartungshorizont

1.1 Es handelt sich um einen dihybriden Erbgang. Sowohl die Achsenlänge als auch die Stellung der Blüten werden dominant-rezessiv vererbt. Das Allel für die hochwüchsige Form dominiert das für die gestauchte Form und das Allel für die achsenständigen Blüten dominiert das für die endständigen.

1.2 Definition der Allelsymbole, z. B.:
H = hochwüchsig
h = kurz gestaucht
A = achsenständig
a = endständig

Phänotyp	hochwüchsig, achsenständige Blüten	x	gestaucht, endständige Blüten
Genotyp	**HhAa**		**hhaa**
Keimzellen	(HA) (hA) (Ha) (ha)		(ha)

Kombinationsquadrat:

Keimzellen	(HA)	(hA)	(Ha)	(ha)
(ha)	HhAa	hhAa	Hhaa	hhaa

Genotypenverteilung:
HhAa = hochwüchsig, achsenständige Blüten 1
hhAa = gestaucht, achsenständige Blüten 1
Hhaa = hochwüchsig, endständige Blüten 1
hhaa = gestaucht, endständige Blüten 1

2.1 *Ein Ziel der Gentechnologie ist es, artfremde Erbinformationen in eine Zelle einzuschleusen, sodass diese in der Lage ist, gewünschte Stoffe, wie hier z. B. das Leghämoglobin, zu produzieren. Ein mögliches Verfahren, um dieses Ziel umzusetzen, ist das Einbringen von Hybridplasmiden in die Zielzelle.*

Die Herstellung eines solchen Plasmids erfolgt in mehreren Schritten:
- Isolierung des Gens aus der DNA des Spenderorganismus (hier aus den Schmetterlingsblütengewächsen):
  Die DNA aus dem Spenderorganismus wird hierzu mit Restriktionsenzymen in definierte Stücke geschnitten. Die Schnittstellen sind in der Regel nicht „glatt“, sondern sie besitzen sogenannte „sticky ends“. Das sind überstehende Einzelstränge. Das gewünschte Gen wird anschließend identifiziert und isoliert.

Die Identifizierung des Spender-Gens wird beispielsweise mithilfe von radioaktiv markierten Sonden erreicht. Zunächst wird die Spender-DNA mit Restriktionsenzymen zerschnitten. Die DNA-Fragmente werden in λ-Phagen (Vektoren) verpackt. Die Phagen werden in Bakterien vermehrt, wobei Plaques entstehen. Um das Spender-Gen zu finden, muss der λ-Phage identifiziert werden, der es enthält. Von einem Plaque werden deshalb zunächst mit einer Membran einige Phagen entnommen. Die Phagenhüllen werden mit dem Enzym Protease abgebaut, wobei die DNA freigelegt wird. Diese wird mittels einer Hitzebehandlung einzelsträngig. Fügt man nun die Sonde hinzu, bindet sie an die einzelsträngige DNA des Phagen, der das gewünschte Gen enthält. Über die Radioaktivität wird der Ort des Phagen auf der Membran gefunden.

- Gewinnung eines geeigneten Plasmids als Vektor (= Genfähre):
  Aus Bakterien (hier würde sich ein Ti-Plasmid des *Agrobacterium tumefaciens* eignen) wird ein Plasmid isoliert und mit dem gleichen Restriktionsenzym geschnitten, das zum Zerschneiden des gewünschten Spender-Gens verwendet wurde. Die Schnittstelle des Plasmids hat dann die gleichen „sticky ends" wie das Spender-Gen.

- Hybridisierung, Einbau der Fremd-DNA:
  Die gewünschte Fremd-DNA und die aufgeschnittenen Plasmide werden zusammengebracht und durchmischt. Die „sticky ends" fügen sich komplementär zusammen. Ein Enzym, die DNA-Ligase, wird hinzugefügt und verbindet die Enden miteinander. Gelingt dieser Vorgang, so ist ein rekombinantes Hybridplasmid entstanden.

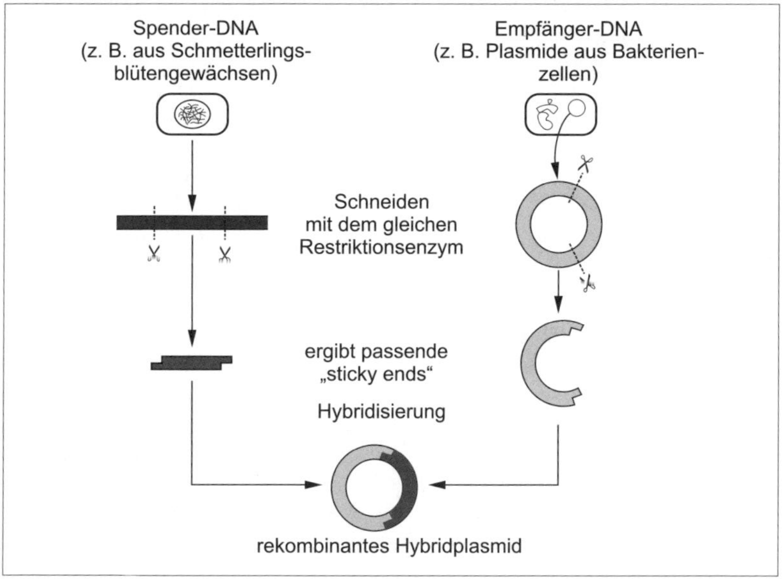

– Nach der Hybridisierung müssen Bakterien dazu angeregt werden, die Plasmide aufzunehmen (Transformation).

Nur ein geringer Prozentsatz von Plasmiden nimmt tatsächlich die Fremd-DNA auf. Zudem ist eine Transformation von Plasmiden in geeignete Bakterien nur in wenigen Fällen erfolgreich. Deshalb muss im Anschluss eine selektive Identifikation der Bakterien erfolgen, die ein Hybridplasmid aufgenommen haben.

Die Fragestellung verlangt für diesen Teil der Aufgabe keine Skizze.

Die gewünschten Bakterien können nur dann erfolgreich selektiert werden, wenn ein geeignetes Plasmid als Vektor verwendet wurde. Geeignet heißt:
- Das Plasmid muss mindestens zwei Gene als Marker besitzen (z. B. zwei Antibiotikaresistenzen gegen Ampicillin und Tetrazyklin).
- In einem der beiden Resistenzgene muss die Schnittstelle für das verwendete Restriktionsenzym liegen, sodass die entsprechende Antibiotikaresistenz durch den Einbau der Spender-DNA in den Vektor verloren geht.

Das Bakteriengemisch (Bakterien ohne Plasmid, Bakterien mit unverändertem Plasmid und Bakterien mit Hybridplasmid) wird auf einem ampicillinhaltigen Nährboden kultiviert. Bakterien ohne eine Antibiotikaresistenz sterben darauf ab. Mithilfe der Stempeltechnik überträgt man nun einzelne Zellen aus den Kolonien auf einen zweiten Nährboden mit Tetrazyklin. Hierauf wachsen nur die Bakterien, die ein unverändertes Plasmid aufgenommen haben. Aus einem Vergleich der Koloniemuster beider Nährböden kann man diejenigen identifizieren, die zwar eine Ampicillin-, aber keine Tetrazyklinresistenz besitzen.

Der erfolgreiche Einbau von Fremd-DNA könnte auch mittels Gen-Sonden nachgewiesen werden.

2.2 *Die Proteinbiosynthese kann in zwei Abschnitte gegliedert werden. Die Transkription, die im Zellkern stattfindet, und die Translation, die im Zytoplasma an den Ribosomen abläuft. Bei der Transkription wird der codogene Strang der DNA in einen mRNA-Strang umgeschrieben. Anstelle der Nukleinbase Thymin wird dabei die Base Uracil eingebaut. Bei der Translation wird die Basensequenz des mRNA-Strangs in eine Aminosäuresequenz übersetzt.*

Ablauf der Transkription:
- Die **RNA-Polymerase** entwindet die DNA-Helix, indem sie die Wasserstoffbrückenbindungen zwischen den komplementären Basen löst.
- Die RNA-Polymerase erkennt den **codogenen DNA-Strang**, der in 3'→5'-Richtung abgelesen werden soll, und bindet daran.
- Der codogene DNA-Strang wird in 3'→5'-Richtung abgelesen und der mRNA-Strang wird gebildet. Die Verknüpfung der RNA-Nukleotide durch die RNA-Polymerase erfolgt in 5'→3'-Richtung.
- Die DNA schließt sich hinter der RNA-Polymerase wieder zum Doppelstrang.

– Tritt in der DNA eine Stopp-Sequenz auf, so lösen sich die RNA-Polymerase und die mRNA von der DNA, die dann wieder ihre Doppelhelixstruktur annimmt.

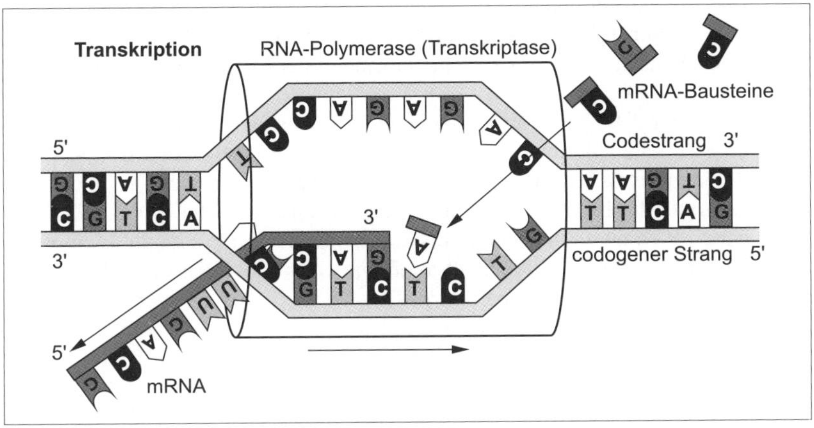

2.3 *Beachten Sie den Aufgabentext 2: „Viele Schmetterlingsblütengewächse sind aufgrund einer Symbiose mit Knöllchenbakterien in der Lage, Stickstoff aus der Luft zu fixieren, was energieaufwendig ist.“*

Sind Ammoniumionen in der Nährlösung enthalten, brauchen die Cyanobakterien keine energieaufwendige Fixierung von Stickstoff betreiben. Die so eingesparte Energie kann zum Wachstum und zur Vermehrung verwendet werden. Werden die Kulturen nach einigen Tagen verglichen, so wird man deshalb feststellen, dass die Anzahl der Cyanobakterien in Kultur I höher ist.

3.1 *Von entscheidender Bedeutung ist die Lichtqualität, da die Lichtreaktion vor der Dunkelreaktion stattfindet. Ist nicht genug Licht oder nicht das passende Spektrum vorhanden, so kann die Pflanze keine Fotolyse des Wassers betreiben und somit auch kein ATP und NADPH/H$^+$ erzeugen. Chlorophyll absorbiert hauptsächlich Licht im roten und blauen Bereich des Spektrums. Akzessorische Pigmente decken die übrigen Bereiche größtenteils ab.*

In Gewächshaus 3 sind die Bedingungen von der Kohlenstoffdioxidkonzentration und Temperatur her am besten, dennoch wird hier kaum Fotosynthese betrieben, da Chlorophyll im grünen Spektralbereich kaum absorbiert. Demnach werden die Pflanzen in Gewächshaus 3 die geringste Fotosyntheserate aufweisen.
In Gewächshaus 2 wird rotes Licht durch die Glasplatten hindurch gelassen. Chlorophyll absorbiert in diesem Spektralbereich sehr gut. In Gewächshaus 1 gelangt durch die farblosen Glasplatten Licht aus dem gesamten Spektrum. Die

Chlorophyllmoleküle absorbieren zusätzlich zum roten auch im blauen Bereich, weshalb die Fotosyntheserate im Gewächshaus 1 höher ist als im Gewächshaus 2. Verstärkt wird dies noch durch akzessorische Pigmente, die in zusätzlichen Wellenlängenbereichen des Spektrums absorbieren.
Die Kohlenstoffdioxidkonzentration in Gewächshaus 1 ist größer als in Gewächshaus 2, auch dies spricht für eine höhere Fotosyntheserate im Gewächshaus 1.
Lediglich die Temperatur, welche in Gewächshaus 2 höher ist als in Gewächshaus 1, ließe auf eine höhere Fotosyntheserate in Gewächshaus 2 schließen.
Es ist zu erwarten, dass die Fotosyntheserate der Pflanzen im Gewächshaus 3 aufgrund der Lichtqualität am geringsten sein wird. Die Pflanzen im Gewächshaus 1 werden die höchste Fotosyntheserate aufweisen, da die Lichtqualität und die Kohlenstoffdioxidkonzentration günstiger sind als im Gewächshaus 2. Dort wird sich zwar die Temperatur positiv auf die Fotosyntheserate auswirken, dies wird aber nicht ausreichen, um die Nachteile bei der Lichtqualität auszugleichen. Bei der Lichtreaktion wird weniger ATP und $NADPH/H^+$ erzeugt, weshalb weniger Kohlenstoffdioxid gebunden werden kann. Selbst eine erhöhte Temperatur, die die enzymatisch katalysierten Reaktionen der Dunkelreaktion beschleunigt, kann dies nicht ausgleichen.

3.2 Die Protonenkonzentration im Thylakoidlumen und im Stroma wird durch folgende Prozesse bzw. Reaktionen beeinflusst:

Im Thylakoidlumen durch die Fotolyse des Wassers:

$$2\,H_2O \longrightarrow 4\,H^+ + O_2$$

Im Stroma durch die Reduktion von $NADP^+$:

$$NADP^+ + 2\,H^+ \longrightarrow NADPH/H^+$$

Beiderseits der Membran wird durch den Transport von Protonen mittels der Elektronentransportkette vom Stroma ins Thylakoidlumen das Konzentrationsgefälle beeinflusst.

Abitur Biologie (Bayern G8)
Übungsaufgabe A 2: Algen des Mittelmeeres

BE

Algen sind zwar relativ einfach gebaute Eukaryoten, aber ihre Biologie ist sehr komplex. Es handelt sich hierbei um unglaublich variantenreiche Organismen. Mehr als 98 % der marinen Pflanzen des Mittelmeeres gehören zu den als Makroalgen zusammengefassten Rot-, Braun- und Grünalgen.
Die Blaualgen wurden ursprünglich ebenfalls zu den Algen gerechnet. Sie besitzen jedoch keinen echten Zellkern und können somit als prokaryotische Einzeller nicht mit den anderen Algen verwandt sein. Diese Organismen werden deshalb fachwissenschaftlich korrekt als Cyanobakterien bezeichnet.

1 Die Cyanobakterien besiedelten bereits vor mehr als 3,5 Milliarden Jahren die sauerstofffreie Atmosphäre der Erde und zählen damit zu den ältesten Lebensformen überhaupt. Sie gelten als die Vorläufer der Chloroplasten und als Erfinder der Fotosynthese.

1.1 Die Fotosynthese der Cyanobakterien läuft ähnlich wie bei den grünen Pflanzen ab. Sie nutzen das Sonnenlicht und setzen Sauerstoff frei.
Geben Sie die Fotosynthesegleichung an, aus der die Herkunft des frei werdenden Sauerstoffs deutlich wird. Beschreiben Sie einen experimentellen Nachweis für die Herkunft des freigesetzten Sauerstoffs! 3

1.2 Die Vorfahren der heutigen Cyanobakterien waren nach der Endosymbiontentheorie die Vorläufer der Chloroplasten in grünen Pflanzen.
Fertigen Sie eine beschriftete Skizze des elektronenmikroskopischen Bildes eines Chloroplasten an! 4

1.3 Abbildung 1 zeigt schematisch die lichtunabhängigen Vorgänge im Calvin-Zyklus während der Dunkelreaktion der Fotosynthese. Ergänzen Sie die Lücken 1 bis 4! 4

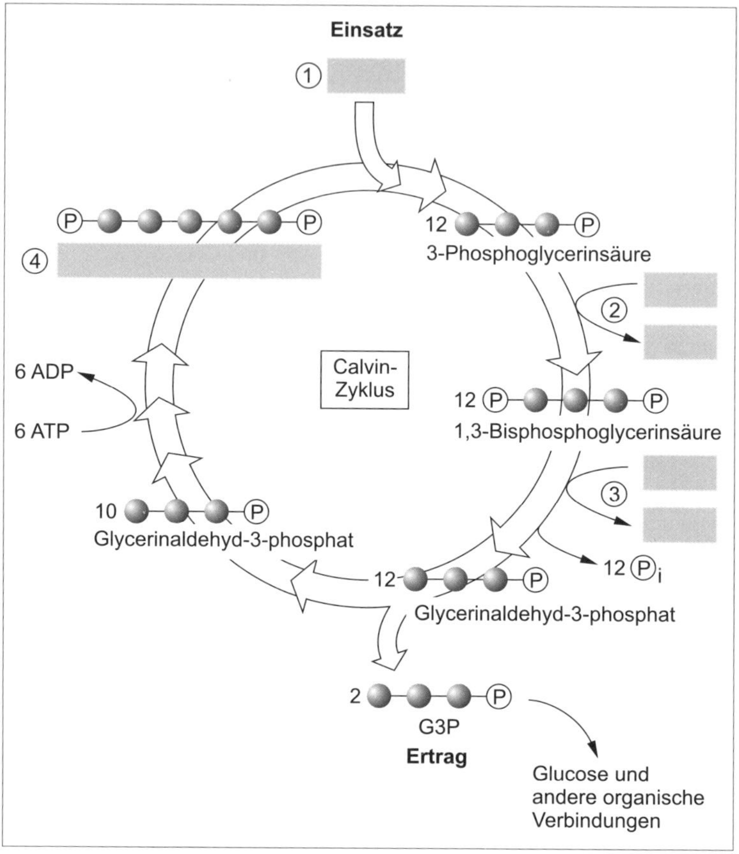

Abb. 1 Ein stark vereinfachter Ausschnitt aus dem Calvin-Zyklus der lichtunabhängigen Reaktionen (verändert nach: Campbell, Neil A.; Markl, Jürgen: *Biologie*. Heidelberg, Berlin, Oxford: Spektrum Akademischer Verlag 2000, S. 215, Abb. 10.16)

1.4 Ein Teil der bei der Fotosynthese entstehenden Glucose wird im Betriebsstoffwechsel zur Energiegewinnung wieder abgebaut, im Baustoffwechsel zum Aufbau von Stoffen verwendet oder gespeichert. Erläutern Sie zwei Unterschiede in Transport und Speicherung von Kohlenhydraten zwischen den Cyanobakterien und höheren Landpflanzen. 3

2 Als Nahrungsergänzungsmittel und Verdauungshilfen werden in den letzten Jahren vermehrt Algenextrakte in Tablettenform angeboten und durch Werbetexte wie den folgenden beworben:
„Die eigentlichen Arbeiter im Körper sind die Enzyme, spezialisierte Proteinmoleküle. Sie verarbeiten, verdauen, zerbrechen Verbindungen und bauen neue auf, schieben hin und her, arrangieren um, verwandeln. Enzyme halten die chemischen Prozesse im Körper, seinen gesamten Metabolismus auf Trab."
(http://www.zentrum-der-gesundheit.de/afa-alge.html)

Abb. 2 Algentabletten (www.zentrum-der-gesundheit.de)

2.1 Amylasen sind Enzyme, die den Stärkebestandteil Amylose spalten und zu Maltose abbauen. In einer Versuchsreihe wird die Wirkung des Verdauungsenzyms α-Amylase untersucht:

Versuch	Stärkelösung (10 mℓ)	Amylase	Weitere Chemikalien	Temperatur
1	1 mol/ℓ	nein	keine	21 °C
2	1 mol/ℓ	0,1 %ig	keine	21 °C
3	1 mol/ℓ	0,1 %ig	Kupfersulfat	21 °C
4	1 mol/ℓ	0,1 %ig	keine	11 °C
5	1 mol/ℓ	0,1 %ig	keine	61 °C

Tab. 1 Versuchsbedingungen

Leiten Sie ab, bei welchem Versuchsansatz bzw. welchen Versuchsansätzen keine oder nur eine verlangsamte Spaltung der Stärke erfolgt! 4

2.2 Während der Verdauung finden eine Vielzahl enzymatisch beschleunigter Reaktionen statt. Beschreiben Sie an einem weiteren, selbstgewählten Beispiel eine der beiden Spezifitäten der Enzyme! 2

3 Die Makroalgen der Weltmeere erbringen etwa 50 % der gesamten fotosynthetischen Leistung aller Pflanzen auf der Erde. Wie alle Pflanzen benötigen auch die Algen dazu fotosynthetisch aktive Substanzen. Gerade bei hohen Temperaturen, hoher Sonneneinstrahlung und nährstoffreichen Bedingungen zeigen die Algen ein sehr reges Wachstum und eine starke Vermehrung.

3.1 Je weiter das Sonnenlicht in die Meerestiefe eindringt, desto mehr Licht wird von den Wassermolekülen absorbiert, und zwar je nach Wellenlängenbereich in unterschiedlicher Stärke. Bis in eine Tiefe von 6 m dringt noch etwa 80 % des blauen und grünen Lichts, aber nur noch etwa 10 % des roten Lichts. Unter 15 m gibt es zwar kein rotes Licht mehr, aber noch annähernd 100 % des gelben und orangen Lichts.
Im Meer sind Grün- und Rotalgen bis in unterschiedliche Tiefen anzutreffen. Grünalgen besitzen die gleiche Zusammensetzung an Fotosynthesepigmenten wie höhere Pflanzen. Die wichtigsten Fotosynthesepigmente der Rotalgen hingegen sind, neben dem Chlorophyll a, das Phycoerythrin und das Phycocyanin.

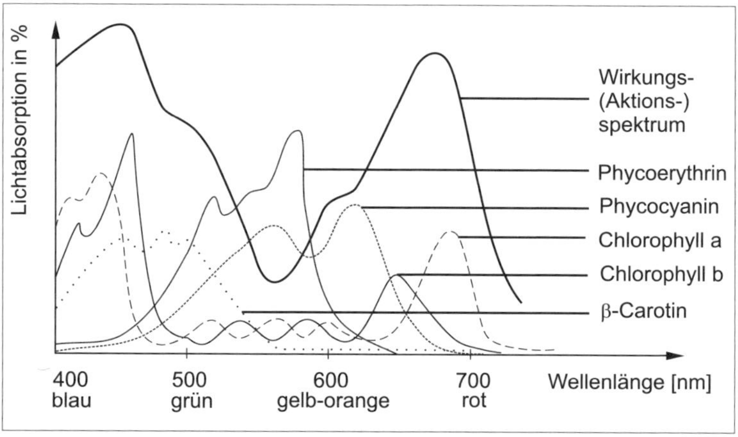

Abb. 3 Lichabsorptionsspektren verschiedener fotosynthetisch aktiver Substanzen

Begründen Sie anhand der gegebenen Informationen, welche Algengruppen im flachen Wasser (bis 3 m) leben und welche im tiefen Wasser (30 bis 200 m) vorkommen! 5

3.2 Viele Grün- und Rotalgen zeigen bei der Fortpflanzung einen heteromorphen Generationswechsel.

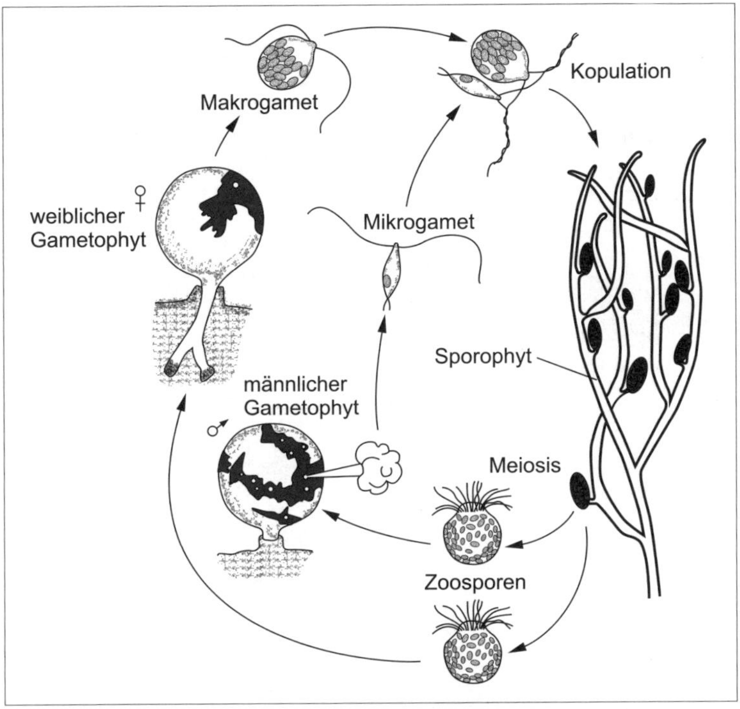

Abb. 4 Schematische Darstellung des heteromorphen Generationswechsels einer Grünalge. (Dick umrandet ist die diploide Phase, dünn umrandet die haploide Phase.) (verändert nach: Nultsch, Wilhelm: *Allgemeine Botanik: kurzes Lehrbuch für Mediziner und Naturwissenschaftler*. 6. Auflage, Stuttgart: Thieme 1977, S. 298)

Vergleichen Sie jeweils die Keimzellen (= Makro- und Mikrogameten) bzw. die Zoosporen untereinander im Hinblick auf ihre genetische Information. Begründen Sie Ihre Aussagen, indem Sie kurz die zellulären Abläufe charakterisieren, die zur Bildung der Keimzellen bzw. Zoosporen führen! 6

4 Die Braunalgen sind eine sehr formenreiche Gruppe und können eine beträchtliche Größe von bis zu 100 m Länge erreichen. Diese großen Formen werden als Tange bezeichnet. Bei einigen Braunalgen ist die haploide Generation fast vollständig zurückgebildet, sodass sie fast reine Diplonten sind.

4.1 Die quantitative Untersuchung der Braunalgen-DNA ergab folgende Ergebnisse:

- Die Gesamtmenge der Pyrimidin-Nukleotide entspricht der Menge der Purin-Nukleotide.
- Die Menge von Thymin ist immer gleich der Menge von Adenin und die Menge von Cytosin ist immer gleich der Menge von Guanin.
- Die Summe der Mengen von Thymin und Adenin entspricht nicht der Summe der Mengen von Guanin und Cytosin.

Erläutern Sie die oben aufgeführten Untersuchungsergebnisse anhand einer beschrifteten Schemazeichnung zum Bau der Desoxyribonukleinsäure. 6

4.2 Neben der DNA lassen sich aus den Braunalgen ebenfalls RNA-Elemente isolieren. Nennen Sie drei strukturelle Merkmale, in denen sich RNA und DNA unterscheiden. 3

40

Erwartungshorizont

1.1 Fotosynthesegleichung:

$$6\,CO_2 + 12\,H_2O \longrightarrow C_6H_{12}O_6 + 6\,O_2 + 6\,H_2O$$

Als experimentelle Nachweise zur Herkunft des frei werdenden Sauerstoffs können entweder die Hill-Reaktion oder das Tracer-Verfahren mit ^{18}O angeführt werden. Durch den Operator „Beschreiben“ wird erwartet, dass Sachverhalte strukturiert und fachsprachlich richtig wiedergegeben werden. Reaktionsgleichungen sind dazu nicht unbedingt nötig!

Hill-Reaktion:
Isolierten Chloroplasten werden in wässriger Lösung anstelle von Kohlenstoffdioxid andere reduzierbare Stoffe, wie z. B. Eisen(III)-Salze, zugesetzt. Bei Belichtung setzen die Chloroplasten ebenfalls Sauerstoff frei.

$$4\,Fe^{3+} + 2\,H_2\mathbf{O} \longrightarrow 4\,Fe^{2+} + 4\,H^+ + \mathbf{O}_2$$

Tracer-Verfahren:
Als Ausgangsstoff für die Fotosynthese wird Wasser verwendet. Anstelle des normalen Sauerstoffisotops ^{16}O enthält dieses als Markierung jedoch das schwere Isotop ^{18}O. Die schweren Sauerstoffisotope treten nur im frei werdenden Sauerstoff auf.

$$6\,CO_2 + 12\,H_2{}^{\mathbf{18}}\mathbf{O} \longrightarrow C_6H_{12}O_6 + 6\,{}^{\mathbf{18}}\mathbf{O}_2 + 6\,H_2O$$

1.2

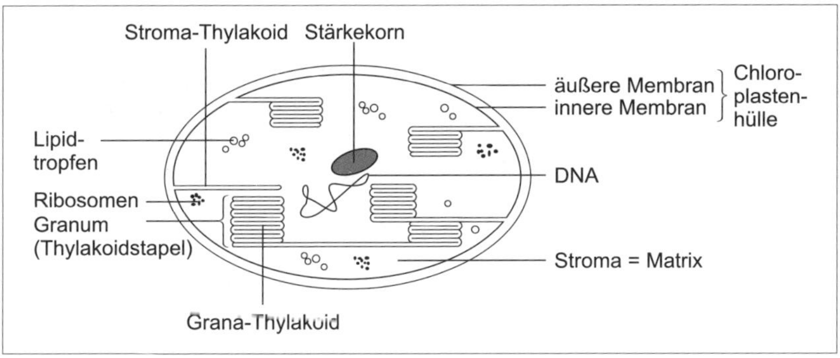

1.3

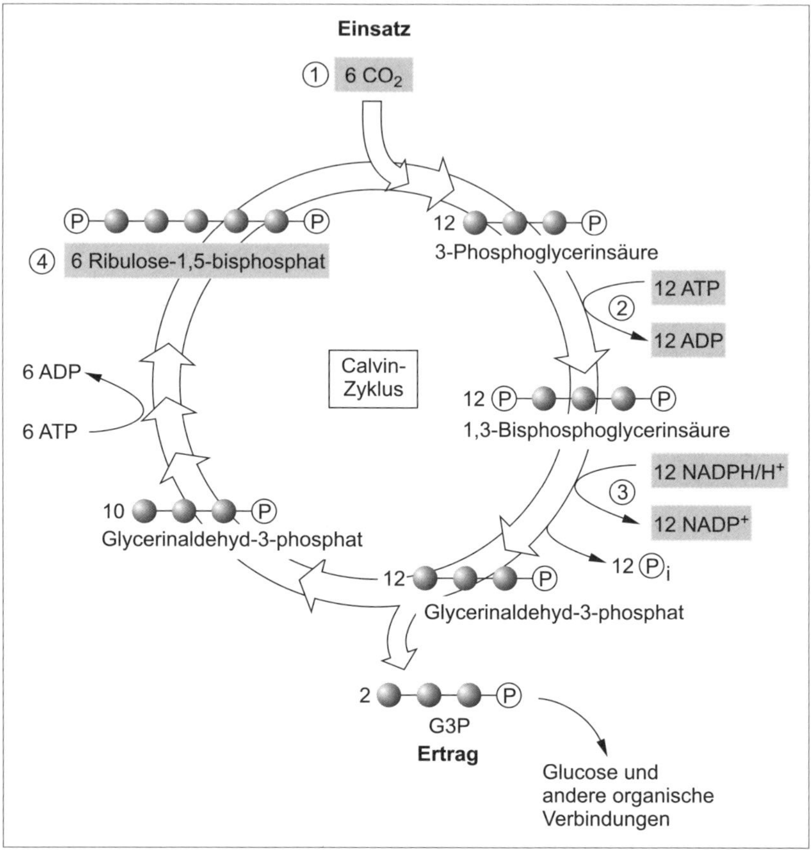

(verändert nach: Campbell, Neil A.; Markl, Jürgen: *Biologie*. Heidelberg, Berlin, Oxford: Spektrum Akademischer Verlag 2000, S. 215, Abb. 10.16)

1.4 Cyanobakterien gehören zu den Einzellern und höhere Landpflanzen zu den Vielzellern. Im Gegensatz zu diesen sind also bei den Cyanobakterien **keine Leitgefäße** zum Transport der Kohlenhydrate nötig. In Landpflanzen werden die Kohlenhydrate meist von den Blättern zu den Wurzeln oder den Blüten bzw. Früchten transportiert.

Als Endprodukt der Fotosynthese entsteht in den Chloroplasten der Landpflanzen Glucose, die in Form von Stärke in den Chloroplasten zwischengespeichert wird. Stärke ist kaum wasserlöslich und muss deshalb in Saccharose, ein Disaccharid aus Glucose- und Fructose-Bausteinen, umgebaut werden, um in den Siebröhren des Phloems transportiert werden zu können. Am Zielort wird die Saccharose dann enzymatisch in Glucose und Fructose gespalten.

Die Speicherung der Kohlenhydrate findet bei den Cyanobakterien in Form von Stärkeanhäufungen statt.

Cyanobakterien besitzen als Einzeller keine Plastiden und damit auch keine speziellen Speicherorganellen, wie die Amyloplasten. Häufig werden die Speicherstoffe in Glykogengranula angehäuft, außerdem besitzen sie eine eigene Art von Speicherstoff, die Cyanophycinkörnchen.

Bei vielen Landpflanzen gibt es spezielle Speicherorganellen wie die **Amyloplasten** und häufig zusätzliche **Speicherorgane** (z. B. Wurzel oder Sprossachse).

Die längerfristige Speicherung als Reservestärke findet in den Leukoplasten statt.

2.1 *Nachdem bei allen Versuchsansätzen gleiche Volumina gleich konzentrierter Stärkelösungen verwendet werden, muss der Aspekt der Substratkonzentration hier nicht berücksichtigt werden. Auch die zugegebene Enzym-Lösung liegt immer gleich konzentriert vor!*

Keine Stärkespaltung erfolgt im Versuch 1, da das Enzym fehlt, im Versuch 5, da das Enzym durch Erhitzen denaturiert wird und im Versuch 3, da das Enzym durch die Kupfer-Schwermetallionen irreversibel gehemmt wird.
Eine **verlangsamte** Stärkespaltung erfolgt im Versuch 4, da die Temperatur um 10 °C gegenüber Versuch 2 erniedrigt ist und die Reaktionsgeschwindigkeit nach der RGT-Regel temperaturabhängig ist.

2.2 *Enzyme sind substratspezifisch und wirkungsspezifisch. Laut Aufgabenstellung ist nur eine Beschreibung, diese jedoch an einem konkreten Beispiel aus dem Verdauungsprozess, verlangt.*

Als **Substratspezifität** bezeichnet man die Tatsache, dass die meisten Enzyme nur eine bestimmte Verbindung, ihr Substrat, katalytisch umsetzen.
Beispiel: Maltase setzt nur Maltose, also Malzzucker, nicht jedoch Saccharose um.

Viele Enzyme sind jedoch gruppenspezifisch, d. h. sie setzen Verbindungen mit gleichen funktionellen Gruppen um. Bekanntestes Beispiel dafür ist die Alkoholdehydrogenase, die mit verschiedenen Alkoholen, wie etwa Ethanol und Methanol reagiert.

Als **Wirkungsspezifität** bezeichnet man die Tatsache, dass ein Enzym nur eine bestimmte Reaktion des Substrats katalysiert.
Beispiel: Maltase spaltet Maltose hydrolytisch, wirkt aber nicht reduzierend oder oxidierend auf diesen Stoff.

3.1 Im flachen Wasser leben Rot- und Grünalgen, im tiefen Wasser nur noch Rotalgen.

Lichtenergie kann nur dann genutzt werden, wenn das Licht absorbiert wird. Fotosynthetisch aktiv sind also Strahlungen mit Wellenlängen, die sich innerhalb der Absorptionsbanden der fotosynthetisch wirkenden Substanzen befinden. Sowohl die Grün- als auch die Rotalgen gehören zu den fotoautotrophen Algen und benötigen deshalb Licht, um Fotosynthese betreiben zu können.

Die Absorptionsmaxima von Grünalgen (Chlorophyll a und Chlorophyll b) liegen im Bereich von 400–500 nm und im Bereich von 650–700 nm, also im blauen/grünen und roten Farbbereich. Licht dieser Wellenlängen dringt nur oberflächlich ins Wasser ein.
Rotalgen können aufgrund ihrer zusätzlichen Pigmente (Phycoerythrin und Phycocyanin) auch Licht im Bereich von 500–650 nm absorbieren, welches auch in tieferen Gewässerschichten noch verfügbar ist.

3.2 *Kenntnisse darüber, was man unter einem heteromorphen Generationswechsel versteht, sind zur Beantwortung der Aufgabe nicht nötig. Alle wesentlichen Informationen sind in der Abbildung enthalten:*
- *Die haploiden Zoosporen entstehen durch Meiose aus der dick umrandeten, diploiden Phase (Sporophyt). Dafür ist eine vorherige Reduktion des Chromosomensatzes nötig, weshalb die Zoosporen durch meiotische Teilungen entstehen müssen.*
- *Die haploiden Keimzellen (Mikro- und Makrogameten) entstehen in der haploiden Phase durch mitotische Teilungen und bilden nach der Kopulation wieder eine diploide Zygote.*

Alle Makro- und alle Mikrogameten sind genetisch identisch, da sie durch **Mitose** entstehen. Dazu werden die identischen Schwesterchromatiden eines Chromosoms voneinander getrennt und auf die beiden Tochterzellen verteilt.
Die Zoosporen sind genetisch unterschiedlich, da sie durch **Meiose** entstehen. In der Meiose findet eine Reduktion des Chromosomensatzes statt. Durch die zufällige Verteilung der homologen Chromosomen in der Metaphase I bzw. durch Crossing-over in der Prophase kann es zu einer zufälligen Durchmischung und Neukombination des Erbmaterials kommen.

4.1 *Zur Beantwortung der Aufgabe ist eine Kenntnis der Begriffe Pyrimidin (Benennung der strukturähnlichen Basen Cytosin und Thymin) bzw. Purin (Benennung der strukturähnlichen Basen Guanin und Adenin) nicht nötig. Vorausgesetzt wird jedoch der Begriff Nukleotid.*

Nukleotide sind aus folgenden Bausteinen zusammengesetzt:
- dem Zucker Desoxyribose
- einer Phosphatgruppe

- und einer der vier verschiedenen organischen Stickstoffbasen: Adenin, Thymin, Cytosin und Guanin

Tausende Einzelkomponenten bilden durch Verknüpfung die **Primärstruktur** der DNA. Die Abfolge der vier verschiedenen Nukleotide muss nicht regelmäßig sein. Dadurch lassen sich die unterschiedlichen Summen der Basen-Mengen erklären.
Die DNA liegt aber als **Doppelstrang** vor, indem an den einen Polynukleotid-Einzelstrang antiparallel ein zweiter angelagert ist.
Je zwei Basen sind dabei über Wasserstoffbrücken miteinander verbunden: A–T und C–G (= komplementäre Basenpaarung). Deswegen liegen sowohl Pyrimidin-Nukleotide und Purin-Nukleotide als auch Thymin und Adenin bzw. Cytosin und Guanin im Stoffmengenverhältnis 1 : 1 vor.
Der Doppelstrang wiederum ist um eine gedachte Achse gewunden und ergibt so eine **Doppelhelix**.

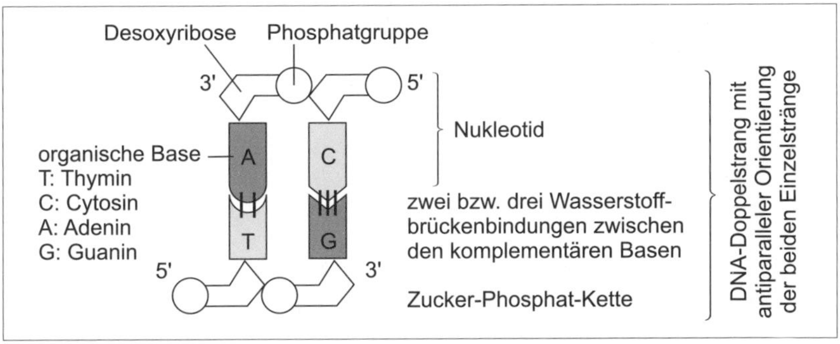

4.2 *Von den folgenden vier strukturellen Unterschieden der RNA zur DNA sind nur drei zu nennen.*

- Die RNA liegt als Einzelstrang in Form einer Schraube, anstelle einer Doppelhelix bei der DNA, vor.
- Die RNA ist sehr viel kürzer als die längere DNA-Kette.
- In der RNA findet sich der Zucker Ribose statt Desoxyribose.
- In der RNA findet sich die Base Uracil statt Thymin.

Abitur Biologie (Bayern G8)
Übungsaufgabe B 1: Rote Blutkörperchen – Vererbung und Verteilung

BE

1 Erste Berichte zu Bluttransfusionen finden sich in Schilderungen des Mittelalters. Erst mit der Entdeckung des AB0-Systems in Jahre 1901 durch KARL LANDSTEINER wurde aber der Grundstein für die Transfusionsmedizin gelegt. Neben dem AB0-System gibt es weitere Blutgruppensysteme, wie das Rhesus- oder das MN-System. Die Erbmerkmale der Blutgruppen sind eindeutig, weshalb sie vor Gericht z. B. für Vaterschaftsgutachten als Beweismittel gelten.

1.1 Um ein Vaterschaftsgutachten mit großer Sicherheit durchzuführen, werden unter anderem die Blutgruppensysteme AB0, Rhesus und MN getestet. Abbildung 1 ist ein Modelstammbaum des MN-Systems, in dem die Phänotypen angegeben sind.

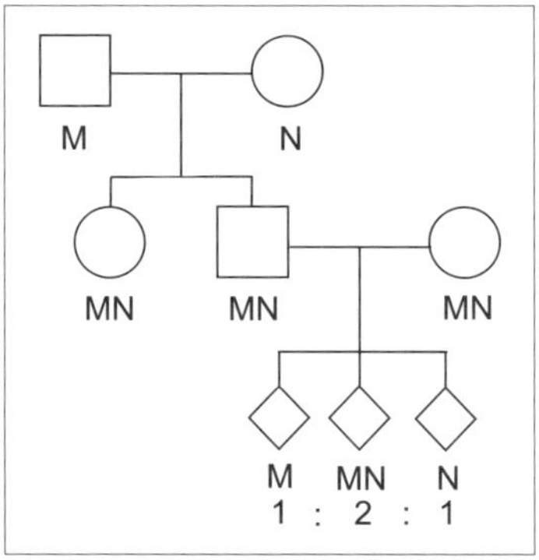

Abb. 1 Modellstammbaum des MN-Systems

Ein Ehemann zweifelt die Elternschaft für den angeblich gemeinsamen Sohn an und bewirkt ein Gutachten, dessen Ergebnis in Tabelle 1 dargestellt ist. Geben Sie die möglichen Genotypen der getesteten Personen an und erläutern Sie, ob der Ehemann der Vater des Kindes sein kann! Charakterisieren Sie hierzu das Rhesus- und das MN-System! 8

	AB0	Rhesus	MN
Ehemann	A	Rh^+	MN
Ehefrau	B	rh^-	M
Sohn	0	rh^-	MN

Tab. 1 Ergebnis der Blutgruppenuntersuchung beim Vaterschaftsgutachten

1.2 Vor der Entdeckung von LANDSTEINER war die größte Gefahr bei einer Bluttransfusion die Verklumpung des Bluts. Ende des 20. Jahrhunderts kam mit verschiedenen Viren (HIV, Hepatitis etc.) eine neue Problematik auf: Die Übertragung von Viren bei der Bluttransfusion. Heutzutage werden Blutprodukte auf transfusionsmedizinisch relevante Viren getestet. Hierzu muss die DNA in vitro innerhalb kurzer Zeit vermehrt werden, bevor sie identifiziert werden kann. Benennen und beschreiben Sie ein Verfahren, das zur schnellen Vervielfältigung von DNA verwendet werden kann! 6

2 Die Bombay-Blutgruppe ist eine sehr seltene Blutgruppe. Phänotypisch erscheint der Bombay-Typ wie die Blutgruppe 0. Aufgrund eines Gendefekts werden keine AB0-Antigene auf der Erythrozytenoberfläche gebildet, was dazu führt, dass Antikörper gegen A, B und 0 gebildet werden und somit keinerlei Spenderblut außer vom Bombay-Typ angenommen werden kann. Weltweit tritt die Bombay-Blutgruppe mit einer Wahrscheinlichkeit von 1 : 300 000 auf. In abgelegenen Teilen von Indien, wo das Niveau der Blutverwandtschaft der Eltern hoch ist, kann eine Häufigkeit von 1 : 7600 beobachtet werden. Erklären Sie aus evolutionsbiologischer Sicht die Ursache und die Häufung des Bombay-Typs! 6

3 Die Sichelzellanämie wird autosomal-rezessiv vererbt und ist eine Strukturanomalie des Hämoglobinmoleküls. Bei homozygoten Trägern kommt es bei Sauerstoffmangel zu einer sichelförmigen Verformung der Erythrozyten (siehe Abbildung 2), die zu Infarkten führt. Bei Homozygoten ist deshalb die Sterblichkeitsrate hoch. Heterozygote Träger haben zwar auch zu einem gewissen Prozentsatz verändertes Hämoglobin, dies ist aber für den Organismus tolerabel.

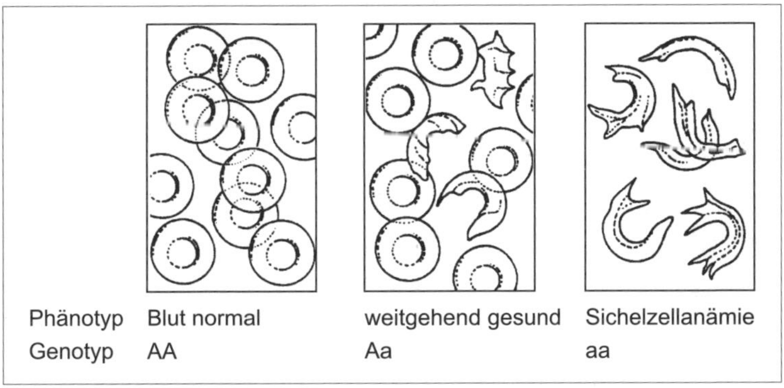

Abb. 2 Erythrozytenform bei Sichelzellanämie-kranken und gesunden Personen

3.1 Abbildung 3 zeigt einen Ausschnitt aus der Aminosäuresequenz der β-Kette des Hämoglobins einer gesunden Person und eines Menschen mit Sichelzellanämie.

	1. AS
Normales Protein	Val – His – Leu – Thr – Pro – Glu – Glu – …
Sichelzellenprotein	Val – His – Leu – Thr – Pro – Val – Glu – …

Abb. 3 Aminosäuresequenzen des normalen und des Sichelzellenproteins

Leiten Sie mithilfe der Codesonne (Abbildung 4) die molekularbiologischen Ursachen der Sichelzellanämie ab. 8

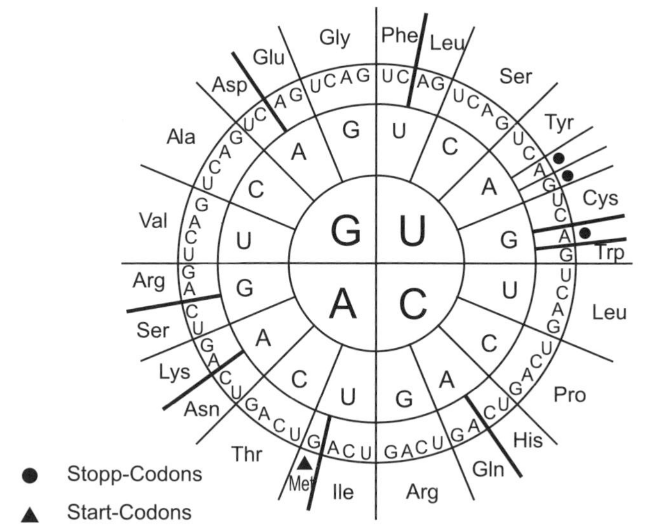

Abb. 4 Codesonne

3.2 Der Malariaerreger *Plasmodium falciparum* wird von der Anophelesmücke übertragen. Ein Teil der Entwicklung des Erregers verläuft in den Erythrozyten, in denen er sich auch vermehrt. Abbildung 5 zeigt Regionen in Afrika mit einem hohen Bevölkerungsanteil von Malaria-Erkrankten und Gegenden mit einem hohen Prozentsatz der Bevölkerung, der das Sichelzellallel trägt. Fassen Sie die Aussagen der Karten zusammen und erklären Sie ihre Ergebnisse unter Berücksichtigung von Evolutionsmechanismen! 6

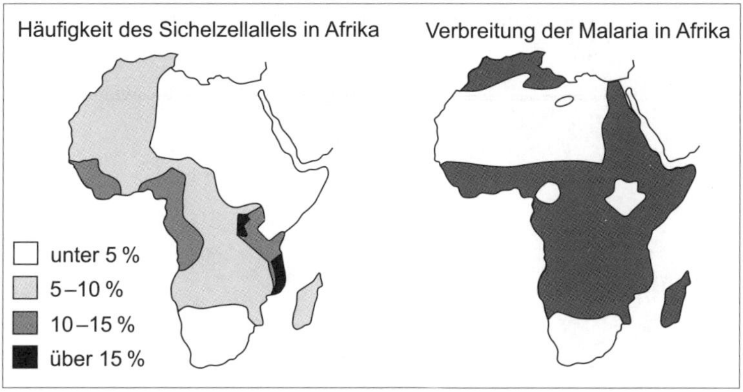

Abb. 5 Häufigkeit des Sichelzellallels in verschiedenen Regionen Afrikas und Regionen mit hohem Anteil an Malariainfektionen

4 Aufgabe der Erythrozyten ist im Wesentlichen der Sauerstofftransport von der Lunge zu den Körperzellen. Der rote Blutfarbstoff Hämoglobin bindet Sauerstoff an den Lungenbläschen. Im Muskelgewebe befindet sich ein dem Hämoglobin sehr ähnliches Protein, das Myoglobin. Abbildung 6 zeigt die Sauerstoffsättigung von Myoglobin und Hämoglobin in Abhängigkeit vom Sauerstoffpartialdruck.

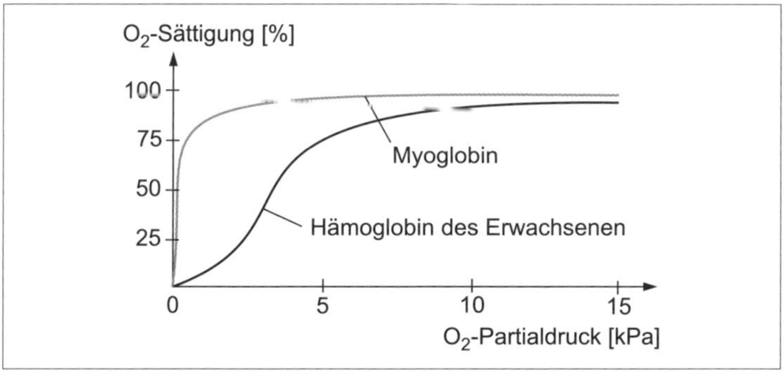

Abb. 6 Sauerstoffsättigung in Abhängigkeit vom Sauerstoffpartialdruck

4.1 Beschreiben Sie die Kurvenverläufe und ermitteln Sie die Bedeutung für den Gasaustausch im Gewebe! 3

4.2 Eine Schwangere und ihr Fetus haben voneinander getrennte Blutkreisläufe. Die Versorgung des fetalen Bluts mit Sauerstoff findet über die Plazenta mit mütterlichem Blut statt. Fetales Hämoglobin unterscheidet sich geringfügig von adultem Hämoglobin, wodurch eine Sauerstoffversorgung sichergestellt wird. Erläutern Sie, wie die Kurve zur Sauerstoffsättigung von fetalem Hämoglobin im Verhältnis zu den Kurven von Myoglobin und adultem Hämoglobin verlaufen sollte! 3

40

Erwartungshorizont

1.1 Charakterisierung der Blutgruppensysteme:
Dem Rhesus-System liegt ein dominant-rezessiver Erbgang zugrunde. Der Rhesusfaktor wird dominant vererbt, d. h., ihm kann der Genotyp DD oder Dd zugrunde liegen, während rhesus-negative Personen den Genotyp dd besitzen.

Für das Rhesus-System werden typischerweise die Allelbezeichnungen D und d verwendet, da rhesus-positive Personen das Antigen D auf der Erythrozytenoberfläche besitzen.

Beim MN-System gibt es zwei Zustandsformen des Allels (M, N), die kodominant vererbt werden. Hieraus resultieren 3 Blutgruppen mit drei Genotypen M (MM), N (NN) und MN (MN).

Beim AB0-System existieren drei Allele I^A, I^B, i, weshalb man von multipler Allelie spricht. I^A und I^B sind zueinander kodominant, I^A und I^B sind dominant über i. I^A kodiert für den Oberflächenfaktor A, I^B für B und i für kein Oberflächenmolekül. Hieraus resultieren 4 Phänotypen: A, B, AB, 0.
Die Literatur unterscheidet verschiedene Symbole für die Allele des AB0 Systems. Alternativ werden häufig auch die Buchstaben der Phänotypen verwendet, so wäre der Genotyp für Blutgruppe A AA oder A0. Die hier verwendete Schreibweise hat den Vorteil, dass klar ersichtlich ist, welche Allele dominant und welche rezessiv sind.

Tabelle 1 in der Aufgabenstellung zeigt die Phänotypen der getesteten Personen. Hieraus ergeben sich eine Reihe von möglichen Genotypen, die in der Tabelle 2 dargestellt sind.

	Phänotyp	mögliche Genotypen
Ehemann	A, Rh^+, MN	I^AI^A DD MN; I^Ai DD MN; I^AI^A Dd MN; I^Ai Dd MN
Ehefrau	B, rh^-, M	I^Bi dd MM; (I^B I^B dd MM)
Sohn	0, rh^-, MN	ii dd MN

Tab. 2 Mögliche Genotypen der getesteten Personen

Der Genotyp I^BI^B dd MM bei der Mutter fällt mit Sicherheit weg, da ihr Sohn Blutgruppe 0 hat; demnach muss die Mutter heterozygot sein.

Der Ehemann kann, muss aber nicht, der Vater des Kindes sein. Wenn er den Genotyp I^Ai Dd MN besitzt, könnte eine Keimzelle mit den Allelen i d N mit einer Eizelle der Mutter mit den Allelen i d M verschmolzen sein. Für diesen Fall hätte das Kind die angegebene Blutgruppe 0, rh^-, MN.

Alternative Lösungswege: Eine Erläuterung könnte auch mithilfe eines kommentierten Kreuzungsschemas oder eines Kombinationsquadrates geschehen.

1.2 Die Polymerase-Kettenreaktion (PCR) ist ein Verfahren zur schnellen Vervielfältigung der DNA.

Vorbereitung der DNA:
Die zu vervielfältigende doppelsträngige DNA befindet sich in einer Lösung, zu der zunächst eine hitzebeständige DNA-Polymerase (Taq-Polymerase) und die einzelnen Nukleotide hinzugefügt werden. Zusätzlich werden Primer dazugegeben, die komplementär zu den Enden des gewünschten DNA-Abschnitts sind.

Ablauf der PCR:
- Die Lösung muss erhitzt werden, damit sich die DNA-Doppelstränge voneinander trennen (Auflösung der Wasserstoffbrückenbindungen, Denaturierung).
- Die Lösung wird abgekühlt, hierbei binden die Primer über Wasserstoffbrückenbindungen an die zu vervielfältigende DNA. Es sind zwei Primer nötig, einer für jeden Strang.
- Die DNA-Polymerase verlängert die Primer durch Anhängen von Nukleotiden. Die Originalstränge dienen hierbei als Matrizen.
- Die zu vermehrende DNA wird in einem Zyklus verdoppelt.

2 Aus dem Aufgabentext geht hervor, dass die Bombay-Blutgruppe relativ häufig in abgelegenen Teilen Indiens vorkommt. Es kann also davon ausgegangen werden, dass es sich um isoliert lebende Kleinpopulationen handelt. Vermutlich ist die Population von einer kleinen Gruppe von Menschen gegründet worden. Die genetische Ausstattung dieser Gruppe entspricht nicht dem repräsentativen Durchschnitt des Genpools der ursprünglich größeren Population. Falls eine oder mehrere Personen zufällig Träger des mutierten Gens waren, würde dies die genetische Drift in Form des Gründereffekts erklären. Der Flaschenhalseffekt (*eine größere Population wird durch äußere Faktoren wie z. B. eine Naturkatastrophe drastisch und unselektiv stark dezimiert*) als Ursache für die genetische Drift wäre ebenso denkbar. Der hohe Grad der Blutsverwandtschaft deutet darauf hin, dass sich die Population weitgehend in der Gemeinschaft fortpflanzte. Dies erklärt, warum die Häufigkeit der Mutation in bestimmten Regionen deutlich höher ist als im weltweiten Durchschnitt.

3.1 Die Aminosäuresequenz einer erkrankten Person unterscheidet sich nur in der sechsten Aminosäure von der einer gesunden Person . Die Glutaminsäure wird im Sichelzellenprotein durch Valin ersetzt.
Glutaminsäure wird durch das Triplett GAA oder GAG auf der mRNA kodiert. Dies entspricht auf der DNA den Basentripletts CTT bzw. CTC. Die relevanten Codons für Valin sind GUA (DNA CAT) oder GUG (DNA CAC) (*GUU und GUC sind unerheblich*). Ursache für die Sichelzellanämie ist demnach eine Punktmutation der DNA in Form eines Austauschs einer einzelnen Nukleinba-

se. Thymin wird hier durch Adenin ersetzt und somit auf der mRNA Adenin durch Uracil. Die Folge hiervon ist der Tausch der Aminosäuren und ein verändertes Protein, das zur Sichelzellanämie führt.

3.2 *Heterozygote Träger der Sichelzellanämie haben in Regionen mit hoher Malariainfektionsgefahr einen Selektionsvorteil, da sich der Erreger in ihren Erythrozyten nicht vermehren kann.*

Je größer die Infektionsgefahr in einem Gebiet ist, desto häufiger ist das Sichelzellallel in der Bevölkerung verbreitet. Demnach müssen heterozygote Träger begünstigt sein und einen Selektionsvorteil haben. Homozygot Gesunde sterben häufig bei einer Malariainfektion, während Heterozygote überleben. So bringen sie durchschnittlich mehr Nachkommen zur Welt und das Sichelzellallel tritt in der Folgegeneration häufiger auf.

4.1 Der Kurvenverlauf der Sauerstoffsättigung bei Hämoglobin ist s-förmig, d. h., die Kurve steigt erst langsam an, wird dann steil und flacht an der Sättigungsgrenze wieder ab. Bei Myoglobin steigt die Kurve der Sauerstoffsättigung sofort steil an und nähert sich bei einem geringeren Sauerstoffpartialdruck als Hämoglobin der Sättigungsgrenze an. Vergleicht man die beiden Kurven, wird deutlich, dass die Sauerstoffaffinität von Myoglobin bei jedem Sauerstoffpartialdruck höher ist als die von Hämoglobin. Dies ist eine Voraussetzung dafür, dass Sauerstoff aus den Erythrozyten in das Gewebe diffundiert.

4.2 Die Kurve zur Sauerstoffsättigung von fetalem Hämoglobin muss bei jedem Sauerstoffpartialdruck zwischen der des adulten Hämoglobins und der des Myoglobins liegen, damit Sauerstoff über die Plazenta aus dem mütterlichen Blut in das des Fetus und aus dem fetalen Blut ins Gewebe diffundieren kann.

Abitur Biologie (Bayern G8)
Übungsaufgabe B 2: Die Honigbiene

BE

Die Honigbiene *(Apis mellifera)* gehört zu den staatenbildenden Insekten. Die Mitglieder leben als riesige Familie und setzen sich aus den Nachkommen einer Mutter, der Königin, zusammen.

		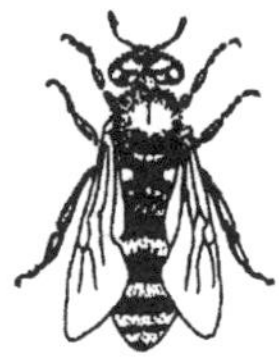	
Bienentypen	Königin	Arbeiterin	Drohne
Lebensdauer	3 bis 5 Jahre	2 bis 9 Monate	wenige Wochen
Entwicklung	aus befruchteten Eiern; spezielle Nahrung	aus befruchteten Eiern	aus unbefruchteten Eiern
Geschlecht	weiblich	weiblich	männlich
Chromosomensatz	diploid (2n = 32)	diploid (2n = 32)	haploid (n = 16)

Tab. 1 Übersicht über die Mitglieder des Bienenstaates (Bienenabbildungen aus: Weiß, Karl: *Bienen und Bienenvölker*. München: C. H. Beck 1977/Wissen in der Beckschen Reihe Nr. 2067)

1 Einige Tage nach dem Schlüpfen geht die junge Bienenkönigin bei guter Witterung auf den Hochzeitsflug, um sich auf einem Drohnensammelplatz mit den Drohnen zu paaren. Die Begattung findet im Flug statt und die Bienenkönigin füllt ihre Samenblase mit Spermien, welche im Allgemeinen bis zum Lebensende aufbewahrt und verwendet werden.

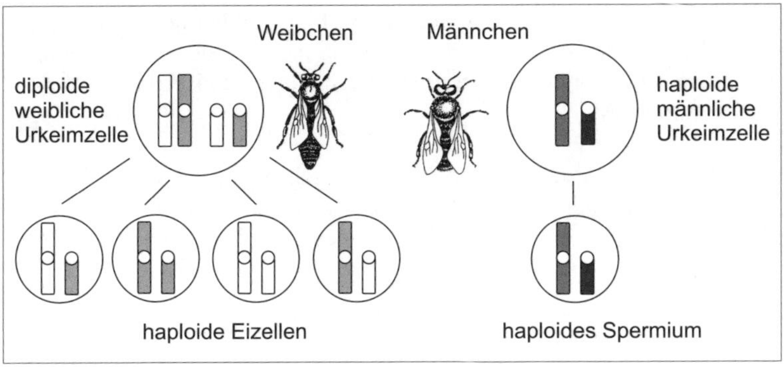

Abb. 1 Schematisch dargestellte und stark vereinfachte Bildung von Keimzellen

1.1 Beschreiben Sie unter Verwendung von schematischen Skizzen den Ablauf der Eizellenbildung bei einer Bienenkönigin! 7

1.2 Leiten Sie den Verwandtschaftsgrad zwischen den unfruchtbaren Schwestern eines Bienenstaates her! Gehen Sie bei Ihren Überlegungen davon aus, dass sich die Königin nur mit einer Drohne paart. 5

1.3 Vergleichen Sie den in 1.2 berechneten Verwandtschaftsgrad in einem Bienenstaat mit dem bei den meisten Säugetieren zu erwartenden Ergebnis! Erläutern Sie diesen Befund aus der Sicht der Soziobiologie bzw. nach der Kosten-Nutzen-Rechnung! 4

2 Einige Stämme der Honigbiene zeichnen sich durch ein hygienisches Verhalten aus. Die Arbeiterinnen öffnen die Waben und entfernen alle kranken Larven aus dem Nest. Damit wird die Ausbreitung von Infektionen oder der Befall durch Parasiten verhindert. Andere Stämme hingegen sind nicht hygienisch, die Arbeiterinnen öffnen keine Waben und entfernen keine erkrankten Larven.
1964 konnte mittels Kreuzungsanalysen gezeigt werden, dass die Unterschiede im Verhalten von Genen gesteuert werden. Ein Gen kontrolliert das Öffnen der Waben und das andere Gen das Entfernen der Larven.

2.1 Bei diesen Versuchen wurden Drohnen eines hygienischen Stammes mit homozygoten Weibchen eines unhygienischen Stammes gekreuzt. Alle Nachkommen der F_1-Generation zeigten das unhygienische Verhalten.
Charakterisieren Sie den vorliegenden Erbgang und erstellen Sie ein Kreuzungsschema für die durchgeführte Kreuzung! Bezeichnen Sie die Allele mit den Anfangsbuchstaben des Alphabetes. 4

2.2 In einem weiteren Versuch wurden diese F_1-Hybriden mit dem homozygot hygienischen Stamm rückgekreuzt. Leiten Sie mithilfe eines Kombinationsquadrates die zu erwartenden Geno- und Phänotypen der Nachkommen ab! 6

3 Zwischen vielen Pflanzen und Tieren bestehen wechselseitige Angepasstheiten zum gegenseitigen Nutzen, sogenannte mutualistische Beziehungen. Viele Bedecktsamer haben sich beispielsweise an die Bestäubung durch Tiere angepasst.

3.1 Erläutern Sie je eine evolutiv entstandene Angepasstheit von Blütenpflanze und Bestäuber! 3

3.2 Im Gegensatz zu den Honigbienen, bei denen erfolgreiche Individuen die anderen Sammlerinnen über eine ergiebige Futterquelle informieren, muss bei solitär lebenden Bienen jedes einzelne Individuum selbst lernen, welche Pflanzen die besten Nektarquellen darstellen.

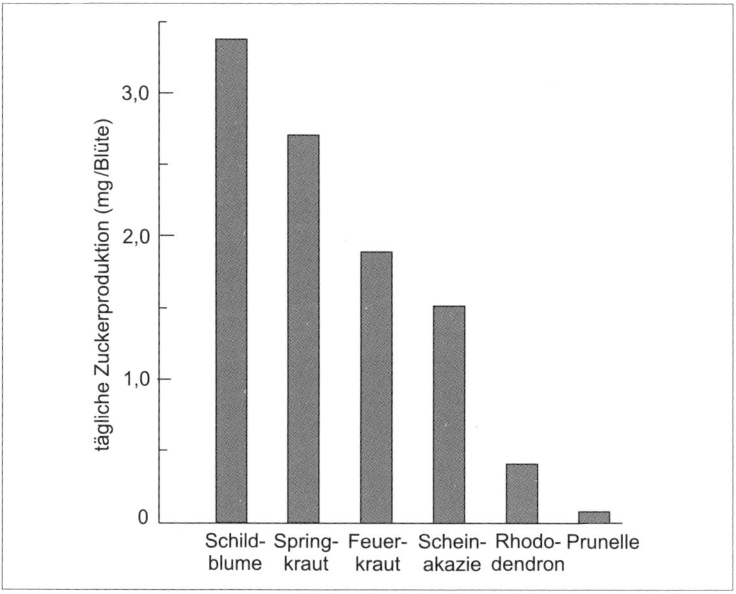

Abb. 2 Die tägliche Zuckerproduktion der Blüten verschiedener Pflanzenarten (mg/Blüte) (Heinrich, Bernd: *Bumblebee Economics*. Cambridge, Mass.: Harvard University Press, 1979)

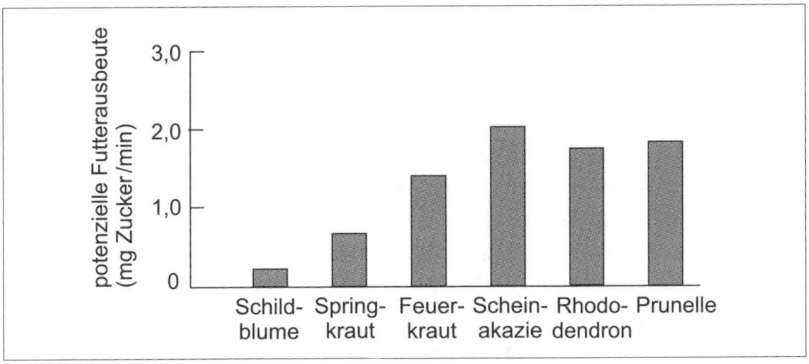

Abb. 3 Potenzielle Futterausbeute verschiedener Pflanzenarten (mg Zucker/min) (Heinrich, Bernd: *Bumblebee Economics*. Cambridge, Mass.: Harvard University Press, 1979)

Vergleichen Sie die Abbildungen 2 und 3 und werten Sie diese hinsichtlich der Ergiebigkeit der Arten aus. Erklären Sie Ihre Ergebnisse! 6

3.3 Bei *Pogonia ophioglossoides* handelt es sich um eine Pflanze aus der Familie der Orchideen, die Nektar produziert, um Bienen zur Bestäubung anzulocken. Die Pflanze, die in den Sümpfen von Maine vorkommt, wird 10 bis 15 cm hoch und ihre rosa Blüten sind 1 bis 2 cm groß. Daneben gibt es den Knolligen Dingel *(Calopogon pulchellus)*, eine Orchideenart, die zwar keinen Nektar produziert, aber *Pogonia ophioglossoides* imitiert.

Abb. 4 *Pogonia ophioglossoides* (© Tom Barnes University of Kentucky)

Abb. 5 *Calopogon pulchellus* (© Jeff D McMillian)

Erstellen Sie eine Kosten-Nutzen-Analyse für diese beiden unterschiedlichen Strategien! 5

40

Erwartungshorizont

1.1 *Der Vorgang, der zur Bildung der Eizellen führt, ist die Meiose, genauer die Oogenese. Der Ablauf soll für einen Chromosomensatz von 2n = 32 der Urkeimzelle beschrieben werden. Eine Angabe bezüglich eventueller Geschlechtschromosomen fehlt, diese müssen also nicht explizit berücksichtigt werden. (Bienen besitzen keine Geschlechtschromosomen. Ob sie männlich oder weiblich sind, wird einzig dadurch bestimmt, ob ein bestimmtes Gen in doppelter (diploider) oder einfacher (haploider) Ausführung vorliegt.) Es ist zulässig, die verlangten schematischen Skizzen auf ein homologes Chromosomenpaar zu vereinfachen, man muss dies jedoch durch eine eindeutige Beschriftung kenntlich machen.*

Ureizelle der Bienenkönigin

Prophase I:

- insgesamt 32 diploide Chromosomen
- Chromosomen in der Zwei-Chromatidform
- Chromosomen entspiralisiert

1. Reifeteilung (Reduktionsteilung)

Metaphase I:
- Chromosomen maximal kondensiert
- homologe Chromosomen liegen gepaart „übereinander“ in der Äquatorialebene (Chromatidentetrade)

- homologe Chromosomen werden durch die Spindelfasern jeweils zu entgegengesetzten Zellpolen gezogen
- asymmetrische Teilung der Ureizelle

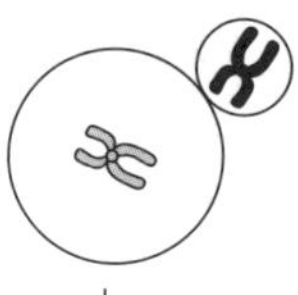

Telophase I:
- eine große Zelle und ein kleines Polkörperchen
- Chromosomensatz in jeder Zelle haploid
- alle Chromosomen in der Zwei-Chromatidform

2. Reifeteilung (Äquationsteilung)

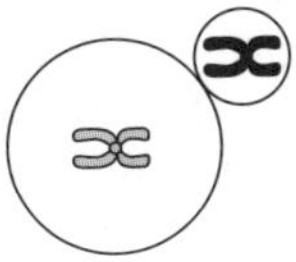

Metaphase II:
- Chromosomen liegen nebeneinander in der Äquatorialebene
- Chromosomen in der Zwei-Chromatidform

- Trennung der Chromatiden
- asymmetrische Teilung der großen Zelle

Eizelle mit einem Chromosom

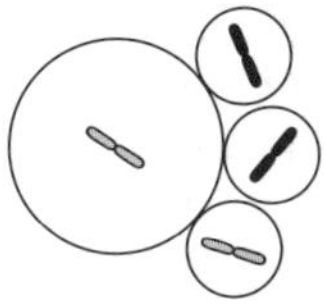

Telophase II:
- alle Chromosomen in der Ein-Chromatidform
- drei Polkörperchen mit einem Chromosom
- eine Eizelle mit einem Chromosom

Bei der verhältnismäßig geringen Anzahl an Bewertungseinheiten ist es sinnvoll, nur die wesentlichen Meiosephasen zu skizzieren.
Bei der Oogenese (= Eizellbildung) verlaufen im Unterschied zur Spermatogenese (= Spermienbildung) beide Teilungsvorgänge asymmetrisch. Das bedeutet, dass bei der Spermatogenese vier gleich große Tochterzellen entstehen.

1.2 *Der Verwandtschaftsgrad r entspricht der Wahrscheinlichkeit, dass ein bestimmtes Gen eines Individuums von einem Elter auch an ein zweites verwandtes Individuum vererbt wurde. Bei Geschwistern liegt die Wahrscheinlichkeit dafür bei 50 %, der Verwandtschaftsgrad r beträgt somit 0,5.*

Wenn sich die Königin nur mit einer haploiden Drohne paart, dann sind alle empfangenen Spermien identisch.

Haploide Drohnen besitzen nur den einfachen Chromosomensatz und dieser wird deshalb komplett auf alle Spermien übertragen.

Sämtliche Arbeiterinnen erhalten also **alle Allele des Vaters**. Dies entspricht 100 % oder r = 1,0. Außerdem stammt im Schnitt **die Hälfte ihrer Allele von der Königin**, r = 0,5. Damit besitzen die unfruchtbaren Schwestern durchschnittlich zu 75 % gemeinsame Allele und der Verwandtschaftsgrad beträgt 0,75.

1.3 Bei den meisten Säugetieren ist unter Geschwistern ein Verwandtschaftsgrad von 0,5 anstelle des für die Bienen-Arbeiterinnen berechneten r von 0,75 zu erwarten. Bei den Bienen gibt es also einen erhöhten Verwandtschaftsgrad und damit eine nähere Verwandtschaft zwischen den Arbeiterinnen. Das Kosten-

Nutzen-Verhältnis liegt für diese mit 75 % deutlich über dem üblichen Wert von 50 %.
Kosten entstehen den Arbeiterinnen, da sie darauf verzichten, eigene Nachkommen zu produzieren und ihre Energie darauf verwenden die Brut eines anderen Weibchens – der Königin – aufzuziehen. Der Nutzen liegt darin, dass sie durch den höheren Verwandtschaftsgrad mit ihren Schwestern als mit potenziellen eigenen Nachkommen eine höhere Fitness erzielen.
Indem die Arbeiterinnen helfen, ihre Geschwister aufzuziehen, sorgen sie dafür, dass ihre eigenen Gene unmittelbar von Generation zu Generation weitergegeben werden. Sie steigern dadurch ihre indirekte Fitness.

Zusatzinfo: Unter der indirekten Fitness versteht man den genetischen Beitrag eines Individuums zur nächsten Generation durch Unterstützung von Verwandten. Den genetischen Beitrag eines Individuums zur nächsten Generation durch eigene Nachkommen bezeichnet man dagegen als direkte Fitness.

2.1 *Auch die haploiden Drohnen bilden haploide Spermien, sodass diese Besonderheit hier keine Auswirkungen hat.*

Da hier zwei Merkmale (Öffnen bzw. Nichtöffnen der Waben und Entfernen bzw. Nichtentfernen erkrankter Larven) betrachtet werden, handelt es sich um einen **dihybriden Erbgang**. Beide Merkmale werden **dominant-rezessiv** vererbt, da in der F_1-Generation alle Nachkommen ein unhygienisches Verhalten zeigen, wobei die Allele für Nichtöffnen der Waben und Nichtentfernen der Larven dominant vererbt werden.

a = Öffnen der Waben — A = Nichtöffnen der Waben
b = Entfernen der Larven — B = Nichtentfernen der Larven

P Phänotyp	Unhygienisches Weibchen	x	Hygienisches Männchen
P Genotyp	**AABB**		**ab**
Keimzellen	(AB)		(ab)
F_1 Genotyp	alle **AaBb**		

2.2

Keimzellen	(ab)	(AB)	(aB)	(Ab)
(ab)	aabb	AaBb	aaBb	Aabb
F_2 Phänotyp	öffnet und entfernt	öffnet nicht und entfernt nicht	öffnet aber entfernt nicht	öffnet nicht, würde aber entfernen
Verhalten	hygienisch	unhygienisch	unhygienisch	unhygienisch

3.1 *Viele Pflanzen haben Blüteneigenschaften in Anpassung an ihre jeweiligen Bestäuber (z. B. Insekten, Vögel, Säugetiere) herausgebildet. Laut Aufgabenstellung ist jedoch nur die Erläuterung einer Angepasstheit bei einer Blütenpflanze bzw. einem tierischen Bestäuber verlangt.*

Manche Pflanzen haben ihre **Blüten** an die sensorischen Fähigkeiten ihrer Bestäuber angepasst. Bienenblumen sind häufig sehr farbig, vor allem im ultravioletten Bereich, den Bienen gut wahrnehmen können. Vogelblumen sind meist einfarbig rot, während Fledermausblumen eher unscheinbar gefärbt sind. Diese duften dagegen sehr intensiv und die Blüten öffnen sich nachts. Alle Blüten besitzen zur Belohnung und Konditionierung kohlenhydratreichen Nektar. Fliegenblumen sind dagegen meist fleischfarben und verströmen einen fauligen Geruch.
Aufseiten der **Bestäuber** haben sich Eigenschaften wie z. B. die „Körbchen" zum Pollensammeln an den Hinterbeinen der Honigbiene und sehr lange Schnäbel, Zungen bzw. Saugrüssel zur Aufnahme des Nektars aus dem Blütenkelch herausgebildet.

3.2 Abbildung 2 zeigt die tägliche Zuckerproduktion verschiedener Pflanzenarten in mg/Blüte. In den Blüten ist Zucker unterschiedlicher Menge vorhanden, wobei die Schildblume mit ca. 3,4 mg/Blüte die höchste Zuckerproduktion der miteinander verglichenen Arten aufweist, die Prunelle die geringste (ca. 0,2 mg/Blüte).
In Abbildung 3 ist die potenzielle Futterausbeute verschiedener Pflanzenarten in mg Zucker/Minute dargestellt. Es fällt auf, dass bei Pflanzenarten mit hoher täglicher Zuckerproduktion die Futterausbeute pro Minute sehr gering ausfällt.
Je mehr Bienen den Nektar derselben kohlenhydratreichen Pflanzenart sammeln, desto schneller wird deren Vorrat erschöpft und desto weniger Nektar ist noch vorhanden. Die Biene benötigt also eine längere Sammelzeit bei Pflanzen mit zuckerreichem Nektar und erzielt letztlich dieselben Nahrungserträge wie beim Besuch selten frequentierter Blüten, deren Nektar dafür weniger Zucker enthält.

3.3 Die Kosten von *Pogonia ophioglossoides* liegen in der notwendigen Produktion von Nektar. Der Nutzen liegt in der Bestäubung, also der Übertragung des Pollens artgleicher Individuen auf die Narbe der eigenen Blüten.
Calopogon pulchellus vermeidet die Kosten zur Nektarproduktion, muss jedoch in die täuschend echte Imitation von *Pogonia ophioglossoides* investieren, um Bestäuber anzulocken. Der Nutzen besteht dann ebenfalls in der Pollenübertragung, allerdings ist es möglich, dass ihr Pollen nicht nur auf artgleiche Individuen übertragen wird.

Abitur Biologie (Bayern G8)
Übungsaufgabe B 3: Der Mensch als „Mängelwesen“

BE

Der Anthropologe ARNOLD GEHLEN prägte das Bild des Menschen als Mängelwesen *(Homo inermis)*. Laut diesem Menschenbild ist der Mensch anderen Arten physisch und morphologisch deutlich unterlegen. Der Mangel an echten Instinkten gilt als größter geistiger Nachteil. Den Grund dafür sieht GEHLEN in der biologischen Unangepasstheit des Menschen an seine natürliche Umwelt. Damit er trotzdem überleben kann, wandelt der Mensch die Natur in eine Ersatz-Natur um.

1 Der moderne Mensch *Homo sapiens sapiens* gehört systematisch in die Säugetierordnung der Primaten. Dazu gehören neben dem Menschen auch die Halbaffen, Affen und Menschenaffen. Mensch und Menschenaffen sind besonders eng miteinander verwandt. Diese Verwandtschaftsbeziehungen werden mithilfe der unterschiedlichsten Verfahren erforscht.

1.1 Vergleichen Sie die Anatomie der abgebildeten Fuß- und Handkonstruktionen. Leiten Sie aus der Funktion der Extremitäten die bevorzugte Fortbewegungsweise ab. 6

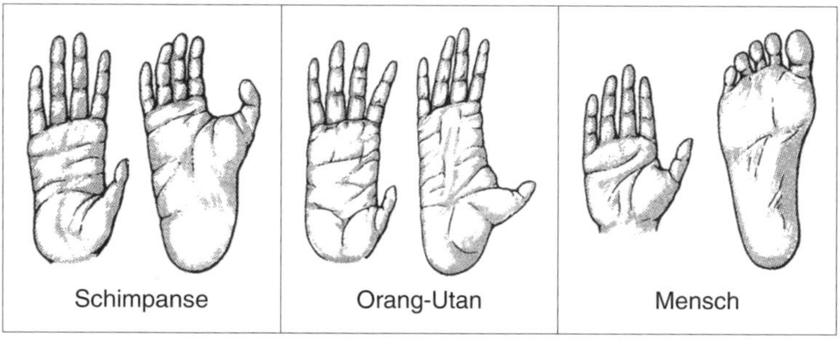

Abb. 1 Dargestellt sind die Hände (links) und die Füße (rechts) zweier Menschenaffen und des Menschen (Storch, Volker; Welsch, Ulrich; Wink, Michael: *Evolutionsbiologie*. Berlin, Heidelberg: Springer 2001, S.335)

1.2 Die Forschung untersucht die Verwandtschaftsbeziehungen in der Ordnung der Primaten auch mithilfe von biochemischen und molekularbiologischen Verfahren.
Deuten Sie die auf der DNA-Hybridisierung basierenden Ergebnisse und erläutern Sie die Aussagekraft des Delta-TS-Wertes. 7

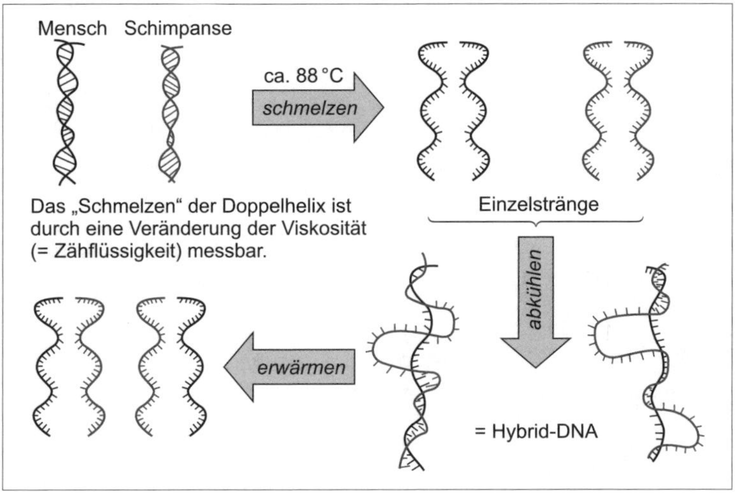

Abb. 2 Zum DNA-Vergleich wird häufig die Technik der DNA-Hybridisierung verwendet

DNA-Probe	Schmelztemperatur [°C]	Delta-TS [°C]
Mensch/Mensch	88,2	–
Schimpanse/Schimpanse	88,2	–
Orang-Utan/Orang-Utan	88,2	–
Mensch/Schimpanse	86,4	1,8
Mensch/Orang-Utan	84,6	3,6

Tab. 1 Ergebnisse der DNA-Hybridisierung zwischen Mensch und Menschenaffen

2 Die zunehmende Nutzung natürlicher Landschaften durch den Menschen führt immer mehr zu deren Veränderung. Aus den Naturlandschaften werden vermehrt Kulturlandschaften. Mit dem Wachstum der Bevölkerung geht häufig auch die Zerstörung der Natur einher. Wie kein anderes Lebewesen zuvor hat der Mensch in kurzer Zeit das Bild der Erde verwandelt.

2.1 Das rasante Anwachsen der Erdbevölkerung führt zur Expansion menschlicher Siedlungsräume und damit zum Rückgang von Naturlandschaften.

Jahreszahl	Individuen in Mrd.
1830	1
1930	2
1960	3
1974	4
1987	5
1999	6

Tab. 2 Zahlenmäßige Entwicklung der Erdbevölkerung

Fertigen Sie eine graphische Darstellung der Wachstumskurve der Erdbevölkerung an. Erklären Sie die Besonderheit des zugrunde liegenden Wachstumsmodells! 4

2.2 Um die anthropogenen Einflüsse auf intakte Ökosysteme zu untersuchen, wurde bei einer Versuchsstation in Rothamsted in England eine Wiese seit 1856 regelmäßig mit Stickstoff gedüngt.

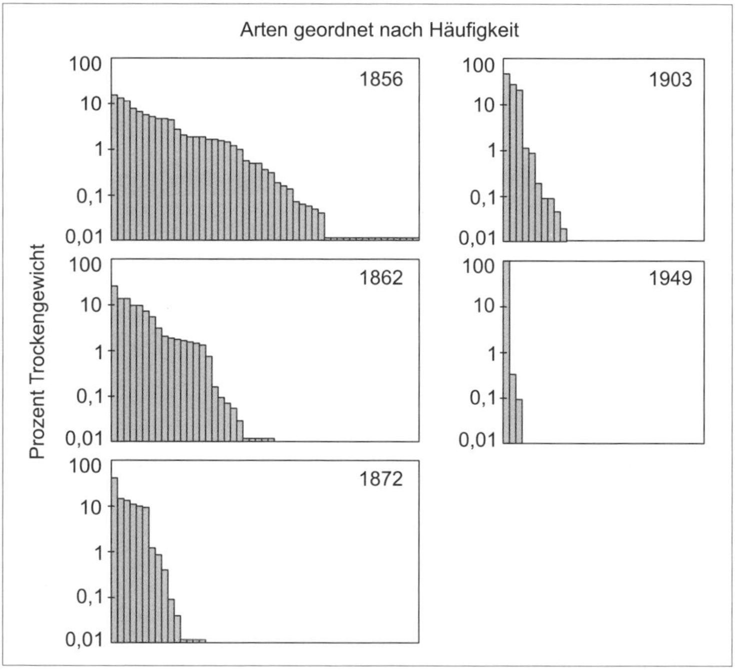

Abb. 3 Die Entwicklung von Grasarten nach Zahl und Stärke auf einer Versuchswiese in Rothamsted (England)
(nach: Mayr, Ernst: *Evolution: Die Entwicklung von den ersten Lebensspuren bis zum Menschen.* 3. Auflage, Heidelberg: Spektrum der Wissenschaft, 1983, S. 159)

Beschreiben und erklären Sie die Ergebnisse! 4

3 Norbert Bachl, Mitglied der medizinischen Kommission des IOC (= Internationales Olympisches Komitee) erklärte, dass australische Rugby-Vereine bestimmte Spieler nicht kaufen, „(…) wenn sie ein nachteiliges Genprofil besitzen.“ Dabei ist vor allem die Untersuchung von zehn Genen, die Aufschluss über das Verletzungsrisiko der Spieler geben, weit verbreitet.

3.1 Der direkte Nachweis dieser Gene kann durch den Einsatz von Gen-Sonden erfolgen. Beschreiben Sie die erforderlichen Arbeitsschritte dieser Methode der Gendiagnostik. 6

3.2 Die zehn untersuchten Gene geben Aufschluss über die Stärke des Bindegewebes. Untersucht wird auch das Chromosom 15, auf dessen langen Arm das Gen für das Marfan-Syndrom liegt. Diese Krankheit beruht auf einer zu hohen Elastizität des Bindegewebes, ausgelöst durch eine Genmutation, und wird autosomal-dominant vererbt.
Ermitteln Sie die Genotypen der angegebenen Personen und beweisen Sie anhand eines Erbschemas, mit welcher Wahrscheinlichkeit Person 6 krank sein wird! 5

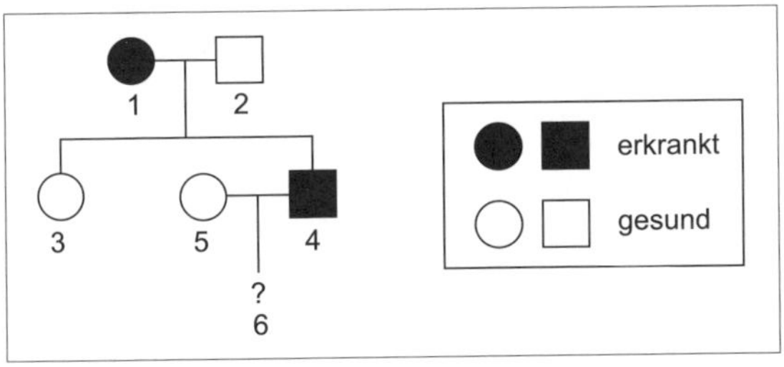

Abb. 4 Vererbung des Marfan-Syndroms

3.3 Norbert Bachl betonte in einem Interview, dass die Rugby-Mannschaften Australiens mit der beschriebenen Methode „(…) 40 Prozent weniger verletzungsbedingte Ausfälle (…)“ hätten.
Nehmen Sie zur ethisch sehr umstrittenen Anwendung der Gendiagnostik beim Menschen Stellung. 3

4 Der Kinderarzt MEINHARD VON PFAUNDLER hielt 1901 einen bedeutsamen Vortrag „über natürliche und rationelle Säuglingspflege“. In diesem Vortrag wies er unter anderem darauf hin, dass bei den Naturvölkern das junge Kind „(…) auch jenseits der Geburt gleichsam ein untrennbarer Teil des mütterlichen Körpers (…)“ ist. Er kritisierte die „(…) widernatürliche Entfernung (des Säuglings) von der Mutter (…)“ unter den modernen zivilisatorischen Bedingungen und beschrieb die Gründe für die Entstehung des Hospitalismus, einer Verhaltensstörung, die nach längeren Heim- oder Krankenhausaufenthalten, auftreten kann:

„Wo die Mutter oder eine nächste Anverwandte oder sonst eine für das Kind empfindende Person sich der Pflege ganz hingibt, wird der schwerere Schaden solcher Art meist nicht eintreten. Wohl aber sieht man ihn bei Kostkindern und insbesondere in Anstalten für gesunde und kranke Säuglinge, die unzureichendes Pflegepersonal haben. Hier verfallen die Kinder oft einem als „Hospitalismus" bezeichneten Übel. Die Reaktion der Unruhe auf das Sich-selbst-Überlassensein hört nach Tagen bis Wochen allmählich auf und dann setzt ein langsam fortschreitender Verfall ein. (…)"

Zitat aus *„Sozialwaisen – Kleinkinder ohne Familie, Auswirkungen von Hospitalismus"* von Maximilian Rieländer, für eine Zeitschrift der „Gesellschaft für Sozialwaisen" e. V. (GeSo), Münster 1982

Erläutern Sie den dem Hospitalismus zugrunde liegenden prägungsähnlichen Lernvorgang! 5

40

Erwartungshorizont

1.1 *Orang-Utans sind als Schwinghangler echte Baumbewohner. Dort bewegen sie sich mit allen vier Gliedmaßen kletternd oder auf den Ästen balancierend fort. Wenn sie es eilig haben, schwingen sie an ihren langen Armen von einem Baum zum anderen. Nur selten halten sich Orang-Utans auf dem Boden auf. Ihre Fortbewegung ist dann ein vierfüßiges Gehen, wobei sie mit der Faust oder der Handfläche auf dem Boden aufsetzen.*
Schimpansen suchen sowohl am Boden als auch auf den Bäumen nach Nahrung. Zumeist geschieht dies, indem sie mit allen vier Gliedmaßen im Geäst der Bäume klettern. Am Boden bewegen sich Schimpansen im Knöchelgang fort. Das heißt, dass sie beim Gehen die zweiten und dritten Fingerglieder auf dem Boden aufstützen.

Bei beiden Menschenaffen ist die **Greifhand** sehr gut an die baumlebende Lebensweise angepasst. Die gesamte Hand kann mit vier Fingern (der rückgebildete, kurze Daumen besitzt keine Funktion) gekrümmt werden und die Finger können sich zu einem festen Klammergriff, dem sogenannten Affengriff, schließen.
Beim Menschen erlaubt die **Greifhand** durch den opponierbaren und relativ verlängerten Daumen ein kräftiges, gefühlvolles Zugreifen.

Deutlichere Unterschiede gibt es jedoch in den Fußkonstruktionen der drei Primatenspezies. Bei beiden Menschenaffen zeigt der **Greiffuß** einen handähnlichen Aufbau, jedoch mit einer kurzen, opponierbaren Großzehe. Dieser Bau ermöglicht eine Vielfalt an Bewegungsarten wie Klettern, Springen, Laufen oder aufrechtes Stehen.
Beim **Standfuß** des Menschen ist die Großzehe in die Reihe mit den anderen Zehen gestellt und in ihrer Beweglichkeit reduziert. Dadurch weist der Fuß eine große Sohlenfläche auf. Das ausgebildete Fußgewölbe bedingt gute Elastizität beim Gehen, Laufen und Springen. Diese Fußkonstruktion lässt auf eine bevorzugte Fortbewegung am Boden schließen.

1.2 Deutung:
Die DNA-Doppelhelix „schmilzt“ bei ca. 88 °C, dabei werden die Wasserstoffbrückenbindungen gespalten und DNA-Einzelstränge entstehen. Beim Abkühlen dieser entsteht zwischen den Einzelsträngen verschiedener Arten durch komplementäre Basenpaarung eine doppelsträngige Hybrid-DNA. Diese „schmilzt“ bei erneutem Erhitzen früher als die ursprüngliche DNA, da es nicht an allen Stellen zu einer komplementären Basenpaarung kam. Es sind also weniger Wasserstoffbrückenbindungen vorhanden und damit findet eine leichtere Trennung der Doppelhelix in Einzelstränge statt. Je näher die Schmelztemperatur der menschlichen DNA der Schmelztemperatur der Hybrid-DNA ist, desto mehr Basenpaarungen hat es gegeben, desto ähnlicher sind sich die DNA-Sequenzen und desto näher verwandt sind die beiden Arten.

Erläuterung:
Der Delta-TS-Wert gibt die Differenz der Schmelztemperaturen zwischen der Hybrid-DNA und der DNA einer Art an. Je kleiner der Delta-TS-Wert ist, desto näher sind die beiden Arten miteinander verwandt.

2.1

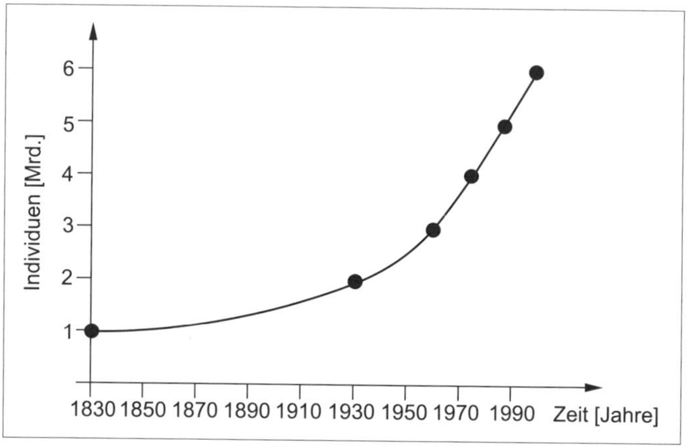

Die Erdbevölkerung wächst **super-exponentiell** an. Dies bedeutet, dass sich die Anzahl der Individuen in immer kürzeren Zeiträumen verdoppelt.

2.2 Auf der Versuchswiese konnten im Jahr 1856 etwa 50 verschiedene Arten nachgewiesen werden. Bereits nach 6 Jahren Düngung mit Stickstoff hatte sich die **Artenzahl** ungefähr halbiert. Über die Jahre 1872 und 1903 setzte sich dieser Trend des **Artensterbens** fort, bis im Jahre 1949 nur noch die drei Pflanzenarten vorkamen, die auf stickstoffreichem Boden am besten gediehen. Durch den Überschuss an stickstoffhaltigem Dünger nahm die Zahl dieser Pflanzen stark zu und sie verdrängten die anderen Arten.

3.1 Um bestimmte Gene im Genom eines Organismus aufzufinden, müssen ihre Basensequenzen bekannt sein. Um nun diese Gene finden zu können, stellt man kurze DNA- oder RNA-Abschnitte her, die mit Teilen der gesuchten Gene **komplementär** sein müssen, damit sie mit diesen hybridisieren können. Diese Abschnitte werden radioaktiv oder mit fluoreszierenden Molekülen **markiert** und als **Gen-Sonden** bezeichnet.

Häufig reicht es aus, nicht das gesamte Gen, sondern nur Gen-Fragmente zu suchen. Daher werden die Proben mit Restriktionsenzymen versetzt, von diesen spezifisch geschnitten und die erhaltenen Fragmente durch Gelelektrophorese aufgetrennt.

Die komplementäre Basenpaarung durch Ausbildung von Wasserstoffbrückenbindungen gelingt jedoch nur, wenn sowohl die Gen-Sonde als auch das Gen als **DNA-Einzelstrang** vorliegen. Die DNA-Stränge werden auf eine feste Trägermembran übertragen und durch Hitzebehandlung denaturiert.

Unter Denaturierung versteht man die Aufspaltung des DNA-Doppelstranges in die Einzelstränge. Dies erfolgt sehr häufig durch Hitzebehandlung oder das Einwirken von Alkalien. Anschließend wird auf das Gel eine Membran aus Nitrozellulose oder Nylon gelegt und beschwert. Durch die wirkenden Kapillarkräfte wandern die Einzelstränge an die Trägermembran und es entsteht ein exakter Abdruck der gelelektrophoretisch aufgetrennten DNA.

Durch die **Autoradiographie** oder die Fluoreszenzmikroskopie können die Hybridisierungsstellen und somit die gesuchten Gene sichtbar gemacht werden.

Bei der Autoradiographie werden die Hybridisierungsstellen auf einen radioaktiv empfindlichen Film gebracht, bei dem die mit der Gen-Sonde hybridisierten DNA-Sequenzen eine Schwärzung hervorrufen.

3.2 Marfan-Syndrom = A, gesund = a

Person 1:	Aa	Person 4:	Aa
Person 2:	aa	Person 5:	aa
Person 3:	aa	Person 6:	mit einer Wahrscheinlichkeit von 50 % krank

		Keimzellen Vater	
		a	a
Keimzellen Mutter	A	**Aa** krank	**Aa** krank
	a	**aa** gesund	**aa** gesund

3.3 Die Gendiagnostik stellt zwar eine neuartige Möglichkeit zur Erkennung und Behandlung von Krankheiten dar, es besteht aber auch die Gefahr des Missbrauches der gewonnenen Erkenntnisse durch Arbeitgeber oder Versicherungen.

Es ist mittlerweile bekannt, dass einige Genveränderungen das Risiko für eine Erkrankung erhöhen, in vielen Fällen weiß man jedoch auch nichts über die genauen Zusammenhänge.

Die Erforschung des menschlichen Genoms kostet sehr viel Zeit und Geld. Um aus den Forschungsergebnissen Gewinn zu erzielen, sind Patente nötig. Patente auf Leben wurden in Europa aber lange mit dem Argument abgelehnt, dass niemand die Gene erfunden hat.

4 *Der Lernvorgang „Prägung" lässt sich vor allem bei Tieren finden, bei denen sich die Jungen als sogenannte Nestflüchter früh vom Ort ihrer Geburt fortbewegen.*
Die Jungen vieler anderer Arten, darunter auch Menschenkinder, sind dagegen noch lange Zeit nach ihrer Geburt unbeholfen und zählen zu den Nesthockern. Bei Nesthockern finden sich zwar keine Prägungsvorgänge, jedoch prägungsähnliche Lernvorgänge innerhalb der ersten Lebensmonate.

Dem frühkindlichen prägungsähnlichen Lernvorgang beim Menschen liegt die Entstehung der **Mutter-Kind-Bindung** zugrunde. Zu den ersten Erfahrungen eines Säuglings gehören der enge Hautkontakt und das Saugen an der Mutterbrust. In den ersten zwei bis sechs Lebensmonaten lernt das Neugeborene, die Stimme und das Gesicht der Mutter bzw. der betreuenden Person kennen und von anderen Personen zu unterscheiden.
Diese Mutter-Kind-Bindung dient als Basis für die Ausbildung weiterer Sozialkontakte. Besitzt ein Kind in den ersten Lebensmonaten keine echte, feste Bezugsperson, hat es meist lebenslang Probleme, mit anderen Menschen Beziehungen einzugehen. Die fehlende frühkindliche Bindung ist wahrscheinlich auch für das Auftreten psychischer Schäden verantwortlich.

Im Unterschied zur Prägung kommt die Mutter-Kind-Bindung aber weder in einer eng umgrenzten sensiblen Phase sehr schnell zustande, noch ist das Ergebnis irreversibel. Prägungsähnliche Vorgänge zeigen also nicht alle für eine Prägung typischen Merkmale.

Abitur Biologie (Bayern G8)
Übungsaufgabe C 1: Das Leben in Gruppen

BE

Eine Population ist eine Gruppe von Individuen einer Art, die eine Fortpflanzungsgemeinschaft bilden und in einem ganz bestimmten Gebiet leben. Alle Mitglieder einer Population müssen also mit denselben abiotischen Umweltbedingungen zurechtkommen, sind auf dieselben Ressourcen angewiesen und stehen in Wechselbeziehung mit den gleichen biotischen Faktoren.

1 Die Heimat des 3 bis 5 cm großen Guppy liegt in den Süßgewässern des nördlichen Südamerikas. Er trägt seinen Beinamen „Millionenfisch" nicht zu Unrecht, da die lebendgebärenden Fische sehr vermehrungsfreudig sind. Naturgemäß hat ein kleiner Fisch wie der Guppy viele Fressfeinde: Buntbarsche, Schlanksalmler, echte Salmler, Killifische, Zahnkarpfen, aber auch Eisvögel und Reiher.
Beim Habicht ist das Weibchen (60 cm; 1 130 g) deutlich größer und schwerer als das Männchen (50 cm; 740 g). Deshalb jagen Weibchen und Männchen auch unterschiedliche Beutetiere, erlegen aber beide gerne Tauben, die sie im plötzlichen Überraschungsangriff überwältigen. Dabei nutzen die Habichte die vorhandene Deckung wie Hecken, Gräben und Häuser zum „Anpirschen".

1.1 Beschreiben Sie die beiden Grafiken und erläutern Sie deren Aussagen! 3

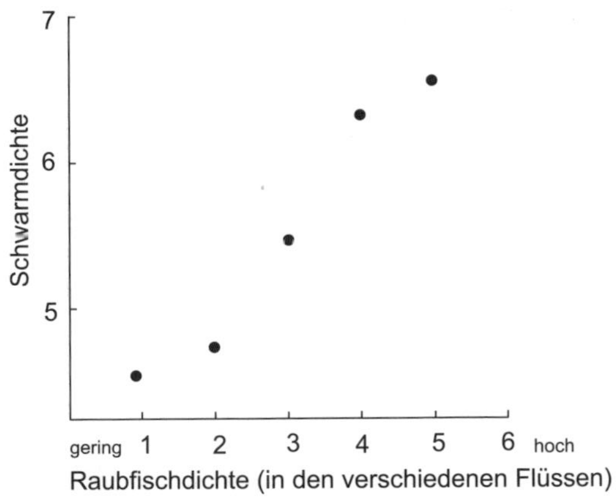

Abb. 1 In fünf verschiedenen Flüssen Trinidads wurde die Schwarmdichte der Guppys als Anzahl Guppys am Boden eines Behälters gemessen
(Seghers, B. H.: *Schooling behaviour in the guppy Poecilia reticulata: an evolutionary response to predation.* Evolution 28, 1974, S. 486–489)

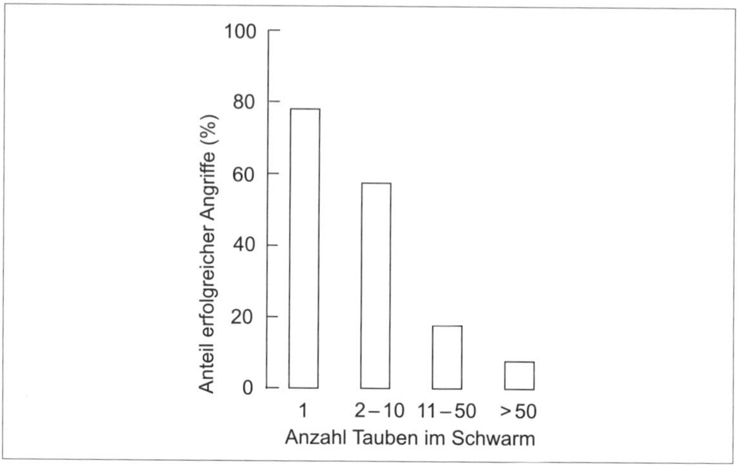

Abb. 2 In vier Experimenten wurde ein gezähmter Habicht aus einer standardisierten Entfernung auf unterschiedlich große Taubenschwärme losgelassen (Kenward, R. E.: *Hawks and doves: factors affecting success and selection in goshawk attacks on wood-pigeons.* J. Anim. Ecol. 47, 1978, S. 449–460)

1.2 Analysieren Sie die Abbildungen 1 und 2 hinsichtlich der Vorteile des Gruppenlebens. Stellen Sie eine begründete Vermutung an, warum dies so ist! 3

2 Primaten leben oft in Gruppen zusammen und haben in den meisten Fällen ein sehr komplexes Sozialverhalten entwickelt. Reine Einzelgänger sind selten, allerdings führt das Leben in Gruppen unweigerlich zur Verteidigung begrenzter Ressourcen und damit zu innerartlicher Konkurrenz und u. U. zu Aggression.

2.1 Als Revier wird der Aktionsraum eines Tieres bezeichnet. Diese Aktionsräume erfüllen unterschiedliche Funktionen für das Tier und stellen eine Ansammlung von Ressourcen dar. Deshalb werden die Reviere auch hartnäckig gegen mögliche Konkurrenten verteidigt. Die Reviergröße hängt vor allem von der Art des Tieres und von seinem Status im Vergleich zu benachbarten Artgenossen ab.
Interpretieren Sie die Abbildung 3 und die Tabelle 1 hinsichtlich der Faktoren, von denen die Reviergröße abhängt! 7

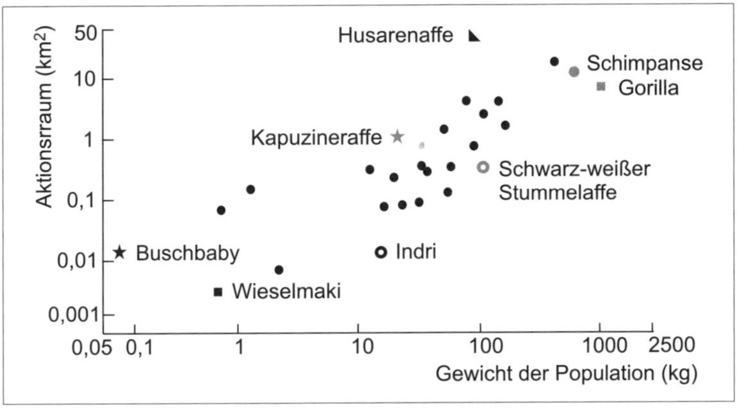

Abb. 3 Reviergröße verschiedener Primatengattungen (aus: Clutton-Brock, T. H.; Harvey, P. H.: *Primate ecology and social organization*, J. Zool. Lond. 183, 1977, S. 1–183)

	Größe [cm]	Gewicht [kg]	Gruppengröße [Individuenzahl]	Hauptnahrung	Aktivität
Buschbaby	7–40	0,05–2	Einzelgänger	Insekten, Früchte, Baumsäfte	Nacht
Gorilla	125–175	70–200	10–40	Blätter	Tag
Husarenaffe	70–90	4–13	8–15	Gräser, Früchte, Samen, Pilze, Insekten, kleine Wirbeltiere	Tag
Indri	64–90	6–9	2–5	Blätter	Tag
Kapuzineraffe	31–56	4–10	8–30	Früchte, Samen, Insekten, kleine Wirbeltiere	Tag
Schimpanse	64–94	26–70	20–80	Früchte, Nüsse, Insekten, kleine Wirbeltiere	Tag
Schwarz-weißer Stummelaffe	45–72	5–14	8–15	Blätter	Tag
Wieselmaki	30–35	0,5–0,9	Einzelgänger	Blätter	Nacht

Tab. 1 Daten zum Bau, zur Lebensweise und zur Ernährung verschiedener Primatengattungen

2.2 Rangordnungsunterschiede innerhalb von Primatengesellschaften erkennt man vor allem daran, wer wem wie oft das Fell pflegt. Traditionell werden die Rangpositionen innerhalb einer Gruppe mit den Buchstaben des griechischen Alphabetes (α, β, γ, δ, usw.) bezeichnet.

	Individuum pflegt				
		1	**2**	**3**	**4**
Individuum wird gepflegt	**1**	–	4	3	7
	2	0	–	0	9
	3	0	8	–	7
	4	0	0	0	–

Tab. 2 Übersicht über das Sozialverhalten einiger Gruppenmitglieder

2.2.1 Ordnen Sie den angegebenen Individuen mithilfe der griechischen Buchstaben die jeweilige Rangordnung zu! 2

2.2.2 Zu den auffälligsten altruistischen Verhaltensweisen gehört die Fellpflege, das sogenannte Lausen. Erklären Sie in diesem Zusammenhang den Begriff „altruistisches Verhalten“ und diskutieren Sie diese Verhaltensweise! 5

Abb. 4 Zwei Makaken beim Lausen
(© Findingnumo/ Dreamstime.com)

2.3 Die Individuen der Gruppe der Lemuren variieren erheblich in ihrer Größe und ihrem Aussehen und sind vermutlich die gemeinsamen Vorfahren der heute auf der ganzen Welt verbreiteten Primaten. Ursprünglich waren auch die Lemuren weit verbreitet. Sie wurden jedoch von höher entwickelten Affenarten verdrängt.
Durch die Abspaltung Madagaskars vom afrikanischen Kontinent vor 168 Millionen Jahren überlebten die Lemuren ausschließlich auf dieser Insel und auf den vorgelagerten Komoren. Dort konnten sie sich gut entwickeln und etwa 75 verschiedene Arten hervorbringen.
Erklären Sie diesen Sachverhalt aus evolutionsbiologischer Sicht! 7

2.4 Dian Fossey führte ab 1966 Freilandbeobachtungen an Berggorillas in ihrem natürlichen Lebensraum in Zaire, Ruanda und Uganda durch. Im Laufe der Zeit akzeptierten die Gorillas die Forscherin in ihren Gruppen. Selbst die Silberrücken, so werden die männlichen Leittiere eines Familienverbandes genannt, tolerierten die ethologischen Studien.

1983 veröffentlichte DIAN FOSSEY in dem Buch „Gorillas im Nebel" ihre Erkenntnisse aus dreizehn Jahren Forschungsarbeit:

„Thor (ein einjähriges Jungtier) wurde von Onkel Bert (einem geschlechtsreifen Berggorilla eines benachbarten Familienverbandes) umgebracht. Wie in den meisten Fällen von Kindsmord geschah auch dieser nach dem Tod des Silberrückenanführers der Gruppe des Opfers, und die Mutter schloss sich der Gruppe des Kindesmörders an."

(Dian Fossey: *Gorillas im Nebel*. Übersetzer Walther Elisabeth M., München: Droemer Knaur Verlag 1983, S. 254)

Beurteilen Sie die beschriebene Verhaltensweise aus verhaltensbiologischer Sicht! 5

3 Lachmöwen brüten in großen Kolonien mit bis zu 20 000 Brutpaaren an den Ufern größerer Gewässer und an der Küste. Die Nester sind etwa einen Meter voneinander entfernt und werden überwiegend am oder schwimmend auf dem Wasser gebaut.

Etwa eine Stunde nachdem ein Küken geschlüpft ist, beseitigen die Eltern die Schalenreste, welche außen bräunlich gefleckt und innen weiß sind, indem sie diese vom Nest wegtransportieren.

3.1 Beschreiben Sie eine experimentelle Vorgehensweise, mit der Sie bestätigen können, dass dieses Verhalten angeboren ist! 4

3.2 Um herauszufinden, welches Merkmal der Eierschalen bei den Lachmöwen das Beseitigen dieser auslöst, wurden den Elterntieren verschiedene Attrappen angeboten: Die Attrappen a, b, und c wurden von den Möwen aus dem Nest entfernt, d nicht.

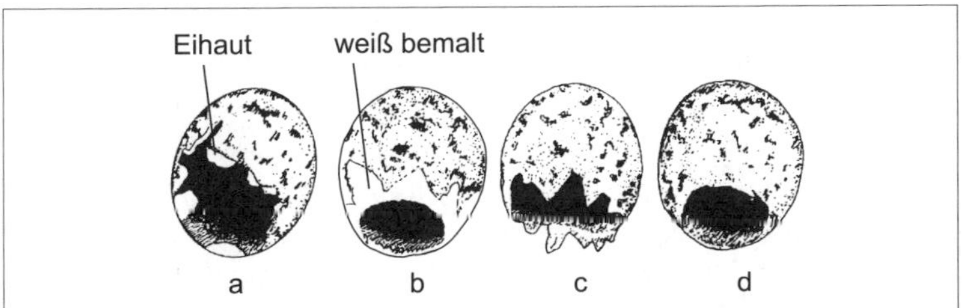

Abb. 5 Lachmöweneier-Attrappen

Werten Sie die Abbildung 5 aus und erläutern Sie am genannten Beispiel den Fachbegriff „Schlüsselreiz"! 4

40

Erwartungshorizont

1.1 Jeder Punkt in Abbildung 1 zeigt die Schwarmdichte der Guppys aus fünf verschiedenen Flüssen in Abhängigkeit von der dort herrschenden Raubfischdichte an. Mit steigender Raubfischdichte formen die Guppys dichtere Schwärme. Abbildung 2 zeigt in Form von Balken den prozentualen Anteil erfolgreicher Angriffe eines gezähmten Habichts auf eine unterschiedliche Anzahl Tauben an. Je mehr Tauben sich in einem Schwarm aufhielten, desto geringer war der Anteil der erfolgreichen Angriffe, wobei dieser ab einer Schwarmgröße von 11 Tauben sehr stark abnahm.

1.2 Je **dichter** ein Schwarm ist, aus je mehr Individuen er also besteht, desto geringer ist das Risiko jedes einzelnen Gruppenmitglieds, gefressen zu werden (Verdünnungseffekt). Außerdem wird es einem Räuber erschwert, sich auf ein einzelnes Individuum zu konzentrieren und dieses zu erbeuten (Verwirrungseffekt). Je **größer** die Anzahl der Tiere in einem Schwarm, desto schneller können auch potenzielle Feinde entdeckt und die Artgenossen gewarnt werden (erhöhte Wachsamkeit).

2.1 Größere und schwerere Tiere (z. B. Gorilla, Schimpanse) benötigen **mehr Futter** und durchstreifen deshalb größere Territorien.
Stärker spezialisierte Gattungen (z. B. Husarenaffe) beanspruchen größere Gebiete zur Futtersuche, da Früchte und Insekten **weiter verstreut** vorkommen als Blätter.
Nachtaktive Tiere, wie Buschbaby und Wieselmaki, haben sehr kleine Reviere.
Ein eindeutiger Zusammenhang zwischen Gruppengröße und Reviergröße ist nicht festzustellen. Klar wird jedoch, dass die Reviergröße von verschiedenen Faktoren beeinflusst wird und mit steigendem Gewicht der Population zunimmt.

2.2.1 *Angegeben ist nur die Fellpflege einiger weniger Gruppenmitglieder. Die Zahlen dürfen für einen Vergleich nicht aufaddiert werden. Wichtig ist also nicht die Summe aller Pflegeaktivitäten, sondern die Information darüber, wer welches Individuum pflegt. Da Individuum 1 keine anderen Mitglieder pflegt, jedoch von diesen gepflegt wird, ist es das ranghöchste Individuum.*

Individuum 1 = α
Individuum 3 = β
Individuum 2 = γ
Individuum 4 = δ

2.2.2 Unter altruistischem Verhalten versteht man eine uneigennützige Verhaltensweise, durch die ein Empfänger einen Nutzen und der Ausführende Kosten hat.

Ein solches Verhalten kann man im Tierreich besonders innerhalb sozialer Gemeinschaften beobachten. Oft handelt es sich dann um reziproken Altruismus, der auf einem System gegenseitiger Hilfe basiert: Lausender und Gelauster wechseln sich in ihren Rollen ab, sodass jeder einmal Nutzen daraus zieht. Ein wichtiges Kriterium für das Funktionieren des reziproken Altruismus ist, dass die beteiligten Individuen sich individuell erkennen, sodass sie diejenigen Tiere zurückweisen können, die sich für geleistete Dienste nicht revanchiert haben.

Altruistisches Verhalten wie das Lausen könnte des Weiteren mit einem **indirekten** Nutzen für den Ausführenden verbunden sein, wenn Lausender und Gelauster miteinander verwandt sind (Verwandtenselektion).

Nach HAMILTON kann ein Individuum seine indirekte Fitness dadurch steigern, dass es die direkte Fitness eines Verwandten erhöht, da beide zumindest einige ihrer Gene teilen. Der Gesamt-Nutzen des altruistischen Verhaltens muss dabei aber die Gesamt-Kosten übersteigen.

Auf der anderen Seite könnte das Lausen auch **egoistisch** sein. Dies wäre z. B. der Fall, wenn die Parasiten ohne die gegenseitige Fellpflege überhand nehmen würden und der Nutzen, den der Lausende aus der Insekten-Nahrung zieht, die Kosten für den Arbeitsaufwand des Lausens übersteigt.

2.3 Die auf Madagaskar lebenden verschiedenen Lemurenarten sind das Ergebnis **adaptiver Radiation**. Durch die Abspaltung Madagaskars vor 168 Millionen Jahren kam es zu einer **geografischen Isolation**. Da es auf der Insel wenig Feinde für die Lemuren gab, die auf dem Festland lebenden Affen als Konkurrenten fehlten und das Nahrungsangebot sehr groß war, vermehrten sich die Lemuren sehr rasch. Unter den Nachkommen erhöhte sich die genetische Variabilität durch **Mutation** und **Rekombination**. Unter den Lemurennachkommen kam es mit zunehmender Populationsdichte verstärkt zur **intraspezifischen Konkurrenz** um Nahrung, Fortpflanzungspartner und geeigneten Lebensraum, was zu einer Selektion führte. Die jeweils besser an ihre spezifische Umwelt angepassten Tiere konnten viele freie ökologische Nischen besetzen. Die ökologische Einnischung führte schließlich zur **reproduktiven Isolation** der Teilpopulationen. Dadurch entstanden anfangs neue Rassen und schließlich neue Arten.

2.4 *Die im Text beschriebene Verhaltensweise ist bekannt unter dem Begriff „Infantizid“, das Töten von Nachkommen der eigenen Art. Der Infantizid kann sehr vielfältige und oft unbekannte Auslöser haben. Alle Erklärungsversuche sind deshalb Mutmaßungen. Die folgenden Gründe für Infantizid werden häufig angeführt:*
- *Übervölkerung und der dadurch ausgelöste soziale Stress bzw. aggressive Auseinandersetzungen,*
- *Kannibalismus, bei dem das Opfer als Nahrungsquelle dient,*
- *die Verknappung von Ressourcen und damit eine Konkurrenzsituation bzw. Revierkämpfe,*
- *Strategie, um den Reproduktionserfolg zu erhöhen.*

Der Berggorilla Onkel Bert profitierte in mehrfacher Hinsicht von der Tötung des jungen Thor. Er beseitigte den von einem Rivalen gezeugten Nachwuchs und gewann gleichzeitig ein geschlechtsreifes Weibchen, Thors Mutter, für seine eigene Gruppe. Dieses Weibchen wurde vermutlich durch den Verlust ihres Jungen wieder schneller empfängnisbereit, sodass Onkel Bert die Chance hatte, seinen eigenen Nachwuchs mit ihm zu zeugen.
Das Gorilla-Männchen steigerte also seinen eigenen **Fortpflanzungserfolg**. Beim Infantizid handelt es sich somit um ein Fitness förderndes Verhalten für das Männchen, welches jedoch die Art schädigt.

3.1 Zur Überprüfung kann ein Kaspar-Hauser-Experiment durchgeführt werden. Dazu werden Lachmöwen-Eier bereits vor dem Schlüpfen der Jungen aus dem Nest entfernt. Die Küken müssen nach dem Schlüpfen bis zur Geschlechtsreife **isoliert**, also ohne Kontakt mit Artgenossen, aufgezogen werden. Damit schließt man aus, dass die Tiere das Säuberungsverhalten von Artgenossen erlernen. Beseitigen auch die isoliert aufgezogenen Vögel später sofort die Eierschalenreste aus ihrem Nest, kann man davon ausgehen, dass das Verhalten angeboren ist.

3.2 Beim Vergleich der vier Eier-Attrappen fällt auf, dass nur Attrappe d ein Loch mit einem runden Rand besitzt. Das Merkmal „gezackter Rand“ muss hier also der **Auslöser** des Säuberungsverhaltens sein – der Schlüsselreiz.
Ein Schlüsselreiz ist ein einfaches oder komplexes Reizmuster, auf das ein Auslösemechanismus spezifisch anspricht und das eine Instinkthandlung, hier das Entfernen der Eischalen aus dem Nest, auslöst.

Abitur Biologie (Bayern G8)
Übungsaufgabe C 2: Der afrikanische Strauß

BE

1 Der afrikanische Strauß ist ein flugunfähiger Laufvogel, der heute nur noch in wenigen Regionen Afrikas vorkommt. Dank seiner Größe besitzt der ausgewachsene Vogel nur wenige Feinde. Das Bodengelege wird allerdings von den Eltern bebrütet und verteidigt, da viele Eier von Räubern erbeutet werden.

Die Dronte, auch Dodo genannt, war ein flugunfähiger Taubenvogel (siehe Abbildung 1 a), der auf nur wenigen Inseln im indischen Ozean lebte, beispielsweise auf Mauritius. Er hatte keine natürlichen Feinde und auch sein Gelege musste er nicht schützen, weshalb dieses offen auf dem Boden abgelegt wurde. Seefahrer und deren eingeschleppte Tiere, wie Ratten und Schweine, rotteten die zutrauliche Vogelart in weniger als 200 Jahren nach ihrer Entdeckung aus.

Abb. 1 (a) Zeichnung einer Dronte, (b) Skelett einer Dronte (http://commons.wikimedia.org/wiki/File:Dodo-Skeleton_Natural_History_Museum_London_England.jpg&filetimestamp=20080815062220; Foto: Heinz-Josef Lücking; lizensiert unter der Creative Commons-Lizenz Attribution ShareAlike 2.5)

Die Abbildungen 1 b und 2 zeigen die Skelette einer Dronte und eines afrikanischen Straußes.
Nennen Sie zwei skelettanatomische Unterschiede zwischen diesen beiden Vogelarten und einem flugfähigen Vogel (siehe Abbildung 3). Erklären Sie die Bedeutung der betrachteten Merkmale für die Flugfähigkeit. 5

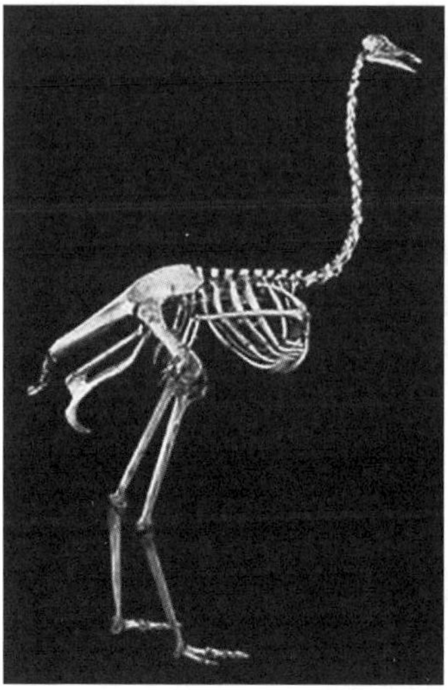

Abb. 2 Skelett des afrikanischen Straußes
(© http://nandu.na.funpic.de/anatomie.htm)

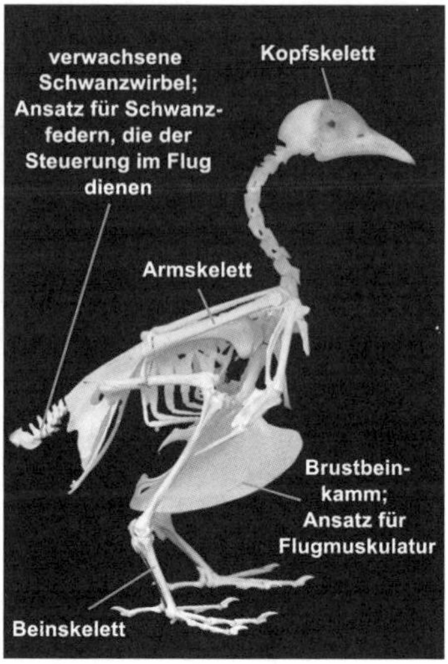

Abb. 3 Skelett eines flugfähigen Vogels
(© Dr. Kösters, Zoologie.de)

2 Zur Paarungszeit haben die meisten afrikanischen Straußenmännchen einen Harem, wobei ein Weibchen die Haupthenne ist. Das Männchen scharrt eine Mulde aus, in die später die Eier gelegt werden. Nachdem die Haupthenne ihre Eier in die Mulde platziert hat, legen die Nebenhennen ihre Eier um die der Haupthenne. So können sich 40 oder mehr Eier nebeneinander befinden, wobei nur acht bis zwölf von der Haupthenne stammen. Da ein Strauß maximal 20 Eier mit seinem Körper bedecken kann, werden die Eier umsortiert, wobei darauf geachtet wird, dass die Eier der Haupthenne in der Muldenmitte liegen. Die überschüssigen Eier rollt diese über den Muldenrand hinaus. Viele der Eier des afrikanischen Straußes fallen Nesträubern, wie Hyänen oder Schakalen, zum Opfer. Verteidigt und bebrütet wird das Nest ausschließlich vom Hahn und der Haupthenne. Die Nebenhennen verlassen häufig sogar das Revier.

2.1 Diskutieren Sie, ob die Haupthenne ein altruistisches Verhalten zeigt! 4

2.2 Folgende Verhaltensweisen konnten beim afrikanischen Strauß beobachtet werden:

a) Die Jungen verlassen ca. drei Tage nach dem Schlüpfen das Nest und folgen ihren Eltern. Werden die Küken von diesen dabei nicht durch Rufe und Aufforderung motiviert, bleiben sie im Nest zurück und verhungern.
b) Auf Straußenfarmen zeigen geschlechtsreife Tiere ihr Balzverhalten auch Menschen gegenüber, die sich entlang der Einzäunung aufhalten.

Deuten und erklären Sie diese Beobachtungen unter ethologischen Aspekten! 5

2.3 Der afrikanische Strauß ist eine der wenigen Vogelarten, bei denen das Männchen deutlich größer ist als das Weibchen. Begründen Sie unter Berücksichtigung des Paarungssystems beim afrikanischen Strauß, weshalb sich hier in der Evolution große Männchen durchgesetzt haben! 4

2.4 Abbildung 4 zeigt das Balzverhalten eines Straußenhahns. Hierbei handelt es sich um eine ritualisierte Verhaltensweise.
Charakterisieren Sie den Begriff „ritualisierte Verhaltensweise" und zeigen Sie Unterschiede zu nicht ritualisiertem Verhalten auf! 4

Abb. 4 Balzender Straußenhahn
(© www.straussenfarm-bolzenteich.de)

3 Donnervögel waren flugunfähige Vögel, die in Australien lebten und vor ca. 26 000 Jahren ausstarben. In ihrer Gestalt ähneln sie den heute lebenden Laufvögeln wie dem afikanischen Strauß, auch wenn sie nicht näher mit ihnen verwandt sind.
Erläutern Sie aus evolutionsbiologischer Sicht eine Möglichkeit, wie sich große, schnelle, flugunfähige Vögel unabhängig voneinander auf verschiedenen Kontinenten entwickeln konnten. 6

Abb. 5 Donnervogel (http://commons.wikimedia.org/wiki/File:Dromornis_BW.jpg; Bild von Arthur Weasley; lizensiert unter der Creative Commons Attribution 2.5 Lizenz)

4 Außerhalb der Brutperiode leben die afrikanischen Strauße in lockeren Verbänden. An Wasserstellen in Wüstenregionen können sich sogar mehrere hundert Tiere sammeln, obwohl sich meist deutlich weniger Tiere in einer Gruppe befinden. Innerhalb des Verbands herrscht eine klare Hierarchie, auch wenn die Vögel beliebig kommen und gehen. Erst mit Beginn der Brutperiode lösen sich die größeren Verbände auf, die Männchen beginnen mit der Reviersuche und scharen einen Harem um sich.

4.1 Nennen Sie je zwei Vorteile für das Leben in den Verbänden bzw. in den kleineren Gruppen während der Brutperiode! 4

4.2 Die Größe der Verbände hängt stark von den verschiedenen Lebensräumen ab. Erläutern Sie, weshalb die Verbände an Wasserlöchern in der Wüste deutlich größer sind als in der Savanne! 4

4.3 Innerhalb eines Verbandes wurde folgendes Verhalten beobachtet:
Zwei Straußenhähne stehen sich gegenüber. Sie reißen mehrmals den Schnabel auf und fauchen sich dabei an. Daneben treten sie wiederholte Male mit den Füßen auf und scharren. Im Anschluss richten sie ihre Hälse auf, spreizen die Flügel ab und stellen ihre Schwanzfedern auf. Nach kurzer Zeit senkt Hahn 1 den Kopf und legt die Flügel wieder an. Anschließend gehen die beiden Hähne wieder getrennte Wege.
Benennen und charakterisieren Sie die von den Straußen gezeigten Verhaltensweisen! 4

40

Erwartungshorizont

1 *Zur Beantwortung der Aufgabenstellung genügen zwei der hier aufgeführten Beispiele.*

Betrachtet man die Skelette der Dronte und des afrikanischen Straußes im Vergleich zu dem eines flugfähigen Vogels, so fallen einige Unterschiede auf:

- Der flugfähige Vogel besitzt einen ausgeprägten Brustbeinkamm, der der kräftigen Brustmuskulatur als Ansatzstelle dient. Der Strauß hat keinen Brustbeinkamm, wohingegen dieser bei der Dronte, wenn auch reduziert, vorhanden ist.
- Die Schwanzwirbelsäule des flugfähigen Vogels ist verwachsen und dient den Schwanzfedern, mit denen das Tier im Flug steuert, als Ansatz. Die Schwanzwirbelsäule des afrikanischen Straußes ist zwar stark verwachsen, aber dennoch gut zu erkennen, während die der Dronte stärker reduziert ist.
- Das Fußskelett der Dronte ist dem des flugfähigen Vogels recht ähnlich. Beim Strauß ist es so stark verwachsen, dass nur noch zwei Zehen vorhanden sind.
- Flugfähige Vögel besitzen viele Anpassungen im Bau, die eine Gewichtsersparnis einbringen. Das massive Kopfskelett der Dronte deutet auf die Flugunfähigkeit des Vogels hin. Das Kopfskelett und der Schnabel des Straußes hingegen ähneln denen eines flugfähigen Vogels.

2.1 Unter altruistischem Verhalten versteht man uneigennützige Verhaltensweisen, die gleichzeitig dem Empfänger einen Nutzen und dem Ausführenden Kosten bringen. Für das brütende Straußenpaar entstehen durch das Bebrüten der Nebenhennen-Eier keine zusätzlichen Kosten, da sie den gleichen Aufwand betreiben müssten, um ausschließlich ihr eigenes Gelege zu bebrüten. Die Haupthenne achtet außerdem darauf, dass sich ihre Eier in der Mitte des Geleges befinden. Die Eier der Nebenhennen werden kreisförmig darum angeordnet. Falls Eierdiebe es schaffen sollten, ein Ei aus dem Nest zu stehlen, wird dies zunächst eines der Nebenhennen sein. Selbst bei hohen Eierverlusten können die Eltern so gewährleisten, dass zumindest ein paar eigene Nachkommen schlüpfen werden. Hierbei handelt es sich demnach nicht um altruistisches Verhalten.

2.2 Bei den zwei Beobachtungen handelt es sich um Verhaltensweisen, die durch Prägung entstehen. Dieser irreversible Lernvorgang erfolgt während einer kurzen sensiblen Phase in der Jugendzeit und führt zu charakteristischen Verhaltensweisen im späteren Leben.

Beobachtung a: Die jungen Strauße erkennen bereits kurz nach dem Schlüpfen den Klang der Stimme und das Bild der Eltern. Durch Rufe fordern die Eltern ihre Jungen dazu auf, ihnen zu folgen. Hierbei handelt es sich um eine Nachfolgeprägung.

Bei Nestflüchtern dient die Nachfolgeprägung zur Erkennung der Elterntiere.

Beobachtung b: In diesem Fall handelt es sich um eine sexuelle Fehlprägung, da das Balzverhalten der Strauße auch auf artfremde Lebewesen gerichtet wird. Vermutlich hielten sich Menschen während der sensiblen Phase für die sexuelle Prägung an der Gehege-Einzäunung auf. Die Folge davon ist, dass die Tiere den Menschen fälschlicherweise als Paarungspartner betrachten.

Die sexuelle Prägung dient zur Erkennung potenzieller Paarungspartner, wodurch u. a. eine Paarung artungleicher Individuen verhindert wird.

2.3 Beim afrikanischen Strauß liegt eine Polygamie vor. Das bedeutet, dass sich ein Individuum eines Geschlechts mit mehreren Individuen des anderen Geschlechts paart. In diesem Fall kopuliert das Männchen mit mehreren Weibchen, weshalb man hier von einer Polygynie spricht. Ein Männchen muss aus diesem Grund in der Lage sein, sein Revier und seinen Harem gegenüber Artgenossen zu verteidigen. Nur diejenigen Männchen, die groß und stark genug sind, können einen Harem um sich scharen und ihre Gene erfolgreich weitervererben.

2.4 Ritualisierte Verhaltensweisen bei der Balz sind Instinkthandlungen, die aus ihrem ursprünglichen Kontext herausgelöst werden und eine Funktion beim Fortpflanzungsverhalten einnehmen. Sie dienen der innerartlichen Kommunikation und haben eine Signalfunktion.
Im Unterschied zu nicht ritualisiertem Verhalten werden die entsprechenden Handlungen häufig stark verlangsamt und vereinfacht ausgeführt sowie durch rhythmische Wiederholungen betont.

3 Das Auftreten von anatomisch ähnlich angepassten Arten lässt sich mit der Darwinschen Selektionstheorie erklären:
Zufällige Mutationen bei den Vorfahren beider Vogelarten (Donnervogel und Strauß) führten ungerichtet zu einer genetischen Variabilität innerhalb der Population. Dadurch entstanden Individuen, deren Beine kräftiger und ausdauernder bzw. deren Hälse länger waren als bei ihren Artgenossen. Die Überproduktion von Nachkommen verursachte zunehmende Konkurrenz und damit einen beständigen Selektionsdruck, bei dem die Individuen mit oben genannten Merkmalen Selektionsvorteile besaßen *(survival oft the fittest)*. Sie konnten vor Fressfeinden leichter fliehen, hatten mit ihrem längeren Hals eine bessere Rundumsicht und bei der innerartlichen Nahrungskonkurrenz Vorteile, da sie höher gelegene Pflanzenteile erreichten bzw. erfolgreicher bei der Jagd waren (Donnervögel waren carnivor). Dadurch konnten sich diese Tiere häufiger als ihre Artgenossen fortpflanzen und ihre genetisch bedingten Anpassungen an die Nachkommen weitergeben. Über etliche Generationen kam es so zu einer immer stärkeren anatomischen Adaption (Theorie der natürlichen Auslese).

Solche Adaptionen fanden unabhängig voneinander bei verschiedenen Vogelarten auf unterschiedlichen Kontinenten statt. Unter dem Einfluss ähnlicher Umweltbedingungen konnten so nicht näher miteinander verwandte Arten, wie etwa die Vorfahren des Donnervogels und des afrikanischen Straußes, ähnliche Merkmale durch konvergente Entwicklung erwerben.

4.1 *Beim Zusammenleben von Tieren einer Art unterscheidet man zwischen Aggregationen, also lockeren Ansammlungen von Tieren, und echten Gruppen, den Sozialverbänden. Sozialverbände sind bei vielen Tierarten bekannt, dabei werden anonyme Verbände von den individualisierten Verbänden abgegrenzt.*

Das Leben in Verbänden bringt folgende Vorteile:
- Nähern sich Raubtiere den Tieren, so kann ein einzelnes Mitglied des Verbandes die anderen Tiere durch Warnrufe alarmieren.
- In einem Verband flüchtender und durcheinander laufender Tiere sind einzelne Individuen für den Räuber schwerer zu erkennen und zu erbeuten (Verwirrungseffekt).

Während der Brutperiode werden die Männchen territorial, verteidigen ein Revier und scharen einen Harem um sich. Bei Tieren mit innerer Befruchtung ist es für das Männchen niemals ganz sicher, dass die Nachkommen von ihm abstammen. Der Straußenhahn verteidigt deshalb die Reviergrenzen vor eindringenden Rivalen und achtet eifersüchtig auf seine Hennen.

Die Vorteile der kleineren Gruppen während der Brutperiode haben im Wesentlichen mit der Sicherstellung der Vaterschaft zu tun:
- Innerhalb der Gruppe findet kein Konkurrenzkampf um Geschlechtspartner statt.
- Durch die Revierverteidigung stellt der Hahn sicher, dass die Nachkommen von ihm abstammen.

4.2 In Gebieten mit hoher Räuberdichte, wie z. B. an Wasserlöchern, nimmt die Größe eines Verbandes zu, da die Schutzfunktion für ein Individuum mit der Gruppengröße steigt. Hinzu kommt, dass die knappe Ressource Wasser, aufgrund ihres Mangels in der Wüste, gemeinsam genutzt werden muss.
Die Savannenregion hingegen ist übersichtlich und Räuber können schneller entdeckt werden. Hier besteht nicht die Notwendigkeit, sich durch einen großen Verband zu schützen, da die Nachteile eines solchen die Vorteile überwiegen. Nachteile von Gruppenleben sind z. B. erhöhte Konkurrenz um Nahrung, ein größeres Infektionsrisiko sowie stärkere innerartliche Aggression und mehr Stress.

4.3 *Bei dem beschriebenen Verhalten handelt es sich um innerartliche Aggression bei den Straußen in Form einer Rangstreitigkeit, die durch Ressourcenknappheit hervorgerufen wird.*

Folgende Verhaltensweisen sind im Einzelnem zu beobachten:
- Imponieren: Fußscharren und Schnabelaufreißen sind kennzeichnend für ein ritualisiertes Verhalten, das durch seine Wiederholungen verstärkt wird.
- Drohverhalten: Das Aufstellen der Schwanzfedern, das Aufrichten des Halses und das Flügelabspreizen signalisieren die Angriffshaltung der Tiere. Durch dieses Verhalten vergrößern sie ihre Körperumrisse.
- Demutsgebärde (= Beschwichtigungs- oder Befriedungshandlung): Indem Hahn 1 den Kopf senkt und die Flügel anlegt, unterwirft er sich Hahn 2 und unterdrückt bei diesem weitere Aggressionen.

Abitur Biologie (Bayern G8)
Musterabitur A 1: Insulin

BE

Bei gesunden Menschen wird die Blutzuckerkonzentration im Blut reguliert, indem bei hohem Blutzuckerspiegel (z. B. nach einer kohlenhydratreichen Mahlzeit) die β-Zellen der Bauchspeicheldrüse vermehrt das Proteinhormon Insulin ausschütten, das u. a. die Aufnahme von Blutzucker aus dem Blut in die Zellen bewirkt.

1 Folgende DNA-Sequenz ist ein Ausschnitt (Basen 289 bis 300) aus dem menschlichen Insulin-Gen:

DNA: 3' … GAC ACG CCG AGT … 5'
     5' … CTG TGC GGC TCA … 3'

Leiten Sie mithilfe der abgebildeten Code-Sonne die entsprechende Aminosäuresequenz ab!
Stellen Sie zwei mögliche Mutationstypen und deren Folgen für die Wirksamkeit des Hormons dar, wenn bei der markierten Base durch ein Mutagen eine Punktmutation erfolgt! 8

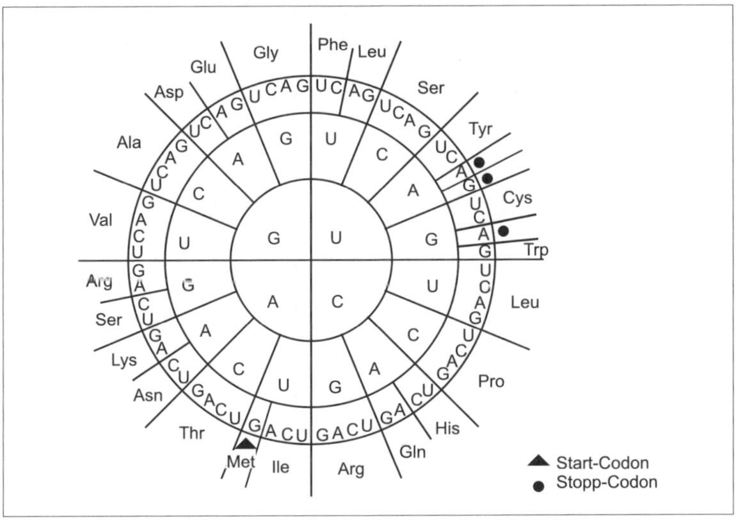

Abb. 1 Code-Sonne

2 Zur Behandlung von Zuckerkranken stand früher nur Insulin zur Verfügung, das aus Schlachttieren gewonnen wurde. Rinder- und Schweine-Insulin führte jedoch bei manchen Patienten zu Abwehrreaktionen. Um dieses Problem der Verabreichung von tierischem Insulin zu umgehen, arbeiteten viele Forschungsgruppen an Methoden zur Herstellung von menschlichem Insulin. Hierfür mussten erst einmal der Bau und die Biosynthese von Insulin erforscht werden (Abbildung 2). Danach suchte man nach Möglichkeiten, menschliches Insulin mit gentechnischen Methoden herzustellen. Dies gelang 1982 erstmals in großen Mengen mithilfe gentechnisch veränderter Bakterien (Abbildung 3).

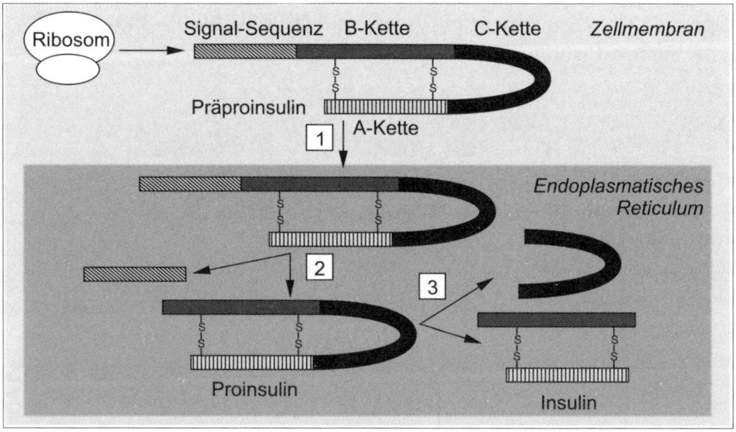

Abb. 2 Schematische Übersicht der Biosynthese von Insulin in β-Zellen

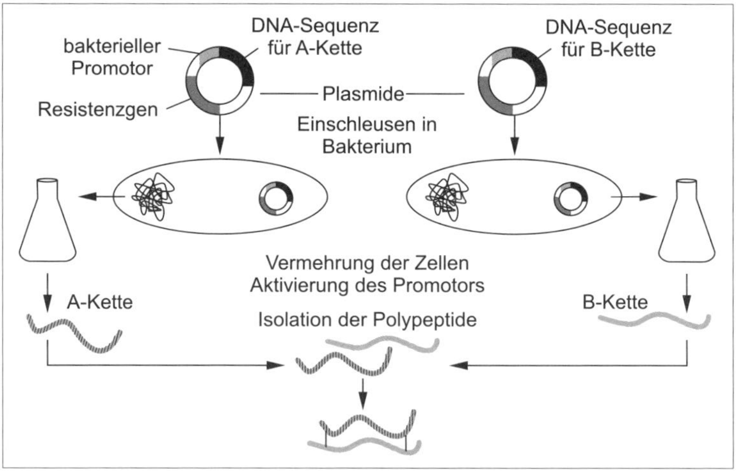

Abb. 3 Gentechnische Herstellung von menschlichem Insulin

2.1 Beschreiben Sie anhand der Abbildung 2 die Prozesse, die zur Bildung des funktionsfähigen Insulins führen! 4

2.2 Stellen Sie dar, warum für die gentechnische Herstellung von Insulin mit *E. coli* nicht unmittelbar das menschliche Insulin-Gen als Ausgangsmaterial verwendet werden kann! Erläutern Sie, wie dieses Problem bei dem in Abbildung 3 gezeigten Verfahren umgangen wird! 7

2.3 Für den in Abbildung 3 gezeigten Herstellungsprozess kann sogenannte cDNA verwendet werden.
Beschreiben Sie die Herstellung dieses DNA-Typs! 6

3 Hyperinsulinismus (HI) ist eine Krankheit, bei der die Insulin-Konzentration im Blut stark erhöht ist. Dies führt ohne Behandlung zu schweren Unterzuckerungen mit schnellem Herzschlag, Kreislaufschwäche, unkontrollierten Zuckungen bis hin zu Bewusstseinsverlust und schließlich dem Tod.

3.1 Die Abbildungen 4.1 und 4.2 zeigen die Abläufe in gesunden β-Zellen der Bauchspeicheldrüse bei hohen Glucosekonzentrationen (Abbildung 4.1) bzw. bei niedrigen Glucosekonzentrationen (Abbildung 4.2). Die beteiligten Ca^{2+}-Kanäle öffnen sich bei einem Membranpotenzial von –40 mV. Die K^+-Kanäle sind ligandengesteuert.

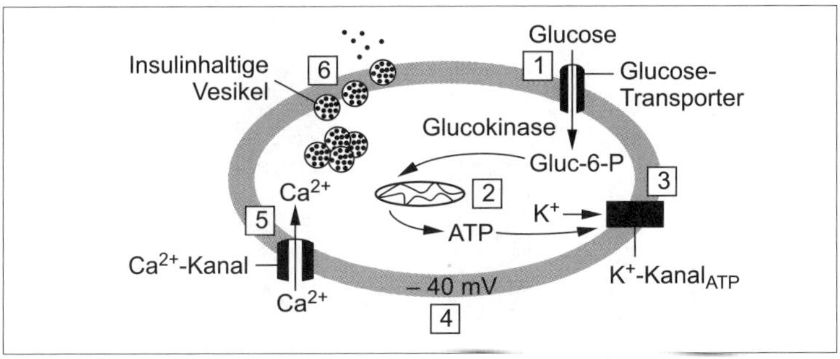

Abb. 4.1 Regulation der Insulin-Ausschüttung in gesunden β-Zellen bei hoher Glucose-Konzentration (Gluc-6-P = Glucose-6-phosphat); die Ziffern 1–6 geben die Reihenfolge an

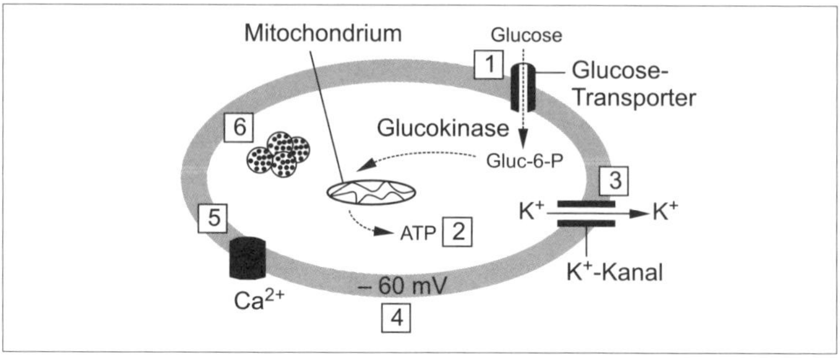

Abb. 4.2 Regulation der Insulin-Ausschüttung in gesunden β-Zellen bei niedriger Glucose-Konzentration (Gluc-6-P = Glucose-6-phosphat); die Ziffern 1–6 geben die Reihenfolge an

3.1.1 Beschreiben Sie die Abläufe in den β-Zellen bei hoher Blutzuckerkonzentration und stellen Sie die Unterschiede zu den Abläufen bei niedriger Blutzuckerkonzentration dar! 6

3.1.2 Vergleichen Sie die Abläufe mit den Vorgängen, die in einem Axon-Endknöpfchen beim Eintreffen eines Aktionspotenzials stattfinden! 5

3.2 Eine der Ursachen von Hyperinsulinismus ist auf eine durch Genmutation veränderte Aktivität des Enzyms Glucokinase zurückzuführen.

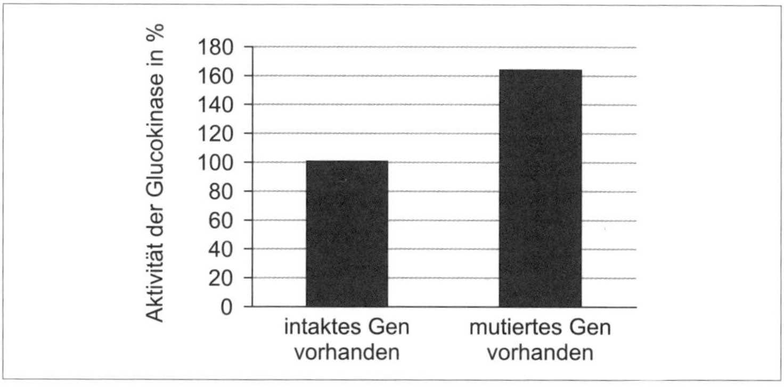

Abb. 5 Änderung der Glucokinase-Aktivität bei Vorliegen einer Mutation (verändert nach: Glaser, B. et al.: *Familial Hyperinsulinism caused by an activating Glucokinase mutation.* In: The New England Journal of Medicine, Jan 22 1998, S. 226–230)

Erklären Sie mithilfe der Abbildung 5, warum diese Genmutation zu Hyperinsulinismus führt! 4

40

Erwartungshorizont

1 *Die Proteinbiosynthese kann in zwei Abschnitte gegliedert werden. Die Transkription, die im Zellkern stattfindet, und die Translation, die im Zytoplasma an den Ribosomen abläuft. Bei der Transkription wird der codogene Strang der DNA in einen mRNA-Strang abgeschrieben. Anstelle der Nukleinbase Thymin wird dabei die Base Uracil eingebaut. Bei der Translation wird die Basensequenz des mRNA-Strangs in eine Aminosäuresequenz übersetzt.*

Codogender DNA-Strang:	3' ... GAC ACG CCG AGT ... 5'	
mRNA	5' ... CUG UGC GGC UCA ... 3'	
Aminosäuresequenz:	Leu Cys Gly Ser	

Eine Punktmutation ist eine Veränderung, bei der nur eine Nukleinbase betroffen ist. Der Begriff Punktmutation wird in der Literatur unterschiedlich definiert. Viele Autoren verwenden ihn synonym zur Basensubstitution. Eine Punktmutation ist aber im eigentlichen Sinne die Veränderung einer Nukleinbase, d. h. nicht nur eine Substitution, sondern beispielsweise auch eine Deletion. Da die veröffentlichten Lösungshinweise des Musterabiturs darauf hindeuten, dass hier der Begriff Punktmutation synonym zur Basensubstitution verwendet wird, folgt auch dieser erweiterte Erwartungshorizont diesem Ansatz.

Eine Punktmutation kann prinzipiell drei Folgen haben. Die Veränderung der Nukleinbase:
1. hat keine Folge, da das mutierte Triplett für die gleiche Aminosäure codiert (stumme Mutation).
2. führt zu einer veränderten Aminosäuresequenz, da das Triplett für eine andere als die ursprüngliche Aminosäure codiert (Missense-Mutation).
3. führt zu einem Abbruch der Translation, da das Triplett nun als Stoppcodon fungiert (Nonsense-Mutation).

Eine Veränderung der angegebenen Nukleinbase kann hier eine stumme, eine Missense- oder eine Nonsense-Mutation zur Folge haben.

Der Aufgabentext verlangt die Bearbeitung von zwei Möglichkeiten.

Stumme Mutation: Wird die Nukleinbase Guanin durch Adenin substituiert (ACA), so enthält die mRNA das Codon UGU, das ebenfalls für die Aminosäure Cystein (Cys) codiert. Dies hätte keine Auswirkungen auf die Funktion des Hormons Insulin.

Missense-Mutation: Wird anstelle des Guanins beispielsweise die Nukleinbase Cytosin eingesetzt (ACC), so enthält die mRNA das Codon UGG, das für die Aminosäure Tryptophan (Trp) codiert. Der Austausch der Aminosäure in der Primärstruktur kann zur Folge haben, dass auch auf höheren Strukturebenen Veränderungen eintreten und so die Funktion des Proteins beeinträchtigt wird.

Nonsense-Mutation: Erfolgt ein Austausch des Guanins durch Thymin (ACT), so enthält die mRNA mit dem Triplett UGA ein Stopp-Codon, das zu einem frühzeitigen Abbruch der Translation führt. Das Protein ist folglich zu kurz und funktionslos.

2.1 Folgende Prozesse laufen ab:

1. Das bei der Translation an den Ribosomen gebildete Propräinsulin wird aus dem Zellplasma in das Endoplasmatische Reticulum (ER) eingeschleust.
2. Die Abspaltung der Signalsequenz findet im ER statt.
3. Anschließend wird im ER die C-Kette abgespalten, wodurch das Insulin funktionsfähig wird.

2.2 Bakterielle DNA enthält keine Exons und Introns wie menschliche/eukaryotische DNA. Würde man das menschliche Gen mit seinen Introns direkt in ein Bakterium einschleusen, so könnte das Bakterium die Introns nicht entfernen. Es würde ein Polypeptid entstehen, das sich in Struktur und Funktion vom Insulin unterscheidet. Zudem fehlen den Bakterien die Enzyme und Organellen (kein ER vorhanden), um Propräinsulin in Insulin umzuwandeln.

Abbildung 3 zeigt ein gentechnisches Verfahren, mit dem die Herstellung menschlichen Insulins mittels Bakterien ermöglicht wird:
In zwei verschiedene Plasmide wird eine künstliche DNA ohne Introns (cDNA) eingebracht, die die Sequenz für die A- bzw. die B-Kette des Insulins enthält. Die zwei so entstandenen Hybridplasmide werden je in ein Bakterium eingeschleust (Transformation). Durch Zellteilung wächst in den Kulturen die Anzahl der Bakterien, die die A- bzw. B-Kette des Insulins produzieren. Diese beiden Polypeptide können anschließend aus den Kulturen isoliert und zusammengegeben werden, worauf sie sich selbständig aneinander anlagern *(self assembly)* und das funktionsfähige Protein Insulin bilden. Die Bildung einer Signalsequenz bzw. C-Kette ist auf diesem Weg nicht notwendig.

2.3 Ein mögliches Verfahren bedient sich des Enzyms reverse Transkriptase, welches dazu in der Lage ist, RNA in DNA umzuschreiben. Dazu wird zunächst die reife mRNA des Insulin-Proteins (nach dem Prozessieren und Spleißen) aus dem Zellplasma gewonnen und mit der reversen Transkriptase, den vier DNA-Nukleotiden und einem Primer zusammengegeben. An der RNA wird nun ein komplementärer DNA-Strang gebildet *(complementary DNA oder copy DNA = cDNA)*, die RNA wird anschließend enzymatisch abgebaut. Die DNA-Polymerase bildet im letzten Schritt aus dem DNA-Einzelstrang einen Doppelstrang.

3.1.1 **Abläufe bei hoher Blutzuckerkonzentration**

Ziffer 1:

- Glucose wird in die Zelle aufgenommen, wobei Glucose-6-phosphat gebildet wird.
- Die Abbauprodukte von Glucose-6-phosphat nach der Glykolyse gelangen ins Mitochondrium, wo durch Zellatmung ATP gebildet wird.

Ziffer 2 + 3:

- Der Kaliumionenkanal ist ATP-abhängig. Eine hohe ATP-Konzentration im Zellplasma führt zum Schließen des Kaliumionenkanals, wodurch ein Kaliumionen-Ausstrom verhindert wird.

Ziffer 4:

- Die Folge hiervon ist eine Depolarisation an der Zellmembran.

Ziffer 5:

- Die Depolarisation verursacht, dass die Calciumionenkanäle geöffnet werden. Aufgrund des elektrochemischen Gradienten strömen Calciumionen in das Zellplasma.

Ziffer 6:

- Die erhöhte Calciumionen-Konzentration führt dazu, dass die Insulin-Vesikel mit der Zellmembran verschmelzen und so das Insulin in den extrazellulären Raum ausgeschüttet wird.

Abläufe bei niedriger Blutzuckerkonzentration

- Aufgrund der geringeren Glucoseaufnahme in die Zelle ist die ATP-Konzentration im Zellplasma geringer.
- Die ATP-abhängigen Kaliumionenkanäle sind geöffnet, weshalb Kaliumionen in den extrazellulären Raum strömen.
- Da keine Depolarisation der Membran auftritt, bleiben die Calciumionenkanäle geschlossen.
- Da die Calciumionen-Konzentration konstant bleibt, verschmelzen die Insulin-Vesikel nicht mit der Membran, weshalb eine Insulin-Ausschüttung ausbleibt.

3.1.2 *Das Aktionspotenzial im Axon-Endknöpfchen:*

- *Im Ruhezustand sind Natrium- und Kaliumionenkanäle geschlossen.*
- *Während der Depolarisationsphase sind die Natriumionenkanäle geöffnet, während die Kaliumionenkanäle geschlossen bleiben.*
- *In der Repolarisationsphase sind die Natriumkanäle geschlossen und die Kaliumionenkanäle geöffnet.*
- *Häufig kommt es zu einer Hyperpolarisation durch einen übermäßigen Kaliumionen-Ausstrom. Während dieser Phase sind die Natriumionenkanäle geschlossen und die Kaliumionenkanäle noch leicht geöffnet.*

Kommt ein Aktionspotenzial am Endknöpfchen des Axons an, so führt die Depolarisation der Membran zu einer Öffnung von Calciumionenkanälen. Dies löst die Fusion von den synaptischen Vesikeln mit der präsynaptischen Membran aus, wodurch Neurotransmitter in den synaptischen Spalt ausgeschüttet werden.

Vergleicht man die Abläufe bei der Insulin-Ausschüttung mit denen im Endknöpfchen eines Axons, so fällt auf, dass in beiden Fällen eine Depolarisation an der Zellmembran zu einem Öffnen der Calciumionenkanäle führt. Im Axon erfolgt die Depolarisation durch einen Einstrom von Natriumionen, wobei die Kaliumionenkanäle geschlossen sind. Bei den β-Zellen der Bauchspeicheldrüse wird die Depolarisation durch ein Schließen der Kaliumionenkanäle erreicht. Die spannungsabhängigen Calciumionenkanäle öffnen sich hierdurch und Calciumionen strömen in das Zellinnere. Die erhöhte Calciumkonzentration im Zellplasma hat die Verschmelzung der Vesikel mit der Zellmembran zur Folge, wodurch deren Inhalte in den extrazellulären Raum ausgeschüttet werden.

3.2 ***Hyper****insulinismus bedeutet, dass zu viel Insulin im Blut vorhanden ist, wogegen* ***Hypo****insulinismus einen Zustand beschreibt, bei dem zu wenig Insulin vorhanden ist.*

Die beschriebene Genmutation führt zu einer erhöhten Aktivität der Glucokinase, wodurch die Glucose-6-phosphat-Konzentration im Zellplasma erhöht ist. Dies führt zu einer dauerhaft erhöhten ATP-Konzentration in der Zelle. Diese wiederum hat zur Folge, dass die Kaliumionenkanäle geschlossen bleiben. Die dauerhafte Depolarisation der Zellmembran führt zu einem kontinuierlichen Calciumionen-Einstrom, der die Insulinausschüttung bedingt. Somit ist die Insulinkonzentration im Blut kontinuierlich zu hoch.

Abitur Biologie (Bayern G8)
Musterabitur B 1: Schmerz: Biologische Grundlagen und Wirkungen

BE

1 Viele Insektenarten aus der Familie der Hymenoptera (Hautflügler) verfügen über einen Giftstachel, mit dem sie sich, für den Angreifer schmerzhaft, zur Wehr setzen können. Dazu gehören u. a. die Honigbiene *(Apis melifera)*, die Hornisse *(Vespa crabro)* und verschiedene andere Wespenarten.
In der Natur kommt es immer wieder vor, dass Frösche, insbesondere unerfahrene Frösche, versuchen, diese wehrhaften Insekten zu fressen. Beim Beutefang sitzen Frösche üblicherweise bewegungslos an einer Stelle. Kommt ein Beutetier in erreichbare Nähe, dreht sich der Frosch in diese Richtung. Ausschleudern der Zunge, Schnappen und Schlucken erfolgen zusammenhängend und in einer für den Menschen nicht mehr auflösbaren Geschwindigkeit. Nach dem Zuschnappen, z. B. nach einer Wespe, beobachtet man folgendes Verhalten: Der gestochene Frosch spuckt die erbeutete Wespe sofort wieder aus, würgt und versucht wiederholt, mit den Vorderbeinen das Beutetier zu entfernen, obwohl dieses bereits weggeflogen ist.

1.1 Vergleichen Sie Frosch (Wirbeltier) und Hornisse (Gruppe der Wirbellosen) hinsichtlich des Aufbaus der Nervenfasern und der Art und Geschwindigkeit der Erregungsleitung in einer Nervenfaser! 6

1.2 Zeichnen Sie ein allgemeines Schema eines Reflexbogens und beschriften Sie es! 5

1.3 Prüfen Sie anhand der obigen Beschreibungen und auf der Basis Ihres Wissens über Reflexe, ob es sich bei der vom Frosch nach dem Wespenstich gezeigten Verhaltensweise um einen Reflex handeln könnte! Schlagen Sie eine mögliche experimentelle Untersuchung vor, mit der Sie Ihre Entscheidung überprüfen könnten! 8

1.4 Für die Wahrnehmung von Schmerzen sind Schmerzrezeptoren, z. B. in der Haut, verantwortlich. Bei Wirbeltieren wird die Schmerzinformation zuerst zum Rückenmark geleitet. Dort kommt es einerseits zur Reflexverschaltung; andererseits gelangt die Information über den Vorderseitenstrang *(Tractus spinothalamicus)* in das Gehirn. Stellen Sie eine Hypothese auf, warum es im Rückenmark einerseits zur Reflexverschaltung und andererseits zur Weiterleitung der Schmerzinformation an das Gehirn kommt! 4

1.5 Im gleichen Lebensraum wie die Hornisse tritt in Deutschland sehr selten auch der Hornissenschwärmer *(Sesia apiformis)* aus der Ordnung der Schmetterlinge auf.

Abb. 1 Erscheinungsbild von Hornisse (links) und Hornissenschwärmer (rechts)

1.5.1 Erklären Sie aus evolutionsbiologischer Sicht, wie sich die der Hornisse ähnelnden Merkmale des Hornissenschwärmers entwickeln konnten! 6

1.5.2 Um herauszufinden, warum Hornissenschwärmer wesentlich seltener vorkommen als Hornissen, entwickelten Wissenschaftler ein Modellexperiment, bei dem ein Räuber sowohl Hornissen als auch Hornissenschwärmer frisst. In den Simulationen gelten folgende Randbedingungen:

a) Unerfahrener Räuber frisst Vertreter beider Arten, wenn sie zufällig in seine Nähe kommen.

b) Nachdem der Räuber drei Hornissen gefressen hat, meidet er in der Folge alle gelb-schwarzen Tiere.

Es werden zwei Simulationen durchgeführt, bei denen zu Beginn jeweils unterschiedliche Populationsgrößen von Hornisse bzw. Hornissenschwärmer vorliegen. Dabei ergaben sich folgende Werte:

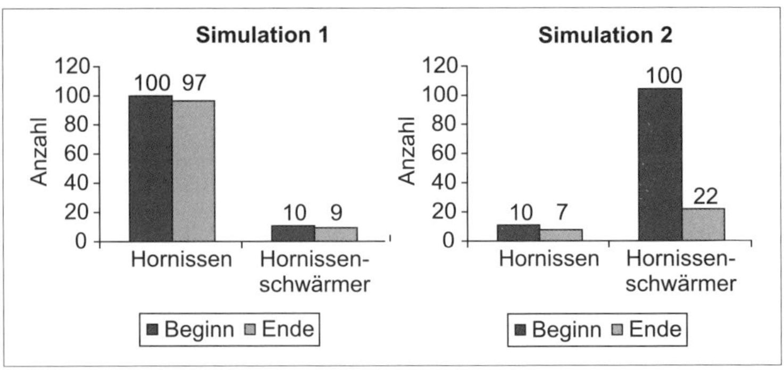

Abb. 2 Simulationsexperiment zur Populationsgröße bei Hornissen und Hornissenschwärmern

Erläutern Sie die Befunde des Simulationsexperimentes und leiten Sie aus dem Modell aus ethologischer Sicht ab, warum Hornissen in der Natur wesentlich häufiger vorkommen als Hornissenschwärmer! 6

2 Medizinische Schmerzforschung

Multiple Sklerose (MS) ist eine der häufigsten chronischen Erkrankungen des Zentralnervensystems in Mitteleuropa. Schätzungen zufolge leiden allein in Deutschland über 120 000 Menschen an MS[1]. Ursache dieser Krankheit ist eine Zerstörung der Myelinscheiden von Nervenzellen. Dadurch haben die Patienten u. a. sehr häufig Schmerzen. Moderne Schmerzmittel können die Reizweiterleitung hemmen und somit die Wahrnehmung des Schmerzes in der Großhirnrinde verhindern. Einer dieser Wirkstoffe ist Lidocain, dessen zellulärer Wirkmechanismus an der Membran einer afferenten Nervenfaser ohne und mit Lidocain im Folgenden modellhaft dargestellt ist:

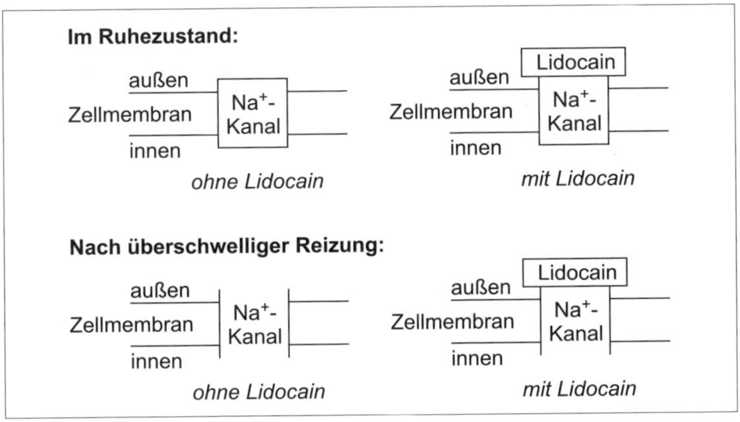

Abb. 3 Einfluss von Lidocain an der Membran einer afferenten Nervenfaser

Erklären Sie anhand der modellhaft dargestellten Wirkungsweise von Lidocain, warum dieses Medikament die Reizweiterleitung an das Gehirn verhindert! 5

40

1 Zahlen nach: Hein & Hopfenmüller: *Hochrechnung der Zahl an Multipler Sklerose erkrankter Patienten in Deutschland*: Nervenarzt 71 (4) 2000, S. 288–294

Erwartungshorizont

1.1 *Das Nervensystem aller wirbellosen Tiere weist ausschließlich marklose (nicht myelinisierte) Nervenfasern auf. Wirbeltiere dagegen besitzen neben marklosen Nervenfasern für die Innervierung der inneren Organe auch markhaltige (myelinisierte) Nervenfasern.*

Bei **marklosen** Nervenfasern umgeben die Schwannschen Zellen das Axon, ohne eine Myelinscheide auszubilden. Aufgrund dieses Baus ist an jeder Stelle der Axonmembran die Auslösung eines Aktionspotenzials möglich, dabei werden Leitungsgeschwindigkeiten von etwa 25 m/s erreicht. Kommt ein Aktionspotenzial am Anfang des Axons an, so strömen Na^+-Ionen in das Axoninnere. An dieser erregten Stelle herrscht eine Potenzialumkehr gegenüber den benachbarten Bereichen. Durch die gegensätzlichen Ladungen innerhalb und außerhalb der Axonmembran entsteht eine elektrische Spannung, welche zu einem Ionenstrom führt, dem sogenannten Kreisströmchen. Dadurch werden an der benachbarten, noch unerregten Membranstelle die spannungsgesteuerten Na^+-Kanäle geöffnet. Na^+-Ionen strömen in das Axoninnere und ein neues Aktionspotenzial entsteht. Man spricht hier von **kontinuierlicher Erregungsleitung**.

Bei **markhaltigen** Nervenfasern umgeben die Schwannschen Zellen das Axon mehrmals und bilden eine Myelinscheide aus. Da die Myelinscheide isolierend wirkt, können dort an der Axonmembran keine Aktionspotenziale entstehen. Nur an den Einschnürungen zwischen zwei Schwannschen Zellen, den Ranvierschen Schnürringen, kann an der Membran ein Aktionspotenzial durch Potenzialumkehr ausgelöst werden. Zwischen dem erregten und dem benachbarten, nicht erregten Schnürring setzen daraufhin Ionenwanderungen ein und lösen erneut ein Aktionspotenzial aus. Diese Art der Erregungsleitung ermöglicht Leitungsgeschwindigkeiten bis zu 120 m/s und wird als **saltatorische Erregungsleitung** bezeichnet.

1.2 *Beachten Sie die Aufgabenstellung! Häufig wird die konkrete Anwendung des allgemeinen Schemas auf das angegebene Beispiel verlangt, hier jedoch nicht.*

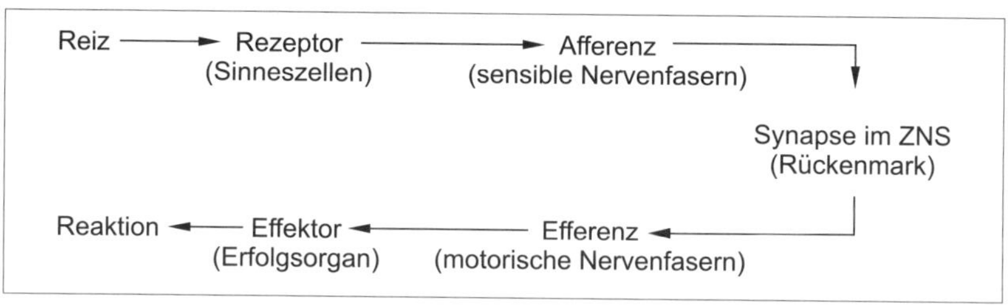

1.3 Reflexe sind durch die folgenden allgemeinen Merkmale gekennzeichnet:
- sie sind schnelle Reaktionen auf einen bestimmten Reiz
- sie besitzen Schutzfunktion
- sie laufen unbewusst ab
- sie laufen gleichförmig ab (= formstarrer Ablauf)
- sie sind jederzeit auslösbar
- sie sind mehrfach wiederholbar
- sie sind Alles-oder-Nichts-Reaktionen

Neben der Nennung der allgemeinen Merkmale ist nun eine Überprüfung der einzelnen Aspekte anhand der Angaben im Text verlangt. Für eine rasche Bearbeitung und übersichtliche Darstellung bietet sich eine tabellarische Anordnung an.

Allgemeine Merkmale	**Textbezug**
schnelle Reaktionen auf einen bestimmten Reiz	spukt die erbeutete Wespe **sofort** wieder aus
Schutzfunktion	der **gestochene** Frosch
laufen unbewusst ab	keine Angabe
laufen gleichförmig ab	und versucht **wiederholt** *(auch wenn dies nicht auf eine erneute Reizung hin geschieht)*
jederzeit auslösbar	keine Angabe
mehrfach wiederholbar	keine Angabe
Alles-oder-Nichts-Reaktionen	keine Angabe

Experimentell könnte überprüft werden, ob der Frosch unter unterschiedlichen Bedingungen und Tageszeiten (jederzeit auslösbar) bei mehreren geschnappten und geschluckten Wespen hintereinander immer noch (mehrfach wiederholbar) und immer auf die gleiche Art und Weise reagiert (immer gleichförmig).

Ob es sich hierbei um eine unbewusst ablaufende Alles-oder-Nichts-Reaktion handelt, kann experimentell durch reine Beobachtung nicht untersucht werden. Dazu wären neuronale Untersuchungen nötig.

1.4 Ein Reflex verläuft sehr schnell, da der auslösende Reiz direkt ins Rückenmark geleitet wird und, ohne eine Verarbeitung im Gehirn, eine Reaktion auslöst. Durch eine solche Reaktion kann das gefährdete Körperteil schnell aus dem Gefahrenbereich zurückgezogen werden. Ein derartiger Reflex dient dem Schutz des Körpers.
Die Weiterleitung der Schmerzinformationen ans Gehirn ermöglicht eine Beurteilung des Schmerzes und seiner Folgen. Durch das bewusste Wahrnehmen ist es einer Person so möglich, eventuelle weitere Gefahrenquellen zu identifizie-

ren und Gegenmaßnahmen einzuleiten bzw. das Ausmaß der entstandenen Verletzungen zu erkennen und darauf zu reagieren.

1.5.1 *Mimikry ist das Vortäuschen von Wehrhaftigkeit durch das Nachahmen von Warnsignalen oder Warntrachten wehrhafter Tiere.*

Hornissen besitzen eine auffällige Färbung, die ihren Feinden ihre Wehrhaftigkeit signalisiert. Aus Erfahrung wissen Räuber, dass sich Tiere mit dieser gelb-schwarzen Warntracht verteidigen können und meiden sie. Tiere, die der Hornisse in Färbung und Gestalt ähneln, können mit dieser verwechselt werden und profitieren so von ihrer Wehrhaftigkeit.
Bei den Vorfahren des Hornissenschwärmers führte eine ungerichtete genetische Variabilität durch Mutation und Rekombination zum Auftreten von Individuen, deren Färbung und Gestalt der der Hornisse ähnelten. Diese Tiere besaßen einen Selektionsvorteil, da sie seltener von Räubern gefressen wurden. Dies führte dazu, dass sie sich häufiger fortpflanzen konnten als ihre Artgenossen und mehr Nachkommen mit ihren Erbanlagen produzierten. Über etliche Generationen steigerte sich die Allelhäufigkeit für die Gestalt und Färbung des Hornissenschwärmers, bis nur noch Individuen mit diesen Merkmalen übrig blieben (Theorie der natürlichen Auslese).

1.5.2 *Aus den Randbedingungen im Aufgabentext geht hervor, dass der Räuber im Modellexperiment durch klassische Konditionierung lernt.*
Die klassische Konditionierung ist ein Lernverhalten, bei dem ein zuvor neutraler Reiz eine Reaktion auslöst. Wird der neutrale Reiz mehrmals mit einem unbedingten Reiz, der zu einem unbedingten Reflex führt, zeitlich nah verknüpft, so kann auch der ehemals neutrale Reiz diesen Reflex hervorrufen. Man spricht dann von einem bedingten Reiz und einem bedingten Reflex.

Jedes Mal, wenn der Räuber eine Hornisse frisst, lernt er durch klassische Konditionierung den neutralen Reiz „gelb-schwarzes Muster“ mit dem anschließenden Schmerz zu verknüpfen. Hat der Räuber drei Hornissen gefressen, so stellt das gelb-schwarze Muster einen bedingten Reiz dar, der auch auf andere Tiere übertragen wird.

In Simulation 1 waren zu Beginn deutlich mehr Hornissen als Hornissenschwärmer vorhanden. Bis zum Simulationsende wurden 3 Hornissen, aber nur ein Hornissenschwärmer gefressen. Simulation 2 startete mit einer deutlich höheren Anzahl Hornissenschwärmer als Hornissen, wobei wieder nur 3 Hornissen, aber 78 Hornissenschwärmer gefressen wurden.

Die Wahrscheinlichkeit, dass der Räuber in Simulation 1 zuerst auf eine Hornisse trifft, ist sehr groß. Die Konditionierung auf ein Meideverhalten des gelb-schwarzen Musters findet deshalb sehr schnell statt und nur ein Hornissenschwärmer wird in dieser Zeit gefressen.

In der Simulation 2 ist die Wahrscheinlichkeit, auf einen Hornissenschwärmer zu treffen, deutlich größer. Der Räuber benötigt dementsprechend länger, um das Reizmuster der gelb-schwarzen Färbung mit Schmerzen zu verknüpfen und frisst in der Zwischenzeit weiterhin Hornissenschwärmer, die er häufiger als Hornissen antrifft.
Aus diesem Versuchsergebnis lässt sich ableiten, dass eine Mimikry wie die des Hornissenschwärmers in der Natur nur dann erfolgreich sein kann, wenn die Zahl der tatsächlich wehrhaften Tiere deutlich größer ist als die Zahl der Nachahmer.

2 Aus Abbildung 3 geht hervor, dass durch Lidocain die Natriumionenkanäle in der Zellmembran einer Nervenzelle blockiert werden, sodass selbst bei geöffneten Kanälen keine Natriumionen hindurch diffundieren können.
Aufgrund einer unterschiedlichen Ionenverteilung liegt an der Zellmembran im Ruhezustand ein elektrisches Potenzial von ca. –70 mV vor. Die Konzentration von Natriumionen im Zellinneren ist um ein Vielfaches geringer als im extrazellulären Raum. Durch eine überschwellige Reizung kommt es normalerweise zur Öffnung der Natriumionenkanäle, wodurch die Natriumionen ins Zellinnere strömen und eine Depolarisation bewirken. Blockiert Lidocain jedoch die Natriumionenkanäle, so erfolgt keine Depolarisation und die Entstehung eines Aktionspotenzials wird verhindert. Die Folge hiervon ist eine Unterbrechung der Reizweiterleitung, wodurch ein Wahrnehmen des Schmerzes in der Großhirnrinde unterbunden wird.

Abitur Biologie (Bayern G8)
Musterabitur C 1: Das Miteinander verschiedener Lebewesen

BE

1 Schimpansen der Art *Pan troglodytes* sind Allesfresser. Neben der überwiegend pflanzlichen Kost ernähren sie sich auch von Insekten und jagen kleine Säugetiere. Schimpansen leben in hierarchisch strukturierten Großgruppen von bis zu 100 Tieren zusammen. Diese Großgruppen spalten sich in kleine Gruppen auf, die z. B. gemeinsam auf Nahrungssuche gehen.

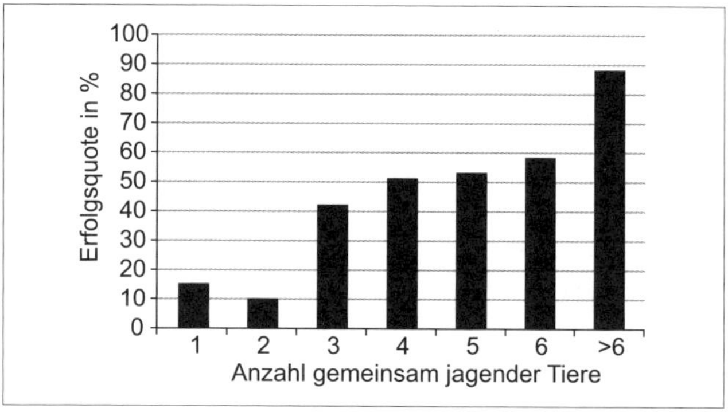

Abb. 1 Erfolgreich abgeschlossene Jagden bei unterschiedlich großen Jagdgruppen

1.1 Charakterisieren Sie einen individualisierten Verband, z. B. die Großgruppe der Schimpansen! 4

1.2 Werten Sie das in Abbildung 1 dargestellte Diagramm aus und erläutern Sie den Zusammenhang aus soziobiologischer Sicht! Nennen Sie je einen weiteren Vor- bzw. Nachteil für das Zusammenleben in Gruppen! 5

2 Bei einigen Spinnenarten stellen die Weibchen den eigenen Körper als Nahrung für die Jungen zur Verfügung. Weibchen der in Pakistan vorkommenden Art *Stegodyphus pacificus* erweitern für die Aufzucht der Nachkommen ihre Wohnhöhle und befestigen darin einen Eikokon. Aus diesem können bis zu 600 Jungtiere schlüpfen. Nach dem Schlüpfen der Jungspinnen werden diese von der Mutter ernährt, indem sie ihnen eigene Körperflüssigkeit einflößt. In Abhängigkeit von der Anzahl der Nachkommen stirbt das Muttertier einige Zeit nach dem Schlüpfen der Jungtiere. Auch der tote Körper der Mutter dient den Nachkommen noch als Nahrungsvorrat. Er kann bis zur dritten Häutung reichen.

2.1 Erläutern Sie das Verhalten der Spinne und berechnen Sie mithilfe der HAMILTON-Regel, ab welcher Anzahl überlebender Jungtiere sich der „Selbstmord“ der Spinne aus evolutiver Sicht auszahlt! 5

2.2 Diskutieren Sie, ob die Fortpflanzungsstrategie bei *Stegodyphus pacificus* der K-Strategie bzw. der r-Strategie zuzuordnen ist!
Erläutern Sie, welche Kennzeichen ein Ökosystem aufweist, in dem durch die Selektion eine K-Strategie begünstigt wird! 6

3 Weltweit sind rund 12 000 Ameisenarten bekannt. Aufgrund ihrer Bedeutung für die Ökosysteme werden Ameisenpopulationen intensiv erforscht. Häufig untersucht werden dabei die Populationsgröße und die räumliche Verteilung der Individuen.

3.1 Bei drei Ameisenarten wurde untersucht, welche Nahrungsart sie bevorzugen und in welchem Gebiet um die jeweilige Kolonie sie diese erwerben. Die beiden Arten *Pogonomyrmex barbatus* und *Pogonomyrmex rugosus* ernähren sich von bestimmten Pflanzensamen und man beobachtet die in Abbildung 2 dargestellten Areale für den Nahrungserwerb. Die Art *Cataglyphis noda* ernährt sich von toten Insekten, um ihre Kolonien findet man die in Abbildung 3 dargestellten Areale für den Nahrungserwerb.

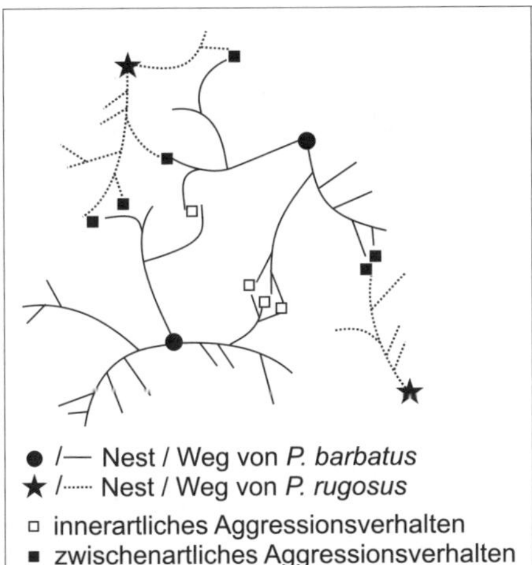

Abb. 2 Raumnutzung von Ameisenpopulationen (*P. barbatus* und *P. rugosus*) (verändert nach: Wehner, Rüdiger; Gehring, Walter: *Zoologie*. 24. Auflage, Stuttgart: Thieme 2007, S. 567)

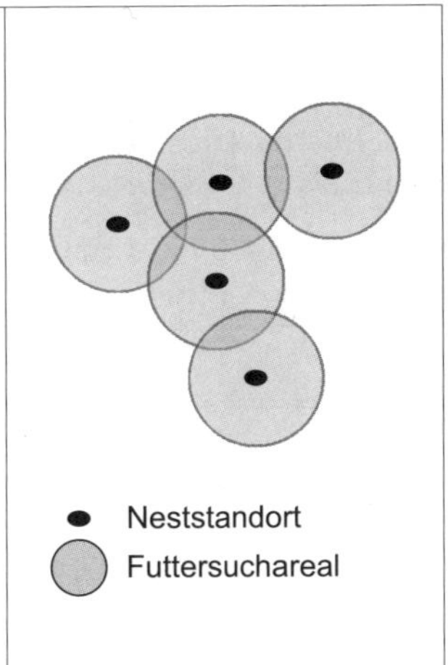

Abb. 3 Raumnutzung von Ameisenpopulationen *(C. noda)*: In den Futtersucharealen verbringen die zu einer Kolonie gehörenden Individuen 90 % der Suchzeit (verändert nach: Wehner, Rüdiger; Gehring, Walter: *Zoologie*. 24. Auflage, Stuttgart: Thieme 2007, S. 567)

Beschreiben und vergleichen Sie das Nahrungssuchverhalten der drei genannten Ameisenarten anhand der Abbildungen! Stellen Sie eine Hypothese über den Zusammenhang zwischen der Art der Nahrung und den gezeigten Verhaltensweisen auf! 8

3.2 Neben den Nahrungsressourcen hat eine Vielzahl anderer Faktoren Einfluss auf die Individuenzahl einer Population. Über viele Generationen hinweg wurde in einer Ameisen-Population die Zahl der Individuen (N) und die Häufigkeit der vier Allele (a_1, a_2, a_3, a_4) des Gens a untersucht.

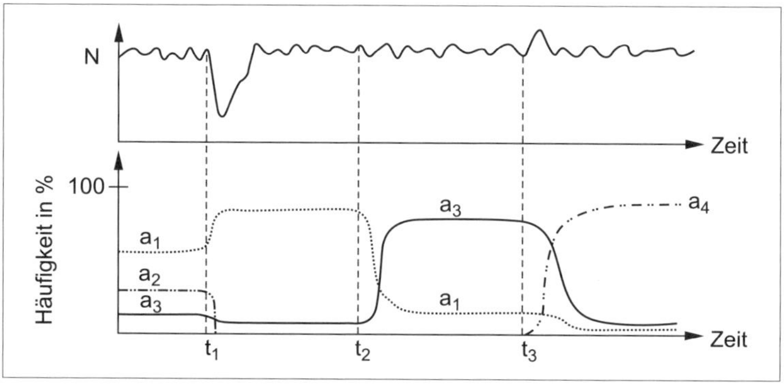

Abb. 4 oben: Anzahl (N) der Individuen, unten: Häufigkeit der Allele des Gens a

3.2.1 Beschreiben und erklären Sie den für viele Populationen charakteristischen Kurvenverlauf von N in der Abbildung 4 (oben) ab dem Zeitpunkt t_1 bis zum Zeitpunkt t_3! 4

3.2.2 Interpretieren Sie die Veränderungen der Häufigkeit der vier Allele auf der Basis der erweiterten Evolutionstheorie! 8

40

Erwartungshorizont

1.1 *Beim Zusammenleben von Tieren einer Art unterscheidet man zwischen Aggregationen, also lockeren Ansammlungen von Tieren, und echten Gruppen, den Sozialverbänden. Sozialverbände sind von vielen Tierarten bekannt, dabei werden anonyme Verbände von den individualisierten Verbänden abgegrenzt.*

In individualisierten Verbänden kennen sich die Gruppenmitglieder **persönlich** (individuell) und **erkennen** die Verbandsmitglieder am Geruch, an Lauten oder am Aussehen. Häufig liegt eine **Rangordnung** und flexible Rollenverteilung vor und es handelt sich immer um **geschlossene** Verbände, d. h. Gruppenfremde werden am Anschluss gehindert.

Gelegentliche Zu- und Abwanderungen finden jedoch statt und sind aus genetischer Sicht auch notwendig.

1.2 *Bei der Auswertung des Balkendiagrammes ist es völlig ausreichend, die Grundtendenz zu erkennen. Eine detaillierte Auswertung ist hier nicht nötig.*

Je **größer** die Anzahl der gemeinsam jagenden Tiere ist, desto **höher** liegt die Erfolgsquote.
Der Vorteil der Gemeinschaft besteht also darin, dass auf der Jagd Beutetiere schneller und leichter aufgefunden und auch mit einer höheren Wahrscheinlichkeit erlegt werden können.

Tiergemeinschaften bringen für das einzelne Individuum zwar einen Nutzen, haben aber auch ihren Preis (= Kosten). Von den folgenden Aspekten ist jeweils nur die Nennung eines Beispiels verlangt.

Weitere Vorteile des Gruppenlebens (= Nutzen):
- besserer Schutz
- gemeinsame Verteidigung des Reviers
- bessere Jungenaufzucht
- eventuell erleichterte Paarung

Nachteile des Gruppenlebens (= Kosten):
- großer Konkurrenzkampf um Nahrung und andere Ressourcen
- erhöhtes Infektionsrisiko (Krankheiten, Parasiten)
- Konkurrenzkampf um Geschlechtspartner
- Stress, innerartliche Aggression

2.1 Die Spinne zeigt ein **altruistisches** Verhalten.

Unter altruistischem Verhalten versteht man alle Verhaltensweisen, bei denen der Empfänger einen Nutzen hat und der Ausführende die Kosten auf sich nimmt.

Das Muttertier nimmt alle Kosten auf sich, indem es die Wohnhöhle erweitert, seine Jungtiere ernährt und sogar seinen Körper als Nahrung zur Verfügung stellt. Den Jungtieren kommt dieses Verhalten zugute und steigert ihre Fitness.

Als Fitness bezeichnet man den genetischen Beitrag eines Individuums zur nächsten Generation. Unter Gesamtfitness versteht man aber nicht nur den Reproduktionserfolg (= direkte Fitness), also die Produktion eigener Nachkommen und damit die direkte Weitergabe eigener Gene. Auch die Weitergabe eigener Gene in nachfolgende Generationen durch die Unterstützung von Verwandten (= indirekte Fitness) trägt dazu bei.

Altruistisches Verhalten ist nach der **HAMILTON-Regel** nur dann erfolgreich, wenn der Nutzen, den das Muttertier aus seinem Verhalten zieht, größer ist als die Kosten dafür. Das Verhältnis zwischen dem Nutzen B (hier: hohe Nachkommenzahl) und den Kosten C (hier: Tod der Mutterspinne) muss größer sein als eins dividiert durch den Verwandtschaftsgrad:

$\frac{B}{C} > \frac{1}{r}$ beziehungsweise $r \cdot B > C$.

Der Verwandtschaftsgrad r entspricht der Wahrscheinlichkeit, mit der ein bestimmtes Gen eines Individuums auch an ein zweites verwandtes Individuum vererbt wurde. Die Wahrscheinlichkeit dafür, dass ein bestimmtes Gen eines Elters auch in seinen Nachkommen vorhanden ist, beträgt in den allermeisten Fällen 50 %; damit ergibt sich ein Verwandtschaftsgrad r von 0,5! Der Zahlenwert für einen altruistischen Selbstmord ist C = 1!

Da der Verwandtschaftsgrad r zwischen Mutter und Jungtier 0,5 beträgt und die Kosten C bei einem altruistischen Selbstmord gleich eins sind, zahlt sich das altruistische Verhalten aus evolutiver Sicht bereits aus, wenn drei Nachkommen das fortpflanzungsfähige Alter erreichen.

2.2 Die vielen Nachkommen, die geringe Körpergröße und die kurzlebigen Generationen der Spinne sprechen für eine **r-Strategie**. Für eine **K-Strategie** spricht dagegen die ausgeprägte mütterliche Brutpflege.
Eine eindeutige Zuordnung ist also **nicht** möglich!

Dies ist auch bei vielen weiteren Beispielen der Fall, eine Kombination der beiden Strategie-Merkmale kommt in der Natur sehr häufig vor. Für eine Zuordnung der vorherrschenden Strategie ist stets ein Vergleich mit den Strategien anderer Arten im selben Lebensraum notwendig. K- und r-Strategie können also immer nur in Relation zu anderen Arten festgelegt werden.

In Ökosystemen, deren Faktoren **sehr stabil** sind, setzen sich immer K-Strategen durch. Die begrenzten Ressourcen und die daraus folgende Konkurrenz um diese erfordern eine optimale Anpassung an das Ökosystem. K-Strategen mit geringen Wachstumsraten, aber hohem Elterninvestment in die Jungtiere, werden deshalb von der Selektion begünstigt.

3.1 **Beschreibung:**

In Abbildung 2 sind jeweils zwei Nester und die davon ausgehenden Wege zweier Ameisenarten dargestellt. Man kann erkennen, dass beide Ameisenarten ihre Nahrungsquellen bzw. ihre Wege, also ihr Revier, sowohl innerartlich als auch zwischenartlich verteidigen.
Abbildung 3 zeigt keine festen Wege der Ameisen, sondern Futtersuchareale. Obwohl diese Areale teilweise überlappen, ist kein Aggressionsverhalten der Ameisen erkennbar.

Hypothese:

Die beiden *Pogonomyrmex*-Arten ernähren sich von speziellen Pflanzensamen, die vermutlich nur an ganz bestimmten Orten und nur zu einem bestimmten Zeitpunkt zu finden sind. Eventuell kommen diese Samen auch nur selten vor. Aufgrund der daraus folgenden **enormen Konkurrenzsituation** legen die Ameisen Wege zu den Fundorten an und verteidigen diese aggressiv.
Ameisen der Art *C. noda* dagegen ernähren sich von toten Insekten. In den vermutlich ausgedehnten Futtersucharealen muss deshalb sehr viel Zeit für das Auffinden zufällig vorhandener Nahrung aufgebracht werden. Da jedoch kontinuierlich Insekten sterben und aufgefunden werden, ist die **Konkurrenzsituation** hier **nicht so groß** wie bei den *Pogonomyrmex*-Arten.

3.2.1 Der Kurvenverlauf oszilliert, das bedeutet, dass die Individuenzahl N zwar um einen Mittelwert schwankt, insgesamt aber über den betrachteten Zeitraum relativ stabil bleibt. Dieser Kurvenverlauf ist typisch für das logistische Wachstumsmodell.

Um die Formen des Populationswachstums zu beschreiben, verwenden Populationsbiologen häufig Modelle. Das logistische Wachstumsmodell bezeichnet ein sich einem Grenzwert näherndes Modell. Dieser Grenzwert wird als Umweltkapazität bezeichnet.

Die Umwelt-Kapazität gibt die maximale Individuen-Zahl an, die in einem Lebensraum auf Dauer existieren kann. Die Lage der Kapazitäts-Grenze wird durch eine Vielzahl von Faktoren beeinflusst und von diesen so reguliert, dass sie einen relativ konstanten Wert annimmt.

Diese Regulationsfaktoren werden unterteilt in dichteunabhängige Faktoren (wie z. B. Überschwemmungen, Kälteeinbrüche, Hitze- und Dürrekatastrophen, Mangel an Mineralsalzen, Übersäuerung oder Versalzung des Bodens) und dichteabhängige Faktoren (wie z. B. Nahrungsmangel, Fressfeinde, Krankheitserreger und Parasiten, Stressfaktoren, Nachkommenzahl).

3.2.2 *Der Operator „Interpretieren" verlangt, dass die fachspezifischen Zusammenhänge in Hinblick auf die Fragestellung begründet dargestellt werden. Die hier zu berücksichtigenden Faktoren der erweiterten Evolutionstheorie sind Mutation, Rekombination, Selektion, Isolation und Gendrift.*

Zum Zeitpunkt t_1 kam es z. B. durch eine Naturkatastrophe zu einer starken Verminderung der Individuenzahl. Dies führte zu einer zufälligen Veteilung der Allelverteilung in der verbleibenden kleinen Population. Durch diese **Gendrift** kamen bestimmte Allele, verglichen mit ihrer Frequenz in der Ursprungspopulation, nun durch Zufall häufiger (wie Allel a_1) oder gar nicht mehr (wie Allel a_2) vor.

Eine Erscheinungsform der Gendrift ist auch bekannt unter dem Begriff „Genetischer Flaschenhals". Die Modellvorstellung eines Flaschenhalses veranschaulicht die ausgeprägte genetische Verarmung und damit auch die Veränderung der Allelfrequenzen, die durch die Verringerung einer Population auf wenige Individuen hervorgerufen wird.

Zum Zeitpunkt t_2 veränderte sich der **Selektionsdruck** auf die Population und durch biotische (Feinde, Konkurrenz usw.) und abiotische Faktoren (Lebensraum, Klima, Nahrungsangebot usw.) kam es zu einer gezielten Auslese von Phänotypen. Als richtender Faktor der Evolution bestimmt die Selektion, welche der vorhandenen Allel-Varianten sich in einem solchen Fall durchsetzen. Die Selektion führte hier zu einer Verschiebung der Allelfrequenzen bei sonst gleichbleibender Individuenzahl: Individuen mit dem Allel a_3 besaßen deutliche Vorteile gegenüber den Individuen mit Allel a_1 und vermehrten sich deshalb stärker.

Eine grundlegende Voraussetzung für die Aufspaltung einer Art ist die **Isolation**. Zum Zeitpunkt t_3 nahm die Individuenzahl der Population zu und erstmalig traten Individuen mit dem Allel a_4 auf. Die stark ansteigende Häufigkeit dieses Allels und die gleichzeitige Abnahme der Allele a_3 und a_1 in der Population weisen darauf hin, dass Individuen mit dem Allel a_4 zu diesem Zeitpunkt einen Selektionsvorteil hatten.

Eine alternative Antwortmöglichkeit wäre, dass durch zufällige und ungerichtete Mutationen die genetische Variabilität der Population um das Allel a_4 erweitert wurde. Allerdings spricht die steigende Individuenzahl zum Zeitpunkt t_3 gegen diese Hypothese.

Prüfungsaufgaben

Abitur Biologie (Bayern G8) 2011
Aufgabe A 1: Ameisen

BE

Ameisen gehören neben Bienen, Wespen und Termiten zu den staatenbildenden Insekten. Sie sind hoch organisiert und weisen eine soziale Schichtung (Kastensystem) auf, die mit einer Sozialisierung der Aufgabe aller Tiere verbunden ist.

1 Das Zusammenleben von Ameisen ist durch intensive Kommunikation geprägt, die auf der Angabe von chemischen Botenstoffen, den sogenannten Pheromonen, basiert. Die afrikanischen Weberameisen produzieren ein Pheromongemisch, mit dem sie Artgenossen über eine Gefahrensituation informieren. Bei diesen werden daraufhin verschiedene Alarmreaktionen ausgelöst (s. Abb. 1).
In einem Experiment wurden vier Stoffe des Pheromongemisches auf einen flachen Untergrund getropft. Die folgende Abbildung zeigt die horizontale Ausbreitung dieser vier Pheromonkomponenten 20 Sekunden nach dem Auftropfen des Gemisches sowie die Reaktion der Artgenossen auf die jeweilige Substanz.

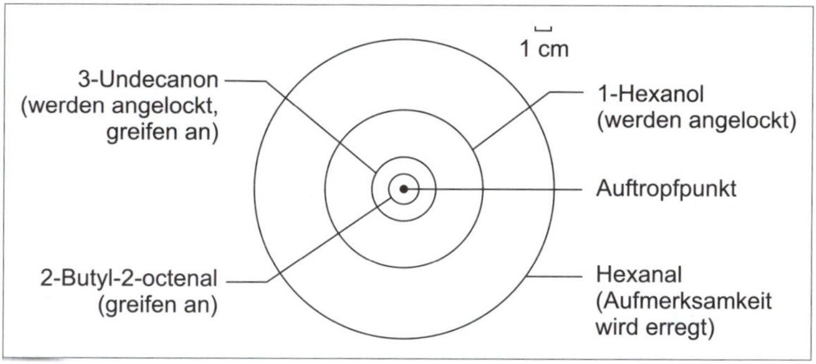

Abb. 1: Verteilung der Komponenten eines Pheromongemisches nach 20 Sekunden und deren Wirkung auf die Artgenossen (verändert nach: Bert Hölldobler, Edward O. Wilson, Afflerbach, Kerstin (Übersetzerin): *Der Superorganismus: Der Erfolg von Ameisen, Bienen, Wespen und Termiten*. Springer-Verlag, Berlin 2010, S. 243)

1.1 Beschreiben Sie den Vorgang, durch den die Pheromonkomponenten in der Luft verteilt werden! 3

1.2 Erläutern Sie die biologische Bedeutung, warum bei dieser Ameisenart ein Pheromongemisch und kein Reinstoff abgegeben wird! 4

1.3 Nennen Sie drei weitere mögliche Situationen, in denen sich Lebewesen durch die Abgabe von Pheromonen verständigen! 3

2 Bei Honigameisen entwickeln sich aus befruchteten Eizellen diploide Weibchen (Königin und unfruchtbare Arbeiterinnen). Aus unbefruchteten Eizellen entwickeln sich haploide Männchen.

2.1 Erklären Sie aus soziobiologischer Sicht und auf Grundlage des Verwandtschaftsgrades zwischen den weiblichen Individuen eines Ameisenstaates die Lebensweise von Arbeiterinnen, die auf eigene Nachkommen verzichten und stattdessen bei der Aufzucht weiterer Königinnen helfen! Nehmen Sie dabei an, dass sich die Königin nur mit einem Männchen verpaart. 8

2.2 Zwischen benachbarten Kolonien der Honigameisen treten häufig Konflikte um Territorien oder um Zuckervorräte auf.
Bei gleich großen Kolonien laufen dann einzelne Arbeiterinnen der Kolonie mit gestelzten Beinen und erhobenem Hinterleib aufeinander zu und bauen sich Seite an Seite auf (Abb. 2). In dieser Position versuchen sie den Hinterleib des Gegners abzubiegen und gleichzeitig mit ihren Fühlern auf den Hinterleib des Gegners zu trommeln (Abb. 3). Nach einiger Zeit ziehen sich die Ameisen einer Kolonie zurück.

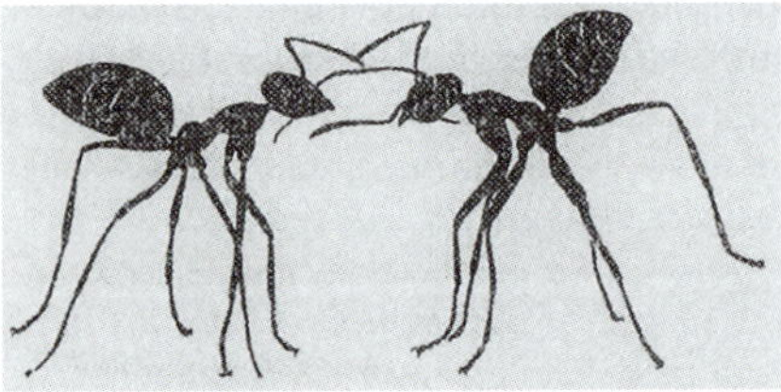

Abb. 2: Stelzenlauf zweier Arbeiterinnen.

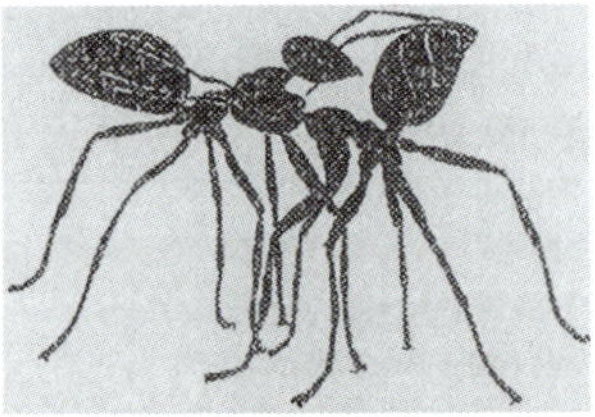

Abb. 3: Arbeiterinnen stehen Seite an Seite und „betrommeln" sich.

(Klaus Dumpert: *Das Sozialleben der Ameisen.* Verlag Paul Parey, Berlin 1978, S. 229)

Bei unterschiedlich großen Kolonien stellen sich einzelne Arbeiterinnen zunächst an der Reviergrenze auf. Sie stolzieren auf ihren gestreckten Beinen. Einige stellen sich auf mehr oder weniger große Bodenerhebungen. Bisweilen folgen kurze und meist tödlich verlaufende Kämpfe, die kleinere Kolonie wird regelrecht überrannt und das Nest schließlich geplündert.
Erläutern Sie unter Textbezug die Verhaltensweisen der Honigameisen in den beiden Situationen und erstellen Sie jeweils eine Kosten-Nutzen-Analyse! 8

3 Zur Bekämpfung bestimmter Ameisenarten wurde ein Insektizid mit dem Namen Cypermethrin entwickelt, das ein verzögertes Schließen der spannungsabhängigen Na^+-Ionenkanäle in der Membran der Axone während eines Aktionspotentials bewirkt.

3.1 Stellen Sie anhand einer einfachen schematischen Skizze die Ionenverteilung an einer Axonmembran im Ruhezustand dar und beschreiben Sie eine Modellvorstellung zur Entstehung und Aufrechterhaltung des Ruhepotentials! 10

3.2 Erläutern Sie die Auswirkungen von Cypermethrin auf die Wiedererregbarkeit des Axons und die Wiederherstellung des Ruhepotentials nach einem Aktionspotential! 4

40

Erwartungshorizont

1.1 Die Verteilung der Pheromonkomponenten in der Luft geschieht durch **Diffusion**. Hierbei wird eine **gleichmäßige Verteilung** der Teilchen im Raum entlang ihres **Konzentrationsgradienten** erreicht, wobei sich deren Ausbreitungsgeschwindigkeit unterscheidet.

1.2 *Betrachtet man die Abbildung 1, so wird deutlich, dass die einzelnen Komponenten unterschiedliche Verhaltensweisen auslösen. Zudem verteilen sie sich unterschiedlich schnell.*

Die einzelnen Komponenten des Pheromongemisches wirken aufgrund ihrer unterschiedlichen Diffusionsgeschwindigkeit in verschiedener Entfernung zum Freisetzungsort. Da sich die Teilchen unterschiedlich schnell verteilen, hat der Wirkungsradius der einzelnen Komponenten nach 20 Sekunden unterschiedliche Größen. Je nach Entfernung kann so ein passendes, abgestuftes Verhalten der Artgenossen ausgelöst werden. Würde es sich bei dem Pheromon um einen Reinstoff handeln, so würde dieser eine Alles-oder-nichts-Reaktion in einer bestimmten Reichweite hervorrufen.

1.3 *Laut Aufgabenstellung ist ausschließlich die Nennung dreier weiterer Situationen verlangt, jedoch nicht ihre ausführliche Beschreibung.*

- Erkennen von Nestgenossen
- Kennzeichnung von Territorien
- Orientierung
- Sexuallockstoff
- Mutter-Kind-Bindung

2.1 Es handelt sich um eine **altruistische Verhaltensweise** bei genetisch verwandten Individuen.

Unter altruistischem Verhalten versteht man alle Verhaltensweisen, durch die der Empfänger einen Nutzen und der Ausführende Kosten hat.

Der Grund für das Verhalten liegt in einer Steigerung der Gesamtfitness. Zwar verzichten die Arbeiterinnen auf eigenen Nachwuchs und somit auf eine Steigerung ihrer direkten Fitness, durch die Schwesternaufzucht wird aber ihre indirekte Fitness erhöht.

Als Fitness bezeichnet man den genetischen Beitrag eines Individuums zur nächsten Generation. Unter Gesamtfitness versteht man nicht nur den Reproduktionserfolg (= direkte Fitness), also die Produktion eigener Nachkommen und damit die direkte Weitergabe eigener Gene, sondern auch die Weitergabe eigener Gene in die nachfolgende Generation durch die Unterstützung von Verwandten, die keine eigenen Nachkommen sind (= indirekte Fitness).

Der Verwandtschaftsgrad zwischen Mutter und Tochter beträgt r = 0,5, während er zwischen zwei Schwestern bei r = 0,75 liegt. Aus der Hamilton-Regel ($K < r \cdot N$) geht hervor, dass es aus genetischer Sicht von Vorteil ist, eine fortpflanzungsfähige Schwester statt eine eigene Tochter aufzuziehen.

Der Verwandtschaftsgrad r entspricht der Wahrscheinlichkeit, dass ein bestimmtes Gen von einem Individuum an ein zweites verwandtes Individuum vererbt wurde. Beim Menschen beträgt die Wahrscheinlichkeit, dass ein bestimmtes Gen von einem Elternteil auch bei einem direkten Nachkommen vorhanden ist, 50 % (r = 0,5). Da bei Staaten bildenden Hautflüglern der Vater häufig einen haploiden Chromosomensatz besitzt, beträgt der Verwandtschaftsgrad zwischen den Schwestern 75 % (wenn man davon ausgeht, dass alle Schwestern den gleichen Vater besitzen).

2.2 *Bei dieser Aufgabenstellung bietet es sich an, die einzelnen Situationen stichpunktartig oder tabellarisch abzuarbeiten.*

Situation 1: gleich große Kolonien
Bei dem beschriebenen Verhalten handelt es sich um einen **Kommentkampf**.
Textbezug: „In dieser Position versuchen sie den Hinterleib des Gegners abzubiegen und gleichzeitig mit ihren Fühlern auf den Hinterleib des Gegners zu trommeln."
Kosten-Nutzen-Analyse: geringer Energieaufwand, da kein Beschädigungskampf; Energieersparnis durch Stellvertreterkämpfe.

Situation 2: unterschiedlich große Kolonien

a) Zunächst wird ein **Drohverhalten** gezeigt.
Textbezug: „... stellen sich einzelne Arbeiterinnen zunächst an der Reviergrenze auf. Sie stolzieren auf ihren gestreckten Beinen."
Kosten-Nutzen-Analyse: geringer Energieaufwand im Vergleich zum Beschädigungskampf.

Auch in Situation 1 deutet die Textpassage „einzelne Arbeiterinnen der Kolonie (laufen) mit gestelzten Beinen und erhobenem Hinterleib aufeinander zu und bauen sich Seite an Seite auf" auf ein Drohverhalten hin. Da es sich aber um die gleiche Verhaltensweise wie in Situation 2a handelt, reicht es aus, das Drohverhalten einmal zu erläutern.

b) Im Anschluss findet ein **Beschädigungskampf** statt.
Textbezug: „Bisweilen folgen kurze und meist tödlich verlaufende Kämpfe"
Kosten-Nutzen-Analyse: Die Kosten, die durch den Verlust einiger Arbeiterinnen im Kampf entstehen, sind im Vergleich zum Ressourcengewinn, der sich aus der Plünderung des fremden Nests ergibt, eher gering.

3.1

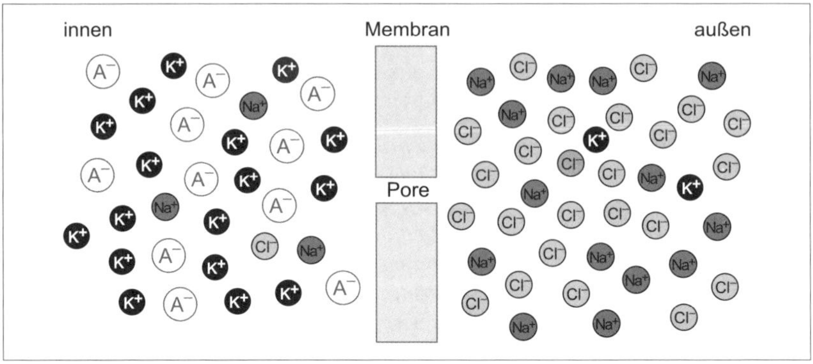

Das Ruhepotenzial kommt aufgrund der Ionenverteilung im Zellinneren der Nervenzelle und in der wässrigen Lösung des extrazellulären Raumes zustande. Die Verteilung der Ionen führt zu einem Membranpotenzial von ca. –70 mV. Hierbei ist die Membraninnenseite negativ und die Außenseite positiv geladen. Das Ruhepotenzial entsteht durch folgende Vorgänge:

- Die Ionenkonzentration ist auf beiden Seiten der Axonmembran unterschiedlich (siehe Skizze).
- Die Membran ist selektiv permeabel. Im Ruhezustand diffundieren Kaliumionen durch spezifische Ionenkanäle entlang ihres Konzentrationsgefälles von innen nach außen. Da die Membran aber für die großen, organischen Ionen undurchlässig ist, bleiben diese im Inneren zurück, wodurch sich ein elektrischer Gradient aufbaut, der dem K^+-Ausstrom entgegenwirkt. Das Ruhepotenzial ist dann erreicht, wenn das Bestreben nach einem Konzentrationsausgleich und das nach einem Ladungsausgleich gleich groß ist.

Dieses Ruhepotenzial würde sich mit der Zeit allerdings abbauen, da die Membran auch für andere Ionen geringfügig permeabel ist. So gelangen z. B. Natriumionen durch Leckströme in den intrazellulären Raum. Um ein Angleichen der Ionenkonzentrationen zu verhindern, benötigen die Nervenzellen einen Transportmechanismus, um die Ionenströme auszugleichen. Hierzu betreiben sie **Natrium-Kalium-Pumpen**, die Na^+ und K^+ unter Verbrauch von ATP entgegen ihrem Konzentrationsgradienten transportieren. Für einen Zyklus werden zwei ATP benötigt und es gelangen jeweils drei Natriumionen in den extrazellulären und zwei Kaliumionen in den intrazellulären Raum.

3.2 Cypermethrin bewirkt ein verzögertes Schließen der Na^+-Kanäle beim Aktionspotenzial. Dies führt zu einem vermehrten **Na^+-Einstrom** in das Zellinnere und es dauert länger, bis die **Repolarisation** abgeschlossen ist. Das **Ruhepotenzial** kann dadurch erst verzögert wiederhergestellt werden und es kommt zu einer Verlängerung der **Refraktärzeit**. Die **Wiedererregbarkeit** des Axons wird dadurch verzögert.

Abitur Biologie (Bayern G8) 2011
Aufgabe A 2: *Clostridium* – eine „gefährliche" Bakteriengattung

BE

Bakterien der Gattung *Clostridium* kommen unter natürlichen Bedingungen im Erdboden vor. Sie leben ausschließlich anaerob und vermehren sich durch einfache Zweiteilung. Einige Arten der Gattung sind Erreger gefährlicher Krankheiten.

1 Viele Clostridienarten produzieren Stoffe, die im menschlichen Körper zu krankhaften Veränderungen führen. Der Transport dieser Stoffe durch Biomembranen erfolgt nach unterschiedlichen Mechanismen.

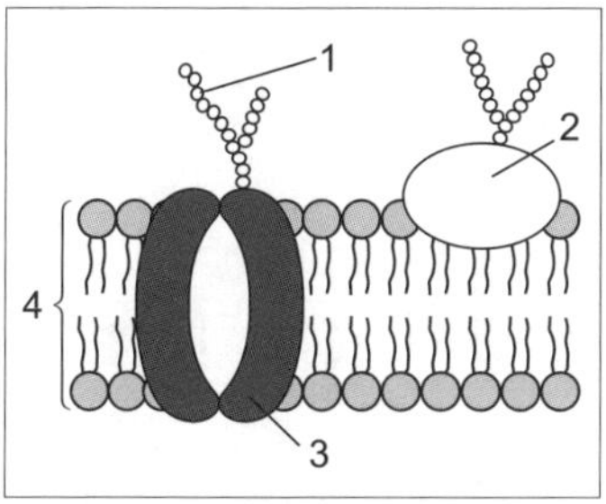

Abb. 1: Elektronenoptisch erkennbare Strukturen der Biomembran

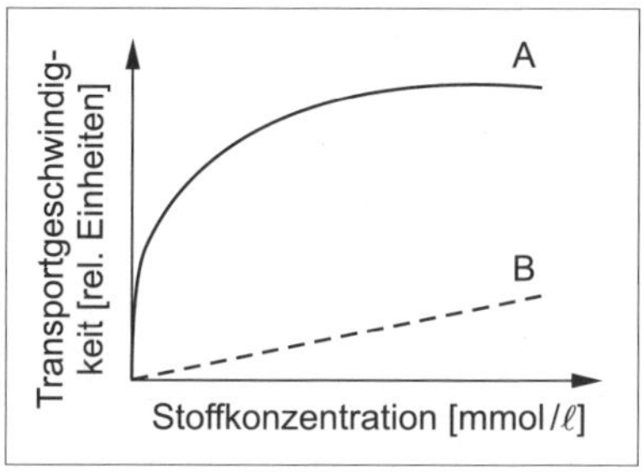

Abb. 2: Transportgeschwindigkeiten der Stoffe A und B in Abhängigkeit von der Stoffkonzentration

1.1 Geben Sie die in Abbildung 1 mit den Ziffern 1–4 gekennzeichneten Strukturen an! 4

1.2 Erläutern Sie, welche Transportmechanismen in Abbildung 2 dargestellt sind, und geben Sie an, ob beide über die in Abbildung 1 dargestellte Biomembran grundsätzlich möglich sind! 8

2 Das Toxin von *Clostridium botulinum* wird nicht nur therapeutisch sondern vermehrt auch kosmetisch genutzt (z. B. BOTOX). Die Nachfrage nach diesem Neurotoxin ist in den letzten Jahren stark gestiegen, sodass die Kultivierung von *Clostridium botulinum* in großen Fermentern zur Toxin-Produktion immer bedeutender wird.

2.1 Stellen Sie für ein geschlossenes System die Populationsentwicklung einer Bakterienkolonie in einem Diagramm dar und erklären Sie die erkennbaren Wachstumsphasen!
Gehen Sie davon aus, dass zu Beginn optimale Bedingungen vorliegen. 7

2.2 Nennen Sie drei Bedingungen, die zur optimalen Vermehrung von *Clostridium botulinum* in einem Fermenter herrschen müssen! 3

3 Die Bakterienart *Clostridium tetani* ist der Erreger des Wundstarrkrampfes. Nach einer Verletzung gelangen Erreger in das menschliche Gewebe. Durch ein bakterielles Gift, das Neurotoxin Tetanospasmin, entsteht das Krankheitsbild des Wundstarrkrampfes, das z. B. durch das Auftreten von Krämpfen charakterisiert ist. Gelangt das Toxin in das Rückenmark, blockiert es dort die Transmitterübertragung der hemmenden Synapsen auf Motoneuronen.

3.1 Beschreiben Sie unter Mitverwendung einer beschrifteten Skizze die Vorgänge an einer Synapse im menschlichen Nervensystem! 7

3.2 Abbildung 3 zeigt verschiedene Potentialmessstellen an Axonen verschiedener Neurone (A–C) und am Axon eines Motoneurons (D). Die dazu gehörenden Messergebnisse sind in Abbildung 4 dargestellt.

3.2.1 Erläutern Sie das Zustandekommen der in Abbildung 4 dargestellten Messergebnisse am Motoneuron D und stellen Sie das neuronale Verrechnungsprinzip dar! 8

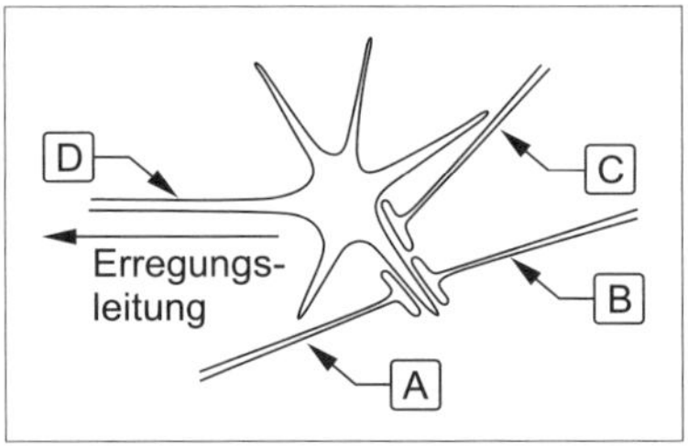

Abb. 3 (oben): Die Potentialmessstellen A, B, C und D (Motoneuron)

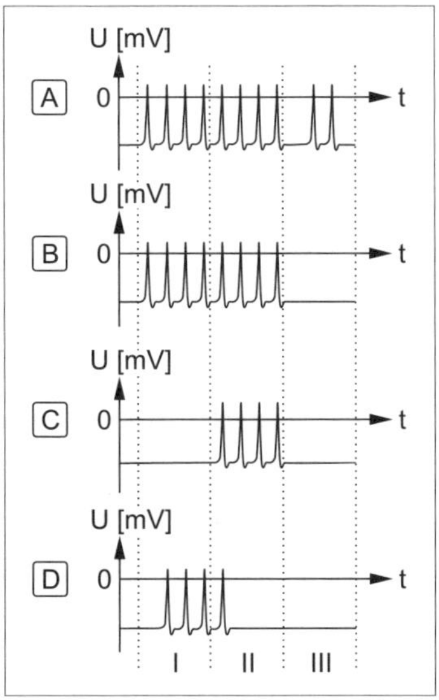

Abb. 4 (rechts): In den Zeitabschnitten I, II und III gemessene Potentiale. Die Buchstaben A, B, C und D entsprechen den in der Abbildung 3 gezeigten Messstellen.

3.2.2 Entwickeln Sie eine Hypothese, welche messbare Veränderung im Axon des Motoneurons (D) bei Zugabe des Neurotoxins Tetanospasmin im Vergleich zu den Messergebnissen in Abbildung 4 eintreten würde! 3

40

Erwartungshorizont

1.1 1 = Zuckerketten 3 = integrales Protein
2 = peripheres Protein 4 = Phospholipiddoppelschicht

1.2 Die **Kurve A** zeigt den typischen Verlauf einer Sättigungskurve.

Durch eine Erhöhung der Stoffkonzentration steigt die Transportgeschwindigkeit zunächst stark an, durch eine weitere Erhöhung aber immer weniger und ab einer bestimmten Stoffkonzentration erreicht die Transportgeschwindigkeit schließlich einen Maximalwert.

Dieser Verlauf weist auf die Aktivität von **Transportproteinen** hin. Sobald diese alle besetzt sind, kann trotz einer Erhöhung der Stoffmengenkonzentration keine Steigerung der Transportgeschwindigkeit mehr erfolgen.
Der lineare Verlauf der **Kurve B** deutet auf die **Diffusion** als Transportmechanismus hin, da bei steigender Stoffmengenkonzentration auch die Transportgeschwindigkeit stetig ansteigt.

Beide Mechanismen sind für den Transport der krank machenden Stoffe der Clostridien durch die in Abb. 1 dargestellte Biomembran **möglich**.

2.1 *Wichtig für die korrekte Beantwortung sind die Formulierungen „geschlossenes System" und „zu Beginn optimale Bedingungen" in der Aufgabenstellung.*

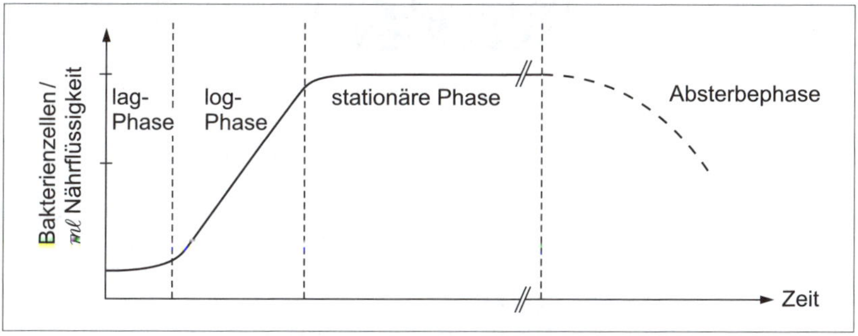

Anlaufphase (= lag-Phase): Die Bakterien stellen sich auf die neuen Lebensbedingungen ein und zeigen deshalb nur eine geringe Teilungsrate.
Exponentielle Phase (= log-Phase): Bei optimalen Lebensbedingungen weisen die Bakterien die maximale Teilungsrate auf.
Stationäre Phase: Verschiedene Einflüsse wie Platz- und Nahrungsmangel führen zu einer geringen Teilungsrate.
Absterbephase: Schädliche Stoffwechselprodukte und das Fehlen der lebensnotwendigen Nährstoffe führen zum Absterben der Bakterienkultur.

2.2 *Laut Aufgabenstellung ist ausschließlich die **Nennung** und keine ausführlichere Beschreibung von **drei** Bedingungen verlangt. Der **einleitende Text** über die Bakterien enthält bereits **Hinweise** zur anaeroben Lebensweise der Clostridien.*

- anaerobe Bedingungen
- ausreichend Nährstoffe
- regelmäßige Beseitigung von Stoffwechselabfallstoffen
- genügend Platz
- optimale Temperatur

3.1 *Die Aufgabenstellung ermöglicht die Beschreibung der Vorgänge entweder an einer hemmenden **oder** einer erregenden Synapse. Das Prinzip der Erregungsübertragung ist bei beiden gleich.*

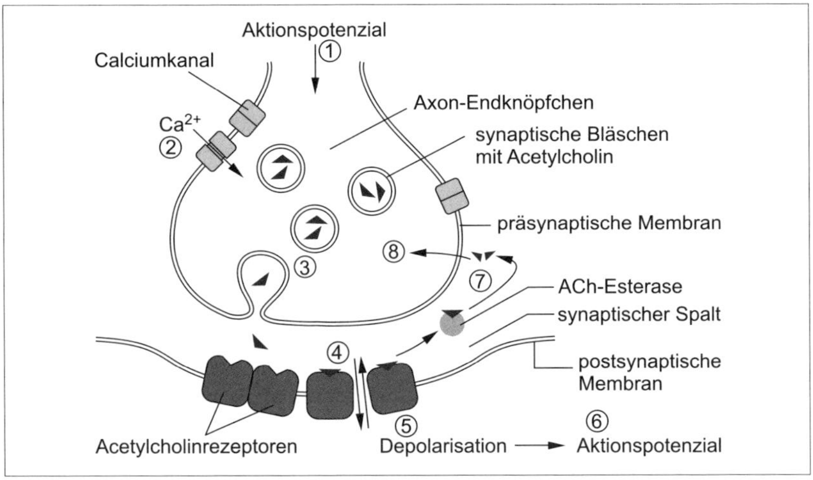

① Ein Aktionspotenzial erreicht das synaptische Endköpfchen.

② Der elektrische Impuls bewirkt ein Öffnen der Ca^{2+}-Kanäle. Da im Zellinneren die Ca^{2+}-Konzentration geringer ist als im extrazellulären Bereich, strömen Calciumionen ein.

③ Die Calciumionen bewirken ein Verschmelzen synaptischer Vesikel mit der präsynaptischen Membran, wodurch die Transmittermoleküle (hier Acetylcholin) in den synaptischen Spalt freigesetzt werden.

④ Die Transmittermoleküle diffundieren durch den synaptischen Spalt und binden an die Rezeptoren der postsynaptischen Membran. Die Rezeptoren stehen mit Ionenkanälen in Verbindung, die sich bei der Bindung des Transmitters öffnen.

⑤ Bei erregenden Synapsen handelt es sich bei den transmittergesteuerten Ionenkanälen um Na^{+}-Kanäle. Öffnen sich diese, so strömen Natriumionen in die postsynaptische Zelle und bewirken ihre Depolarisation. Es liegt ein EPSP vor (erregendes postsynaptisches Potenzial).

Bei hemmenden Synapsen steuern die Rezeptoren K^+- oder Cl^--Kanäle. Binden die Transmittermoleküle, so strömen entweder Kaliumionen aus der postsynaptischen Zelle aus oder Chloridionen ein. Die Folge hiervon ist eine Hyperpolarisation der postsynaptischen Zelle. Man spricht von einem IPSP (inhibitorisches postsynaptisches Potenzial).

⑥ Das EPSP breitet sich passiv über die postsynaptische Membran aus und löst anschließend bei Überschreiten eines Schwellenwertes ein Aktionspotenzial aus.

⑦ In der Zwischenzeit werden die Transmittermoleküle durch ein Enzym (hier Acetylcholinesterase) abgebaut (hier in Cholin und Essigsäure) und die Ionenkanäle schließen sich.

⑧ Die Spaltprodukte diffundieren durch den synaptischen Spalt zur präsynaptischen Membran, werden wieder in das Endknöpfchen aufgenommen, zusammengesetzt und in den synaptischen Bläschen gespeichert.

3.2.1 *Lassen Sie sich nicht davon verwirren, dass die Reihe kurz aufeinanderfolgender Aktionspotenziale an der Messstelle D gegenüber denen an den Messstellen A und B nach rechts verschoben ist. Es handelt sich hierbei um eine zeitliche Verzögerung beim Auslösen der Aktionspotenziale. Diese kommt dadurch zustande, dass die Signalumwandlung (elektrisch → chemisch → elektrisch) zwischen den Neuronen und die passive Ausbreitung des PSPs über den Axonhügel bis zum Axonursprung eine bestimmte Zeit beansprucht.*

Zeitabschnitt I: Die je vier Aktionspotenziale der Neuronen A und B bewirken über erregende Synapsen beim Neuron D ein Überschreiten des Schwellenwertes und führen mit einer **zeitlichen Verzögerung** zur Auslösung von vier **Aktionspotenzialen.** Eines dieser Aktionspotenziale wird durch die Verzögerung erst im Zeitabschnitt II gemessen.

Zeitabschnitt II: Die je vier Aktionspotenziale der Neuronen A und B mit erregenden Synapsen und des Neurons C mit einer hemmenden Synapse bewirken beim Neuron D nur eine schwache Depolarisation, die den Schwellenwert unterschreitet. Damit ist am Neuron D **kein Aktionspotenzial** messbar.

Zeitabschnitt III: Die zwei Aktionspotenziale des Neurons A bewirken beim Neuron D nur eine schwache Depolarisation, die den Schwellenwert unterschreitet. Am Neuron D wird **kein Aktionspotenzial** ausgelöst.

Die neuronale Verrechnung der Impulse erfolgt an dem in Abb. 3 gezeigten Neuron durch eine **Addition** des Inputs der beiden erregenden Synapsen (Neuronen A und B) mit dem Input der hemmenden Synapse (Neuron C).

3.2.2 *Der **Informationstext** zur **Aufgabe 3** enthält mit der Formulierung „blockiert (…) dort die Transmitterübertragung der hemmenden Synapsen“ den entscheidenden **Hinweis** für die Lösung dieser Aufgabe.*

Durch die Zugabe des Neurotoxins Tetanospasmin wird die Transmitterübertragung der **hemmenden Synapsen blockiert**, wodurch die hemmende Wirkung des Neurons C auf das Motoneuron D entfällt. Im Zeitabschnitt II würde durch die Aktionspotenziale der Neurone A und B im Neuron D der Schwellenwert überschritten und an der Messstelle D am Motoneuron wären **zeitlich verzögerte Aktionspotenziale** messbar.

Abitur Biologie (Bayern G8) 2011
Aufgabe B 1: Das Augentierchen

BE

Euglena gracilis, das sogenannte Augentierchen, ist ein im Süßwasser vorkommender Einzeller, der sich mithilfe einer Geißel fortbewegen kann. Augentierchen besitzen zahlreiche Chloroplasten.

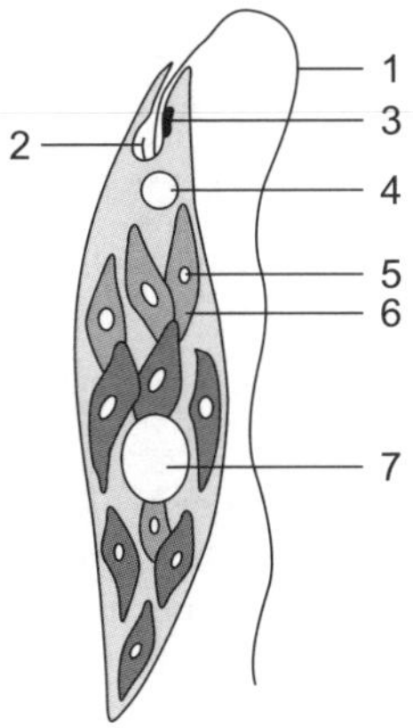

1: Geißel
2: kurze Geißel
3: Augenfleck
4: pulsierendes Bläschen
5: stärkeähnlicher Reservestoff
6: Chloroplast
7: Zellkern

Abb. 1: Zeichnung des lichtmikroskopischen Aufbaus von *Euglena spec.* (© D.G. Mackean)

1 Bei *Euglena gracilis* gibt es Besonderheiten hinsichtlich der Chloroplasten-Physiologie:
Wird *Euglena gracilis* in einem Nährmedium im Dunkeln gezüchtet, so verlieren die Chloroplasten in etwa acht Generationen ihr gesamtes Chlorophyll und ihre Thylakoide. Werden die Augentierchen wieder ans Licht gebracht, so werden, selbst nach einem mehrjährigen Aufenthalt im Dunkeln, die Chloroplasten wieder funktionsfähig.

1.1 Erläutern Sie die ultimaten Ursachen für das Auftreten dieser beiden Ernährungsformen bei *Euglena gracilis*! 4

1.2 Beschreiben Sie unter Mitverwendung einer beschrifteten Skizze die ATP-Bildung an den Thylakoidmembranen mithilfe der chemiosmotischen Theorie! 6

1.3 *Euglena gracilis* zeigt bei Licht eine positive Phototaxis, d. h., sie bewegt sich zum Licht hin. Dies ermöglichen lichtempfindliche Rezeptormoleküle in der Nähe der Geißelbasis.

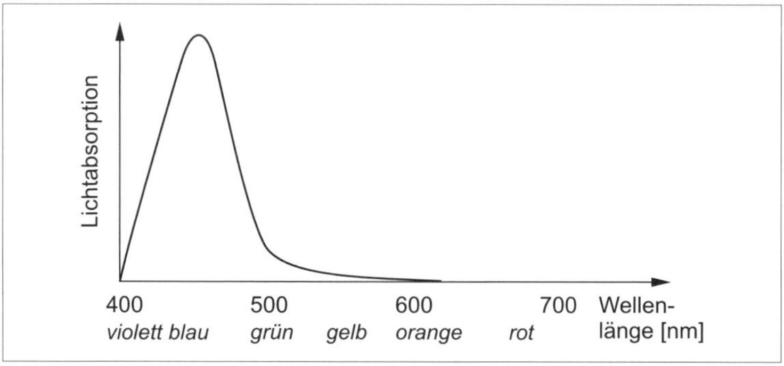

Abb. 2: Absorptionsspektrum der Lichtrezeptormoleküle von *Euglena gracilis* (verändert nach: Rüdiger Wehner, Walter Jakob Gehring: *Zoologie.* Thieme Verlag, Stuttgart 1990, 22. Auflage, S. 604)

Die Eindringtiefe des Lichts in Wasser ist abhängig von der Wellenlänge. Je kleiner die Wellenlänge ist, desto größer ist die Eindringtiefe. Vergleichen Sie den Kurvenverlauf mit dem Absorptionsspektrum von Chlorophyll und begründen Sie, weshalb die Rezeptormoleküle ein Absorptionsmaximum bei 450 nm zeigen! 4

1.4 Neben *Euglena gracilis* treten im Süßwasser auch Photosynthese betreibende Bakterien auf.
Nennen Sie drei Merkmale, in denen sich Bakterien von eukaryotischen Einzellern, wie *Euglena*, unterscheiden! 3

2 Das Enzym RubisCO katalysiert die Kohlenstoffdioxidfixierung in den lichtunabhängigen Reaktionen der Photosynthese. Statt Kohlenstoffdioxid kann RubisCO aber auch Sauerstoff binden (= Oxygenasereaktion), wobei ein anderes Produkt gebildet wird.

2.1 Geben Sie in einem beschrifteten Diagramm die Abhängigkeit der Enzymaktivität von der Temperatur an und erklären Sie den Kurvenverlauf! 6

2.2 Die Oxygenasereaktion von RubisCO tritt mit steigender Temperatur häufiger auf.

2.2.1 In einer Internetquelle findet man folgenden Text zu dieser Thematik: „(…) Außerdem werden bei höheren Temperaturen die Spaltöffnungen des Blattes geschlossen, damit der Wasserverlust der Pflanze in Grenzen gehalten wird. Dies bedeutet, dass auch weniger Kohlenstoffdioxid in die Zellen gelangt, während der lokale Sauerstoff-Gehalt durch Atmungsvorgänge und durch Photolyse [des Wassers] ansteigt.“

(http://de.wikipedia.org/wiki/Photorespiration)

Beurteilen Sie die fachliche Richtigkeit der im Text getroffenen Aussagen und stellen Sie gegebenenfalls falsche Aussagen richtig! 5

2.2.2 Um weitere Ursachen für die Zunahme der Oxygenasereaktion bei steigender Temperatur zu erforschen, wurden die folgenden zwei Messreihen durchgeführt:

Temperatur [°C]	**relative CO_2-Löslichkeit in Wasser**	**relative O_2-Löslichkeit in Wasser**
5	100 %	100 %
15	72 %	80 %
25	53 %	66 %
35	42 %	57 %

Tab.: Kohlenstoffdioxid- und Sauerstofflöslichkeit in Wasser bei unterschiedlichen Temperaturen (verändert nach: C. Bowsher, M. W. Steer, A. K. Tobin: *Plant Biochemistry*. Garland Pub, New York 2008, S. 118)

Zeichnen Sie auf Basis der Wertetabelle ein Diagramm und erläutern Sie anhand dessen eine Ursache für die Zunahme der Oxygenasereaktion mit steigender Temperatur! 6

2.3 Die lichtunabhängigen Reaktionen werden auch als Calvin-Zyklus bezeichnet.
Stellen Sie den zyklischen Charakter der lichtunabhängigen Reaktionen dar und beschreiben Sie die Verknüpfungen mit den Lichtreaktionen der Photosynthese! 6

40

Erwartungshorizont

1.1 *Im Unterschied zu den proximaten Ursachen, den Wirkursachen, werden zur Beantwortung der Aufgabenstellung mit den ultimaten Ursachen nur die Zweckursachen verlangt.*

Bei **Licht** ermöglichen die Chloroplasten dem Einzeller eine **autotrophe** Ernährung durch Fotosynthese. Bei **Dunkelheit** ernährt er sich dagegen **heterotroph** von den im Nährmedium vorhandenen Nährstoffen. Für *Euglena gracilis* ergibt sich dadurch ein **Selektionsvorteil**, da die Ernährungsform an die herrschenden Umweltbedingungen angepasst werden kann. Bei fehlendem Licht ist das Augentierchen heterotroph, bei schlechtem Nährstoffangebot ist Autotrophie möglich.

1.2

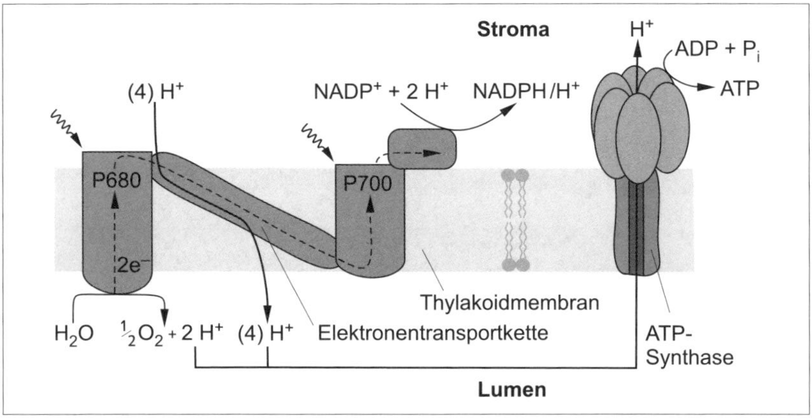

Der Elektronentransport zwischen dem Fotosystem II (P 680) und dem Fotosystem I (P 700) erfolgt über eine Kette von Redoxsystemen. Eines dieser **Redoxsysteme** nimmt die Elektronen auf und bindet dabei gleichzeitig **Protonen** (Wasserstoffionen) aus dem Stroma. Bei der Weitergabe der Elektronen an das nächstfolgende Redoxsystem werden die aufgenommenen Protonen in den Thylakoidinnenraum abgegeben. Durch die stetige Abnahme der Protonen im Stroma erhöht sich dort der pH-Wert und es entsteht eine negative Ladung. Im Thylakoidinnenraum führt die steigende Protonenkonzentration hingegen zu einem niedrigen pH-Wert und einer positiven Ladung. Der Transport geladener Protonen bewirkt also ein **Konzentrationsgefälle** und einen **Spannungsunterschied**. Verstärkt wird der Protonengradient durch die Fotolyse von Wasser im Thylakoidinnenraum, bei der Protonen gebildet werden, und durch die Bildung von $NADPH/H^+$ beim nicht zyklischen Elektronentransport im Stroma, bei dem Protonen gebunden werden.

Der Ausgleich dieser chemischen und elektrischen Potenziale erfolgt über die **ATP-Synthase**, einen in die Thylakoidmembran eingelagerten Enzymkomplex. Der energieliefernde Protonenstrom entlang des Konzentrationsgefälles wird zum Aufbau von **ATP** aus **ADP** und **Phosphat** genutzt.

1.3 Das Absorptionsspektrum der **Lichtrezeptormoleküle** von *Euglena gracilis* zeigt ein Empfindlichkeitsmaximum bei 450 nm und keine Empfindlichkeit bei Wellenlängen über 600 nm. Das Absorptionsspektrum der **Chlorophylle** zeigt im Bereich von 410 bis 470 nm und im Bereich von 650 bis 680 nm jeweils ein Maximum. Im **kurzwelligen** Bereich bei 450 nm liegt also **sowohl** das Maximum der Lichtrezeptormoleküle von *Euglena gracilis* als auch das von Chlorophyll. Beim zweiten Maximum der Chlorophylle im **langwelligen** Bereich zeigen die Lichtrezeptormoleküle des Einzellers jedoch **keine** Empfindlichkeit.

Der Einzeller nutzt nur das kurzwellige Licht zur Orientierung, da dieses tiefer ins Wasser eindringt. Das Augentierchen kann sich dank seiner Rezeptoren dann auf das Licht zubewegen, um optimale Bedingungen für seine Fotosynthese schaffen.

1.4 *Laut Aufgabenstellung ist ausschließlich die **Nennung**, nicht aber eine ausführlichere Beschreibung, von **drei** Unterschieden verlangt.*

- kein echter Zellkern mit DNA, dafür Plasmid
- keine Chloroplasten
- keine Organellen mit Membranhülle
- unterschiedliche Proteinzusammensetzung der Membran
- unterschiedliche Art und Größe der Ribosomen

2.1

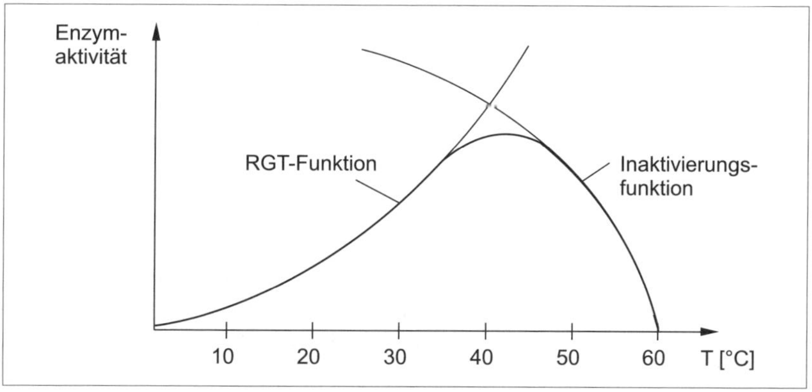

Nach der **RGT-Regel** verdoppelt bis verdreifacht sich bei einem Temperaturanstieg um 10 °C die Reaktionsgeschwindigkeit bei chemischen Reaktionen. Ab einer bestimmten Temperatur wird bei von einem Enzym katalysierten Reaktionen ein Maximum erreicht, da ab diesem Punkt die **Hitzedenaturierung** der Enzymproteine einsetzt. Die die Tertiärstruktur stabilisierenden Wechselwirkungen und Bindungen werden zerstört, es kommt zu einer Konformationsänderung und die Bindung des Substrats am aktiven Zentrum ist nicht mehr möglich. Das Enzym ist inaktiv und kann die Reaktion nicht mehr katalysieren.

2.2.1 *Bei dieser Aufgabenstellung bietet sich die Bearbeitung in Form einer Tabelle an.*

Korrekt
– Schließen der Spaltöffnung bei höheren Temperaturen – bei geschlossenen Spaltöffnungen gelangt weniger CO_2 in die Zelle – lokaler Sauerstoffgehalt steigt durch Fotolyse des Wassers an

Falsch
lokaler Sauerstoffgehalt steigt durch Atmung an ⇒ Korrektur: Durch Atmung wird Sauerstoffgehalt verringert

2.2.2

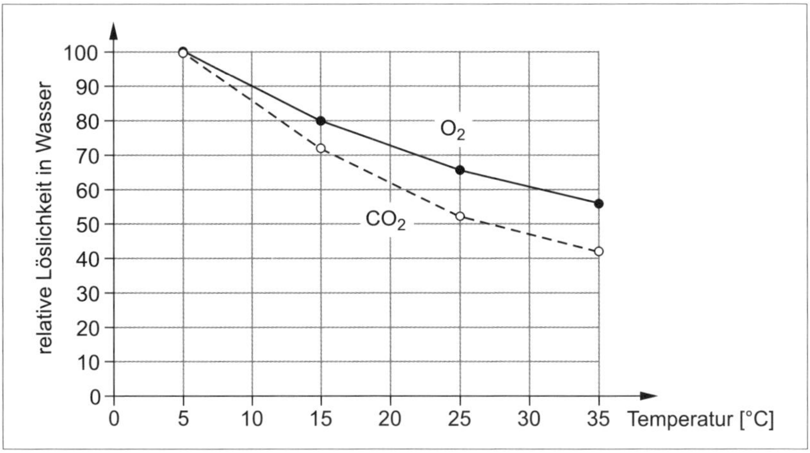

Bei ansteigender Außentemperatur sinkt die relative Löslichkeit beider Gase in Wasser. Die Löslichkeit von Kohlenstoffdioxid sinkt jedoch **stärker** als die von Sauerstoff, wodurch sich das Verhältnis der Gase in **Richtung des Sauerstoffs** verschiebt. Bei erhöhter Temperatur nehmen Atmungsvorgänge der Pflanze zu und es findet vermehrt die Oxygenasereaktion von RubisCo statt.

2.3 *Laut Aufgabenstellung soll der zyklische Charakter der lichtunabhängigen Reaktion dargestellt werden. Am einfachsten funktioniert dies mittels einer Skizze des Calvin-Zyklus.*

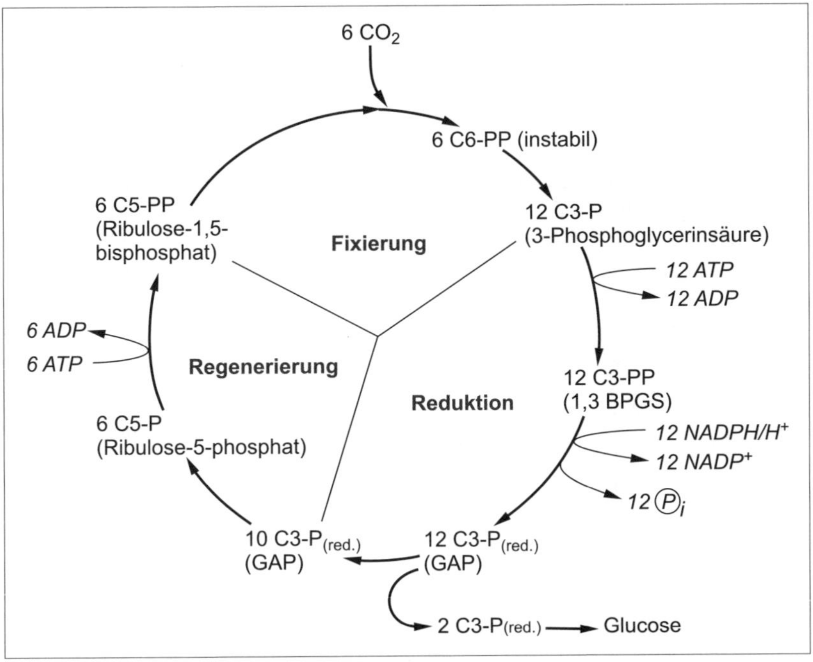

Die Verknüpfung des Calvin-Zyklus (Dunkelreaktion) mit der Lichtreaktion stellen die Verbindungen ATP und NADPH/H^+ dar. Beide Stoffe werden in der Lichtreaktion gebildet und für den Ablauf der Dunkelreaktion benötigt. ADP + P_i bzw. $NAPD^+$ werden anschließend wieder der Lichtreaktion zur Verfügung gestellt.

Abitur Biologie (Bayern G8) 2011
Aufgabe B 2: Bananen – Vitamine aus Übersee

BE

Bananen zählen bei den Verbrauchern zu den beliebtesten Früchten. Die Hauptanbaugebiete liegen in Lateinamerika und Indien.
Für den langen Transport nach Europa werden die Früchte unreif geerntet und auf Kühlcontainer-Schiffe verladen, wo die Bananen langsam nachreifen. Der natürliche Reifungsprozess geht einher mit dem aeroben Abbau von Kohlenhydraten im Fruchtfleisch der Bananen. Eine entscheidende Rolle spielt dabei das von den Bananen selbst produzierte Gas Ethen. In einem Experiment wurden die Ethenkonzentration und die Kohlenstoffdioxid-Produktionsrate kontinuierlich gemessen.

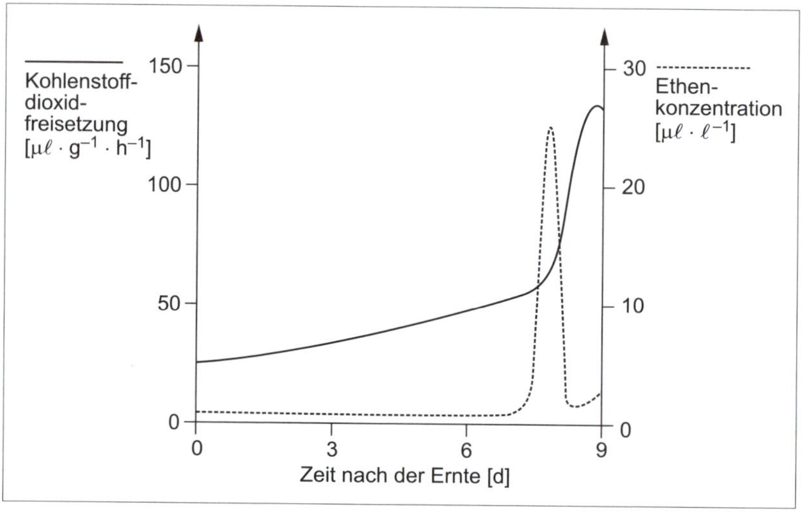

Abb. 1: Ethenkonzentration und Kohlenstoffdioxidfreisetzung in unterschiedlich langen Zeiträumen nach der Ernte (http://plantphys.info/plant_physiology/ethylene.shtml)

1.1 Formulieren Sie unter Berücksichtigung der Energieäquivalente die Bruttogleichung für den aeroben Abbau von Glucose! 3

1.2 Stellen Sie eine Hypothese auf, die den Zusammenhang zwischen der Ethenkonzentration und der freigesetzten Kohlenstoffdioxidmenge sowie den Einfluss von Ethen auf den Fruchtreifungsprozess erklärt! 5

1.3 Abbildung 2 zeigt die Lagerbedingungen für Bananen auf Kühlcontainer-Schiffen während des Transports.

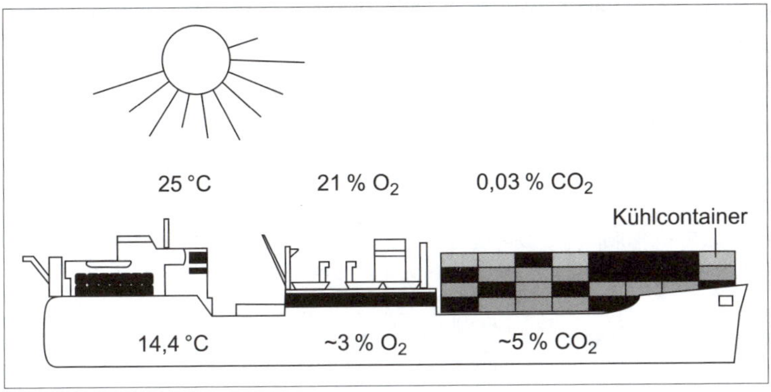

Abb. 2: Bedingungen während des Bananentransports

Erläutern Sie, wie sich die Wahl von Temperatur und Sauerstoffgehalt während des Transports auf den Prozess der Fruchtreifung auswirkt! 5

2 Ethen wird von den Zellen der Bananenfrüchte in mehreren enzymatisch katalysierten Schritten aus der Aminosäure Methionin gebildet:

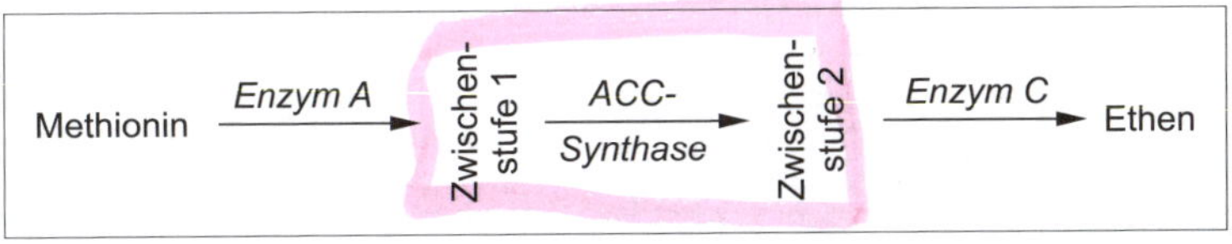

Abb. 3: Biosynthese von Ethen
(basierend auf: http://www.biologie.uni-hamburg.de/b-online/d31/31g.htm)

Der entscheidende Schritt ist dabei die Reaktion von Zwischenstufe 1 zu Zwischenstufe 2, die durch das Enzym ACC-Synthase katalysiert wird. Zur Kontrolle des Reifungsprozesses von Früchten bedient man sich auch molekularbiologischer Methoden.

2.1 Um den Fruchtreifungsprozess bei Bananen zu beeinflussen, wird diskutiert, ein Antisense-Gen zum Gen für die ACC-Synthase in das Genom der Zelle einzubauen. Folgende Abbildung zeigt schematisch den prinzipiellen Ablauf dieser Technik.

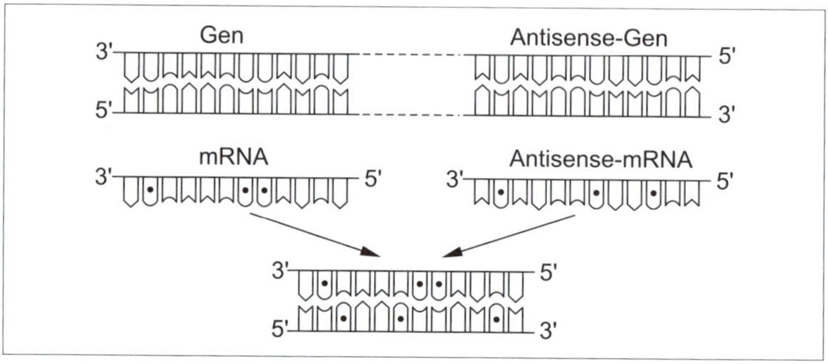

Abb. 4: Prinzip der Antisense-Technik

Erläutern Sie unter Verwendung der Abbildung 4 die Auswirkung des eingebauten Antisense-Gens auf den Fruchtreifungsprozess! 8

2.2 Aminoethoxyvinylglycin (= AVG) ähnelt in seinem räumlichen Bau der Zwischenstufe 1. Untersucht man die Enzymaktivität der ACC-Synthase in Gegenwart (Ansatz 1) bzw. Abwesenheit (Ansatz 2) von AVG, so ergibt sich folgender Zusammenhang:

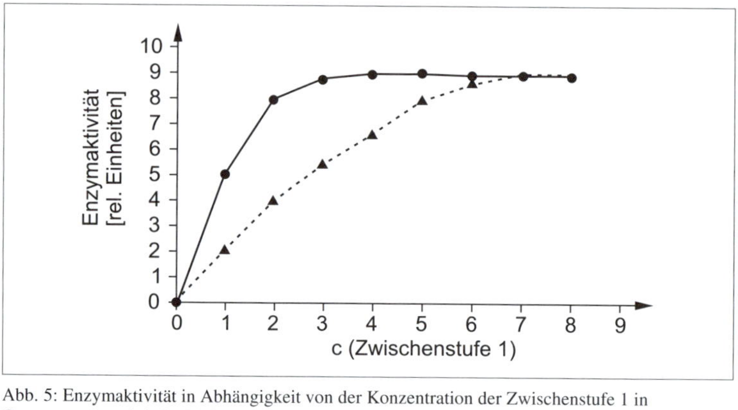

Abb. 5: Enzymaktivität in Abhängigkeit von der Konzentration der Zwischenstufe 1 in Gegenwart (gestrichelte Linie) bzw. Abwesenheit (durchgezogene Linie) von AVG (verändert nach: H. Hyodo, K. Tanaka: *Inhibition of 1-Aminocyclopropane-1-carboxylic Acid Synthase Activity by Polyamines, Their Related Compounds and Metabolites of S-adenosylmethionine.* Plant Cell Physiol, 27 (3), 1986, S. 391–393)

Leiten Sie mithilfe des Diagramms ab, wie AVG auf die Enzymaktivität der ACC-Synthase wirkt und damit den Fruchtreifungsprozess beeinflussen könnte! 6

3 Bananenplantagen sind sehr empfindlich gegenüber Pilz-Infektionen. So vernichtete in den 50er-Jahren ein Pilz der Gattung *Fusarium* alle Bananenpflanzen der Sorte „Gros Michel" weltweit. Seit etwa 30 Jahren breitet sich der Schad-Pilz „Black Sigatoka" *(Mycosphaerella fijiensis)* seit seinem ersten Auftreten in Honduras in fast allen Bananen-Anbauregionen stark aus und zerstört bis zur Hälfte der Ernte. Eine weitere Schwierigkeit besteht darin, dass sich alle kultivierten Bananenpflanzen nur ungeschlechtlich über Schösslinge vermehren lassen, die aus unterirdischen Teilen des Sprosses treiben.

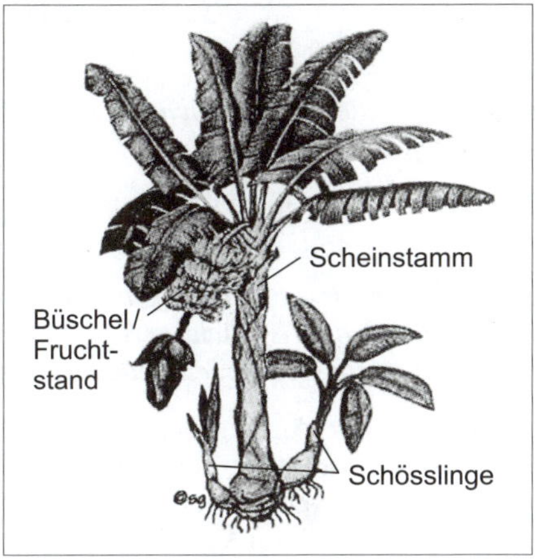

(© Stefanie Goldscheider, www.biothemen.de)

3.1 Geben Sie aus evolutionsbiologischer Sicht je einen Vorteil der ungeschlechtlichen und der geschlechtlichen Fortpflanzung begründet an! 4

3.2 Erklären Sie aus genetischer und ökologischer Sicht, warum Kulturbananenpflanzen in Plantagen so empfindlich gegenüber Pilz-Infektionen sind! 4

3.3 In den tropischen Wäldern Südostasiens findet man viele Wildformen der Banane. Erklären Sie aus ökonomischer Sicht, warum der Erhalt dieser Wälder für den weltweiten Bananenanbau wichtig ist! Beurteilen Sie, ob es möglich ist, Merkmale der Wildformen der Banane in die angebauten Sorten durch konventionelle Kreuzungsexperimente einzukreuzen! 5

40

Erwartungshorizont

1.1 *Verlangt ist die Bruttogleichung der Zellatmung unter Berücksichtigung der* ***Energieäquivalente****.*

$$C_6H_{12}O_6 + 6\ O_2 + 38\ ADP + 38\ P_i \longrightarrow 6\ CO_2 + 6\ H_2O + 38\ ATP$$

1.2 *Es ist nur eine Hypothese aufzustellen. Eine Begründung unter konkretem Bezug auf die Grafik ist nicht verlangt. Wichtiger ist es, die* ***Hinweise*** *über den Fruchtreifungsprozess im* ***einleitenden Text*** *zu beachten.*

Ein sprunghafter Anstieg der Ethenproduktion bewirkt eine deutlich erhöhte Kohlenstoffdioxidfreisetzung. Dies lässt sich dadurch erklären, dass der von der Ethenkonzentration beeinflusste Fruchtreifungsprozess mit einem verstärkten aeroben Abbau von Kohlenhydraten einhergeht.

1.3 *In der Aufgabenstellung bleibt der äußere Faktor „Kohlenstoffdioxid-Konzentration" unberücksichtigt. Sie sollen lediglich auf die Sauerstoffkonzentration und die Temperatur eingehen.*

Äußerer Faktor **Temperatur**: Auf den Kühlcontainer-Schiffen herrscht eine um etwa 10 °C **geringere** Temperatur als außerhalb. Da die Geschwindigkeit chemischer Reaktionen nach der **RGT-Regel** temperaturabhängig ist, laufen alle **Stoffwechselschritte verlangsamt** ab.
Äußerer Faktor **Sauerstoff**: Auf den Kühlcontainer-Schiffen ist der Sauerstoffgehalt gegenüber außerhalb deutlich **niedriger**. Damit steht für den aeroben Kohlenhydratabbau ein wichtiger Reaktionspartner nur in geringer Konzentration zur Verfügung und die **Zellatmung** läuft **verlangsamt** ab.
Die Wahl der Transportbedingungen bezüglich der Temperatur und des Sauerstoffgehalts **verlangsamen den Reifungsprozess der Bananen**.

2.1 *In diesem Fall wird bei der „Antisense-Technik" eine zu dem Gen, das für die ACC-Synthase codiert, komplementäre und gegensinnige Genkopie in das Genom der Banane eingebaut. Dadurch werden, wie aus der* ***Abbildung 4*** *ersichtlich ist, der codogene und der Code-Strang des Gens in mRNS transkribiert.*

Bei der **Transkription** wird der codogene Strang der DNA durch die RNA-Polymerase in 3' → 5'-Richtung abgelesen und der mRNA-Strang (Code-Strang) gebildet. Da sowohl das Gen als auch das Antisense-Gen transkribiert werden, werden **zwei mRNAs** gebildet, die komplementär zueinander sind. Durch **komplementäre Basenpaarung** bildet sich eine **doppelsträngige mRNA** (= Hybridisierung), die anschließend an den Ribosomen im Zytoplasma **nicht abgelesen** werden kann. Dadurch findet keine Translation statt und das Enzym ACC-Synthase wird **nicht produziert**.

*Um die Aufgabenstellung komplett zu bearbeiten, ist es nötig, die Informationen aus Text und Abbildung in der **Aufgabe 2** zu verwenden.*

Das **Fehlen der ACC-Synthase** hat Auswirkungen auf die Ethenproduktion, da die Abfolge der dazu nötigen Stoffwechselschritte unterbrochen wird. Der Schritt von der Zwischenstufe 1 zur Zwischenstufe 2 wird **nicht mehr katalysiert** und damit wird **kein Ethen** gebildet. Dies führt wiederum dazu, dass die **Fruchtreifung unterbleibt**.

2.2 *Die Beantwortung der Aufgabe muss zwar unter Bezug auf das Diagramm erfolgen, jedoch gibt die **Formulierung** „ähnelt in seinem räumlichen Bau" in der Aufgabenstellung bereits einen wertvollen **Hinweis**.*

AVG hemmt die Aktivität der ACC-Synthase **kompetitiv**, weil dieselbe maximale Enzymaktivität unter An- und Abwesenheit des Hemmstoffs erreicht wird und weil AVG und die Zwischenstufe I sich in ihrem Aufbau sehr ähnlich sind. AVG kann das aktive Zentrum der ACC-Synthase blockieren und verringert somit die Enzymaktivität. Erst bei höheren (Substrat-)Konzentrationen der Zwischenstufe 1 wird AVG wieder verdrängt. Dadurch wird $\mathbf{v_{max}}$ der ACC-Enzymaktivität **erst bei höherer Substratkonzentration** erreicht.
Wenn die ACC-Synthase-Aktivität aufgrund der Anwesenheit von AVG geringer ist, wird weniger Ethen produziert und damit wird die **Fruchtreifung verlangsamt**.

3.1 *Aus evolutionsbiologischer Sicht ist die genetische Variabilität innerhalb einer Population die entscheidende Voraussetzung dafür, dass Selektion stattfinden kann.*

Durch **Rekombinationsvorgänge** bei der Meiose (Crossing-over, zufällige Chromosomenverteilung) und bei der Befruchtung (zufälliges Zusammentreffen der Keimzellen) ist die genetische Variabilität der Nachkommen bei der **geschlechtlichen Fortpflanzung** erhöht. Bei sich ändernden Umweltbedingungen können die zufällig entstandenen Genkombinationen **Selektionsvorteile** für die Organismen einer Population bieten.
Mitotische Teilungsvorgänge bei der **ungeschlechtlichen Fortpflanzung** führen zu genetisch **identischen Zellen**. Dadurch ist bei gleichbleibenden Umweltbedingungen eine **rasche Vermehrung** der optimal angepassten Organismen einer Population möglich.

Genetische Variabilität ist bei der ungeschlechtlichen Vermehrung ausschließlich durch relativ seltene Neumutationen möglich.

3.2 *Der **Aufgabentext 3** enthält mit der **Formulierung** „nur ungeschlechtlich" den entscheidenden **Hinweis** für die Erklärung aus genetischer Sicht.*

Aus **genetischer Sicht** erklärt sich die Empfindlichkeit der Pflanzen gegenüber Pilzinfektionen durch die ausschließlich **ungeschlechtliche** Vermehrung der Kulturbanane über Schösslinge. Die Nachkommen sind alle genetisch identisch. Die **genetische Variabilität** innerhalb der Population ist sehr **gering und** Resistenzen gegenüber den Schadpilzen können ausschließlich durch Neumutationen entstehen.
Aus **ökologischer Sicht** erklärt sich die Empfindlichkeit gegenüber Pilzinfektionen durch den Anbau auf den Plantagen in **Monokultur**. Bei dieser Anbauform ist auf einer großen Fläche nur eine Bananensorte zu finden, wobei die einzelnen Individuen sehr nah beieinander angepflanzt werden. Dadurch ist eine **rasche Ausbreitung** der Schadpilze durch die **Infektion** von Nachbarpflanzen möglich.

3.3 *Erneut hilft der Hinweis „nur ungeschlechtlich" im **Aufgabentext 3** bei der Lösung der Aufgabe weiter.*

Die Wildformen **erweitern den Genpool** der Bananenpflanzen und dienen damit als **genetische Ressource**. Mithilfe gentechnologischer Methoden könnten fremde Erbinformationen in das Genom der Kulturbananen eingeschleust werden, z. B. vorhandene Resistenzgene gegen Pilzinfektionen und Schädlingsbekämpfungsmittel oder andere Gene für ökonomisch interessante Merkmale wie Geschmack, Fruchtgröße und -farbe.
Ein konventionelles Einkreuzen der gewünschten Merkmale ist **nicht möglich**, da sich die Kulturbanane ausschließlich ungeschlechtlich fortpflanzt.

BE

Mitochondrien werden als „Kraftwerke“ der Zellen bezeichnet. Sie verfügen über ein eigenes Genom, die sogenannte mt-DNA. Da bei der Befruchtung die Mitochondrien des Spermiums von der Eizelle zerstört werden, besitzt die Zygote ausschließlich mütterliche Mitochondrien bzw. mütterliche mt-DNA.

1 Fertigen Sie eine beschriftete Skizze des elektronenmikroskopischen Aufbaus eines Mitochondriums an! 6

2 Die ringförmige DNA der menschlichen Mitochondrien (= mt-DNA) besteht aus 16 569 bp (Basenpaaren) und beinhaltet 37 Gene, von denen die meisten für Enzyme des aeroben Glucoseabbaus oder für Strukturproteine codieren. Es sind Krankheitsbilder wie z. B. das Leigh-Syndrom bekannt, deren Auslöser Punktmutationen auf der mt-DNA sind.

2.1 Definieren Sie den Begriff Punktmutation und beschreiben Sie allgemein zwei mögliche Konsequenzen für das codierte Protein! 5

2.2 Eine der häufigsten Mutationen beim Leigh-Syndrom führt zu einem Austausch der Aminosäure Leucin gegen Arginin in einem mitochondrialen Protein. Die Folge ist eine verminderte ATP-Synthese.

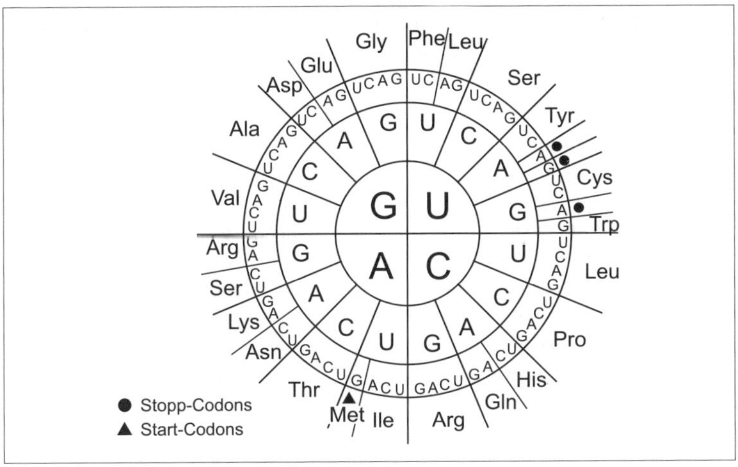

Abb. 1: Code-Sonne (Leserichtung von innen nach außen).

Erläutern Sie mithilfe der Code-Sonne die Entstehung dieses Aminosäurenaustausches! 4

2.3 Beim Leigh-Syndrom liegt eine Störung des mitochondrialen Energiestoffwechsels vor. Mögliche Symptome für diese Erkrankung sind Muskelschwäche oder Atemlähmung. Der folgende Stammbaumausschnitt wurde bei einer Familienberatung erstellt. Das Ehepaar (Personen Nr. 1 und Nr. 2) möchte erfahren, mit welcher Wahrscheinlichkeit ein mögliches Kind am Leigh-Syndrom erkrankt.

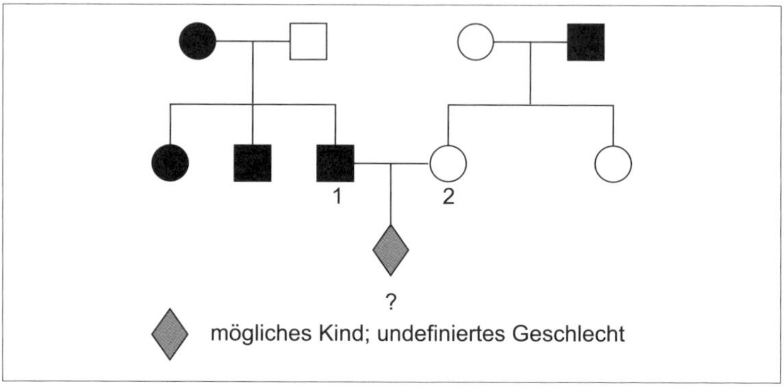

Abb. 2: Stammbaum einer Familie mit Leigh-Syndrom.

Leiten Sie unter Bezugnahme auf die gegebenen Informationen ab, mit welcher Wahrscheinlichkeit das Kind des Ehepaares am Leigh-Syndrom erkranken würde! 6

2.4 Funktionsstörungen der Mitochondrien betreffen auch die Muskelzellen. Besteht der Verdacht auf eine solche mitochondriale Funktionsstörung, wird der Lactat-Wert im Blut bestimmt. (Lactat = Anion der Milchsäure)
Begründen Sie diese Diagnose-Empfehlung! 6

3 Zur Aufklärung von Verbrechen kann bei molekularbiologischen Untersuchungen statt der DNA aus Zellkernen (Kern-DNA) auch mitochondriale DNA herangezogen werden. Dies ist nötig, wenn die Kern-DNA im Untersuchungsmaterial bereits stark abgebaut oder nur in sehr geringen Mengen vorhanden ist. Die am Tatort gefundenen DNA-Fragmente werden mithilfe der Polymerase-Ketten-Reaktion (PCR) zunächst vervielfältigt, um sie später aussagekräftig auswerten zu können.
Beschreiben Sie mithilfe eines beschrifteten Ablaufschemas die PCR-Methode! 7

4 Der Ursprung des modernen Menschen ist nach wie vor ein in der Wissenschaft intensiv diskutiertes Thema. Aus der Untersuchung der mt-DNA innerhalb der Bevölkerung verschiedener Kontinente erhoffen sich Forscher einen Aufschluss über den geographischen Ursprung des *Homo sapiens*.
In der unten angegebenen Tabelle sind die Unterschiede der mt-DNA innerhalb der Bevölkerung verschiedener Kontinente dargestellt.

Bevölkerung	**mt-DNA-Unterschiede [%]**
Afrika	0,47
Asien	0,35
Australien	0,25
Europa	0,23

Tab.: Variabilität der mt-DNA innerhalb der Bevölkerung verschiedener Kontinente (C. Stöckle: *Auf der Suche nach dem verlorenen Paradies.* Unterricht Biologie, Friedrich Verlag, Velber, Bd. 185, Juni 1993, S. 49)

Erstellen Sie auf Grundlage dieser Daten eine begründete Hypothese zum geographischen Ursprung und zur Ausbreitung des *Homo sapiens*! Achten Sie bei Ihren Ausführungen darauf, dass folgende Voraussetzungen für die Werte in der Tabelle gelten sollen:

a) Die Geschwindigkeit, mit der Sequenzunterschiede entstehen, ist in den betrachteten Bevölkerungen gleich.
b) Die Sequenzunterschiede sind „selektionsneutral“, d. h., sie sind weder von Vor- noch von Nachteil für den Merkmalsträger für die Lebensumstände. 6

40

Erwartungshorizont

1

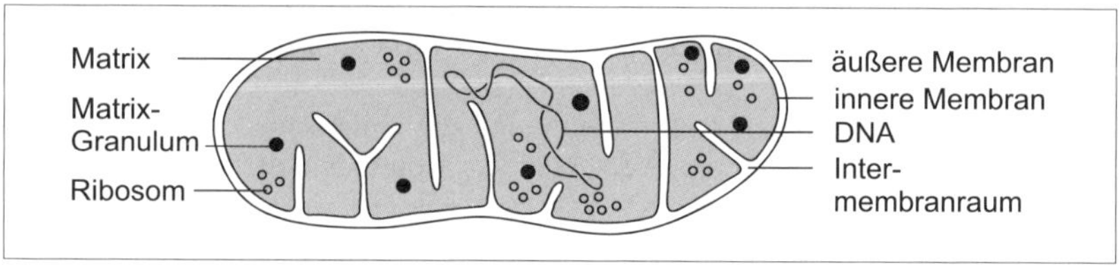

2.1 *Eine Punktmutation ist eine genetische Veränderung, bei der nur eine Nukleinbase betroffen ist. Der Begriff „Punktmutation" wird in der Literatur unterschiedlich definiert und oftmals synonym zum Begriff „Basensubstitution" verwendet. Eine Punktmutation ist aber im eigentlichen Sinne die Veränderung einer Nukleinbase, d. h. nicht nur eine Substitution, sondern beispielsweise auch eine Deletion, Inversion, Duplikation und Translokation. Da der Aufgabentext jedoch nur die Bearbeitung von zwei Möglichkeiten verlangt, geht der Lösungstext nur auf die drei gängigen Möglichkeiten der Basensubstitution ein.*

Eine Punktmutation ist eine Genmutation, bei der nur eine Nukleinbase der DNA verändert wird.
Stumme Mutationen verändern die betroffene Nukleinbase so, dass das mutierte Triplett noch dieselbe Aminosäure codiert. Bei dieser Mutationsart ergeben sich keine Folgen für das codierte Protein.
Missense-Mutationen führen zu einer veränderten Aminosäuresequenz, da das Triplett für eine andere als die ursprüngliche Aminosäure codiert. Der Austausch der Aminosäure in der Primärstruktur kann zur Folge haben, dass auch in höheren Strukturebenen Veränderungen eintreten und so die **Funktion des Proteins beeinträchtigt** wird.
Nonsense-Mutationen führen zu einem Abbruch der Translation, da das veränderte Triplett als Stoppcodon fungiert. Dies bedeutet einen frühzeitigen Abbruch der Translation, das entstehende Protein ist zu kurz und **funktionslos** oder zumindest **funktional beträchtlich eingeschränkt**.

2.2 *Da der genetische Code degeneriert ist, gibt es für die beiden Aminosäuren Leucin und Arginin mehrere mögliche Triplett-Codons, die sich vor allem durch unterschiedliche Basen an der dritten Stelle des Codons unterscheiden. Beispielsweise wird*
- *Leucin durch 1) UUA oder UUG und 2) durch CU U/C/A oder G*
- *Arginin durch 1) AGG oder AGA und 2) durch CG U/C/A oder G*

codiert. Der Vergleich der beiden Möglichkeiten ergibt, dass nur eine Mutation im Fall 2) infrage kommt.

Die Code-Sonne gibt die Basenabfolge in der mRNA an, indem man diese von innen (5'-Ende) nach außen (3'-Ende) abliest.
mRNA (Leucin): 5'–**CU** U/C/A oder G–3'
mRNA (Arginin): 5'–**CG** U/C/A oder G–3'

Da die Punktmutation als Genmutation die Basensequenz der DNA verändert, kann entweder der Code-Strang oder der codogene Strang angegeben werden.

Anstelle der Basensequenz 3'–**CT** T/C/A oder G–5' im Code-Strang liegt beim Leigh-Syndrom die Basensequenz 3'–**CG** T/C/A oder G–5' im Code-Strang vor.

2.3 *Bei dieser Aufgabenstellung ist es wichtig, dass nicht nur der abgebildete Stammbaum als die „gegebenen Informationen" angesehen wird. Entscheidend ist der **Hinweis** „ausschließlich mütterliche Mitochondrien" im **einleitenden Text** der Aufgabe C 1.*

Der Vater 1 ist zwar am Leigh-Syndrom erkrankt, vererbt aber keine mt-DNA. Die Mutter 2, deren mt-DNA vererbt wird, ist keine Merkmalsträgerin. In ihrer mt-DNA liegt die beschriebene Punktmutation nicht vor. Die Wahrscheinlichkeit, dass ein Kind am Leigh-Syndrom erkranken wird, liegt deshalb bei 0 %.

Da die mt-DNA ausschließlich über mütterliche Mitochondrien vererbt wird, ist die Unterscheidung zwischen einem dominant-rezessiven bzw. autosomal-gonosomalen Erbgang unnötig. Die Person 1 und alle ihre Geschwister sind am Leigh-Syndrom erkrankt, da ihre Mutter krank ist. Leidet jedoch der Vater an der Erbkrankheit, so sind die Person 2 und ihre Schwester nicht betroffen.

2.4 *Die Energiebereitstellung erfolgt bei Eukaryoten hauptsächlich aerob durch Zellatmung in den Mitochondrien. Dabei werden energiereiche, organische Bausteine zu energieärmeren Verbindungen abgebaut. Einige Lebewesen haben durch Gärungsvorgänge auch unter anaeroben Bedingungen die Möglichkeit zur Energiegewinnung. Der Nachteil besteht jedoch darin, dass die Energieausbeute wesentlich geringer ist. Deshalb müssen größere Mengen an energiereichen, organischen Bausteinen abgebaut werden, wobei große Mengen an Stoffwechselendprodukten anfallen, wie etwa Laktat.*

Die Mitochondrien fungieren als „Kraftwerke" der Zellen und stellen bei der Zellatmung ATP her. Eine Funktionsstörung führt deswegen zu einer verminderten ATP-Bildung beim aeroben Stoffwechsel. Da die Muskelzellen jedoch große Mengen an ATP benötigen, findet dann verstärkt anaerober Abbau statt. Als Endprodukt der Milchsäuregärung reichert sich Laktat an.

3 *Die Polymerase-Kettenreaktion (PCR) ist ein Verfahren zur schnellen Vervielfältigung von DNA. Die zu vervielfältigende doppelsträngige DNA befindet sich in einer Lösung, zu der eine hitzebeständige DNA-Polymerase (Taq-Polymerase), die einzelnen Nukleotide und Primer hinzugefügt werden. Diese sind komplementär zu den Enden des zu vervielfältigenden DNA-Abschnitts.*

- Die Lösung muss erhitzt werden, damit sich die DNA-Doppelstränge durch Auflösung der Wasserstoffbrückenbindungen voneinander trennen (Denaturierung).
- Die Lösung wird abgekühlt, hierbei binden die Primer über Wasserstoffbrückenbindungen an die zu vervielfältigende DNA (Hybridisierung). Es sind zwei Primer nötig, einer für jeden Strang.

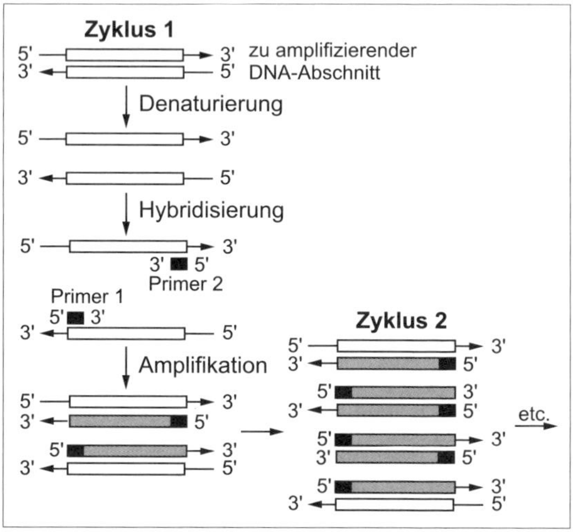

- Die DNA-Polymerase verlängert die Primer durch Anknüpfen komplementärer Nukleotide. Die Originalstränge dienen hierbei als Matrizen.
- Das zu vermehrende DNA-Stück wird pro Zyklus verdoppelt (Amplifikation).
- Mehrere Zyklen werden nacheinander durchlaufen, bis die gewünschte Menge DNA hergestellt wurde.

4 Die Unterschiede bei der mt-DNA sind innerhalb der Bevölkerungen Australiens und Europas annähernd gleich und am geringsten. Innerhalb der afrikanischen Bevölkerung sind sie am größten, die asiatische Bevölkerung besitzt eine mittlere genetische Variabilität bezüglich der mt-DNA.

Die Geschwindigkeit, mit der Sequenzunterschiede entstehen, ist in allen Bevölkerungen gleich. Das bedeutet, dass **in Afrika der längste Zeitraum für Mutationen** zur Verfügung stand. Deshalb muss der Ursprung des modernen Menschen in Afrika liegen (Out-of-Africa-Hypothese) und die Ausbreitung des Menschen führte vermutlich über Asien nach Australien und nach Europa.

Abitur Biologie (Bayern G8) 2011
Aufgabe C 2: Milch als Nahrungsmittel

BE

Säugetiere ernähren ihre Jungen mit Milch, die in speziellen Milchdrüsen gebildet und meist über Zitzen abgegeben wird. Einige Wiederkäuer werden von Menschen als Nutztiere gehalten, da ihre Milch auch als Nahrung genutzt werden kann.

1 An Galaktosämie erkrankte Menschen können den mit der Muttermilch zugeführten Milchzuckerbestandteil Galaktose aufgrund eines Enzymmangels nicht in Glucose umwandeln. Die dadurch bedingte Anreicherung von Galaktose im Blut führt zu schweren Stoffwechselstörungen und letztlich zu Schädigungen von Leber und Gehirn.
Die folgende Abbildung zeigt den Stammbaum einer Familie, in der Galaktosämie auftritt:

1.1 Leiten Sie anhand des Stammbaums den Erbgang der Galaktosämie ab und schließen Sie hier nicht zutreffende Erbgänge begründet aus!
Geben Sie alle möglichen Genotypen der Personen 1–4 und 7–9 an! 6

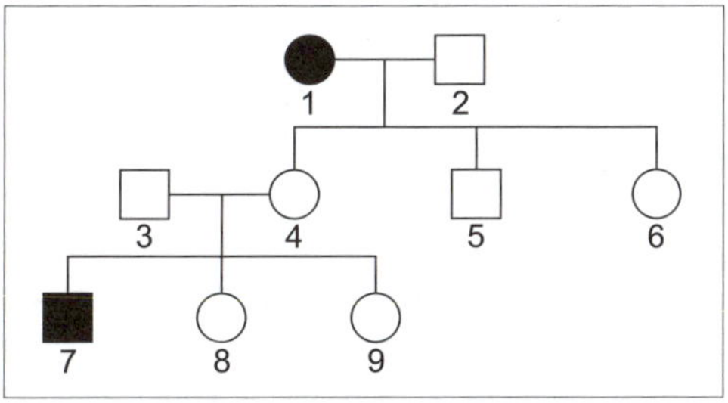

Abb. 1: Stammbaum einer Familie, in der Galaktosämie auftritt.

1.2 Den drei Geschwistern 7–9 aus obigem Stammbaum wurde jeweils kurz nach ihrer Geburt eine identische Menge Galaktose verabreicht. Nach einem genau festgelegten Zeitpunkt t wurde der Galaktose-Gehalt in deren Blut ermittelt (s. Abb. 2).

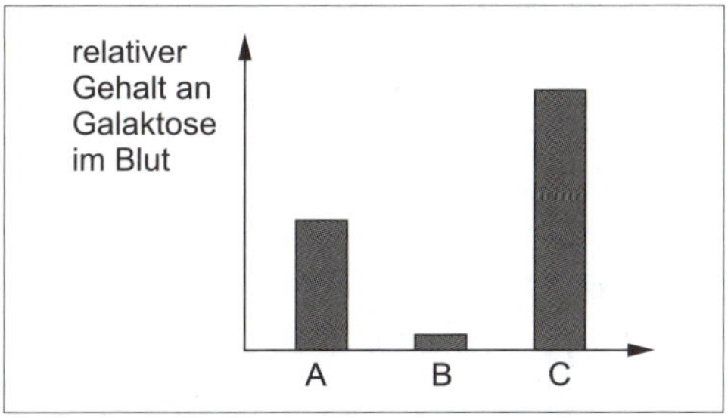

Abb. 2: Relativer Gehalt an Galaktose im Blut der Testpersonen.

Ordnen Sie den Messwerten A, B und C – soweit möglich – die entsprechenden Personen 7–9 aus dem Stammbaum (Abb. 1) zu und erläutern Sie den Zusammenhang zwischen dem Galaktose-Gehalt im Blut und den Genotypen der drei Geschwister! 6

2 Aus dem Labmagen junger Wiederkäuer lässt sich das Enzym Chymosin gewinnen. In Gegenwart dieses Enzyms, das v. a. in der Käseherstellung verwendet wird, wird das Eiweiß Casein aus der Milch ausgefällt.

2.1 Folgende DNA-Sequenz zeigt einen Ausschnitt aus dem Chymosin-Gen (codogener Strang) von der Base Nummer 355 bis Base 366:
DNA: 3' … TTA CTG TAG TGG … 5'

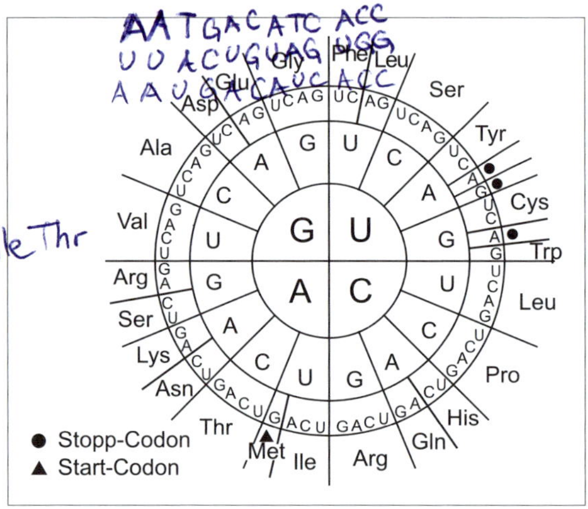

Abb. 1: Code-Sonne (Leserichtung von innen nach außen).

Leiten Sie unter Angabe der entsprechenden mRNA-Sequenz die Aminosäuresequenz ab, die vom angegebenen Genausschnitt codiert wird! 5

2.2 Eine bekannte Mutation des Chymosin-Gens durch einen Basenaustausch an Stelle 358 führt zu einem veränderten Protein. Vergleicht man die Enzymaktivität dieser beiden Chymosine, so ergibt sich folgender Zusammenhang:

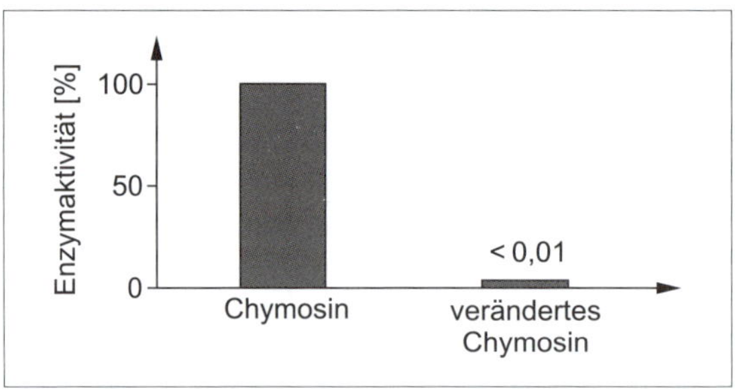

Abb. 4: Relative Enzymaktivität von Chymosin und des veränderten Chymosins (verändert nach: Georg Löffler, Petro E. Petrides: *Biochemie und Pathobiochemie.* Springer-Verlag, Heidelberg 2007, 8. Aufl., S. 120 f.)

Erklären Sie mithilfe einer beschrifteten Skizze die unterschiedliche Enzymaktivität der beiden Chymosine auf Basis einer allgemeinen Modellvorstellung zur Wirkungsweise von Enzymen! 7

2.3 Für die Käseherstellung wird auch ein gentechnisch hergestelltes Chymosin mit dem Namen „Chymogen“ als Lab-Ersatzstoff verwendet. Dieses Enzym wird durch Bakterien *(Escherichia coli)*, die ein Hybridplasmid mit dem „Chymogen“-Gen enthalten, produziert.
Beschreiben Sie mithilfe beschrifteter Skizzen eine Methode zur Herstellung von Hybridplasmiden! 6

3 Bei erwachsenen Personen mit genetisch bedingter Lactose-Intoleranz kommt es nach dem Konsum von Milch oder Milchprodukten zu Bauchkrämpfen, Übelkeit oder Durchfällen. Folgende Tabelle gibt eine Übersicht über die Verbreitung der Lactose-Toleranz in verschiedenen Regionen der Erde.

Region	**Anteil der lactose-toleranten Personen in der Bevölkerung [%]**	**Tradition der Milchwirtschaft in den jeweiligen Kulturen**
Südostasien	2	kurz
Südamerika	25	mittel
Mitteleuropa	85	lang

Tab.: Verbreitung der Lactose-Toleranz in verschiedenen Regionen der Erde

Begründen Sie aus evolutionsbiologischer Sicht den Zusammenhang zwischen dem Anteil der lactose-toleranten Personen einer Bevölkerung und der Dauer der Milchwirtschafts-Tradition in den verschiedenen Gruppen! 6

4 Käse ist ein wichtiges Nahrungsmittel für den Menschen und besteht hauptsächlich aus Proteinen und Fetten. Kaubewegungen reduzieren die Partikelgröße des Käses auf ca. 1–2 mm^3. Im Verdauungssystem setzt dann der enzymatische Abbau ein. Das nebenstehende Diagramm zeigt die Abhängigkeit der enzymatischen Abbaurate von der Partikelgröße der Nahrung. Erklären Sie den Zusammenhang zwischen der Partikelgröße und der enzymatischen Abbaurate aus biochemischer Sicht! 4

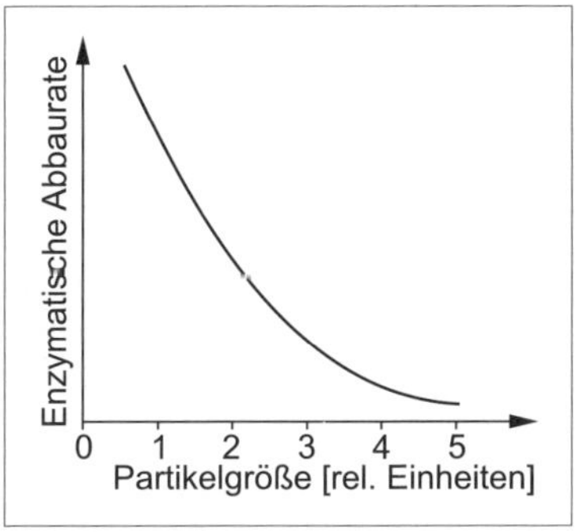

Abb. 5: Abhängigkeit der enzymatischen Abbaurate von der Partikelgröße

40

Erwartungshorizont

1.1 Ein autosomal-**dominanter** Erbgang kann ausgeschlossen werden, da bei dem von Galaktosämie betroffenen Sohn 7 mindestens ein Elternteil (Personen 3 oder 4) betroffen sein müsste.
Ein **X-gonosomaler** Erbgang kann ausgeschlossen werden, da die Person 5 erkrankt sein müsste, wenn die Mutter 1 betroffen ist.

Auf dem Y-Chromosom befinden sich nur sehr wenige Erbinformationen. Erbleiden, die einem Y-chromosomalen Stammbaum folgen, sind dementsprechend sehr selten.

Auch ein **Y-gonosomaler** Erbgang kann ausgeschlossen werden, da mit Person 1 auch eine Frau betroffen ist.
⇒ Es muss sich um einen autosomal-rezessiven Erbgang handeln. Die Personen 3 und 4 sind **Konduktoren**, d. h., sie sind phänotypisch gesund, tragen aber ein rezessives Allel.

Genotypen:

Person 1: aa	Person 4: Aa	Person 8: AA oder Aa
Person 2: AA oder Aa	Person 7: aa	Person 9: AA oder Aa
Person 3: Aa		

1.2 *Bei den durchgeführten Messungen handelt es sich um einen Heterozygotentest. Hierbei wird untersucht, ob eine phänotypisch gesunde Person Träger eines rezessiven Allels ist. Bei Heterozygoten kann beispielsweise die Funktionalität eines Enzyms eingeschränkt sein, wodurch Stoffwechselreaktionen in geringerem Maße als bei Gesunden katalysiert werden, jedoch keine schweren Störungen entstehen.*

Wert A: Der relative Galaktosegehalt ist höher als beim Messwert B, aber niedriger als beim Wert C. Aufgrund einer eingeschränkten Enzymfunktion oder verringerten Enzymmenge kann die Galaktose nur verlangsamt abgebaut werden. Dies ist bei einer Person mit dem heterozygoten Genotyp Aa der Fall. Die Genotypen der Personen 8 und 9 lassen sich anhand des Stammbaums nicht eindeutig bestimmen. Sowohl die Person 8 als auch die Person 9 könnte heterozygot sein.

Wert B: Der relative Galaktosegehalt ist niedriger als bei A und C. Aufgrund einer vollständigen Enzymfunktion bzw. -menge wird die Galaktose im Blut schnell abgebaut. Die Person mit dem Wert B besitzt einen homozygoten Genotyp für die dominanten Allele (AA). Auch dieser Wert kann nicht eindeutig der Person 8 oder 9 zugeordnet werden.
Gehört der Wert A zur Person 8, so stammt der Wert B von der Person 9 (oder umgekehrt).

Wert C: Hierbei handelt es sich um den höchsten gemessenen Galaktosewert. Aufgrund eines Enzymdefekts oder -mangels kann die Galaktose nicht abgebaut werden. Die Person mit dem Wert C ist homozygot rezessiv für die Allele des Galaktoseabbaus (aa). Es muss sich dabei um die Person 7 handeln.

2.1 *Die Proteinbiosynthese kann in zwei Abschnitte gegliedert werden. Die Transkription, die im Zellkern stattfindet, und die Translation, die im Zytoplasma an den Ribosomen abläuft. Bei der Transkription wird der codogene Strang der DNA in einen mRNA-Strang abgeschrieben. Anstelle der Nukleinbase Thymin wird dabei die Base Uracil eingebaut. Bei der Translation wird die Basensequenz des mRNA-Strangs in eine Aminosäuresequenz übersetzt.*

DNA	3'	TTA	CTG	TAG	TGG	5'
mRNA	5'	AAU	GAC	AUC	ACC	3'
Aminosäuresequenz		Asn	Asp	Ile	Thr	

2.2

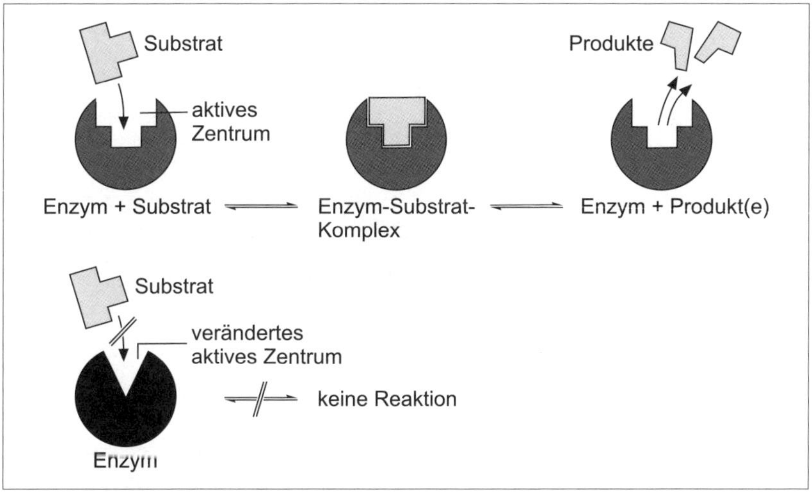

Laut Aufgabenstellung führt ein „Basenaustausch an Stelle 358 (…) zu einem veränderten Protein“. Bei der Base an der 358. Stelle handelt es sich um das Cytosin des zweiten Tripletts (CTG). Die mRNA hierfür lautet GAC. Nach einem Basenaustausch kann die DNA zu folgenden mRNA-Tripletts transkribiert werden: AAC (→Asn), CAC (→His) oder UAC (→Tyr). Keines der drei möglichen Tripletts codiert für ein Stoppcodon. Auch für dieselbe Aminosäure wie beim Wildtyp (Asp) wird nicht codiert. Somit können eine stumme bzw. eine Nonsense-Mutation ausgeschlossen werden. Die Folge eines Basenaustausches an der 358. Stelle ist demnach eine Missense-Mutation, da eine andere Aminosäure eingebaut wird.

Ein Substrat bindet nach dem **Schlüssel-Schloss-Prinzip** an das **aktive Zentrum** eines Enzyms. Es bildet sich ein **Enzym-Substrat-Komplex,** der eine Voraussetzung für die katalytische Reaktion und somit für die Spaltung des Substrats in die Produkte ist. Durch den Basenaustausch an der Position 358 verändert sich die Aminosäuresequenz. Dies hat zur Folge, dass sich die Tertiärstruktur und somit wahrscheinlich das aktive Zentrum des Enzyms ändert. Das Substrat kann nicht mehr gebunden werden und es entsteht kein Enzym-Substrat-Komplex mehr. Die Reaktion wird nicht mehr katalysiert und es findet keine Umsetzung statt. Das von einer Mutation betroffene Chymosin besitzt im Gegensatz zu einer nicht mutierten Form (100 %) nur noch eine sehr geringe enzymatische Aktivität (weniger als 0,01 %). Casein kann nicht mehr ausgefällt werden.

2.3

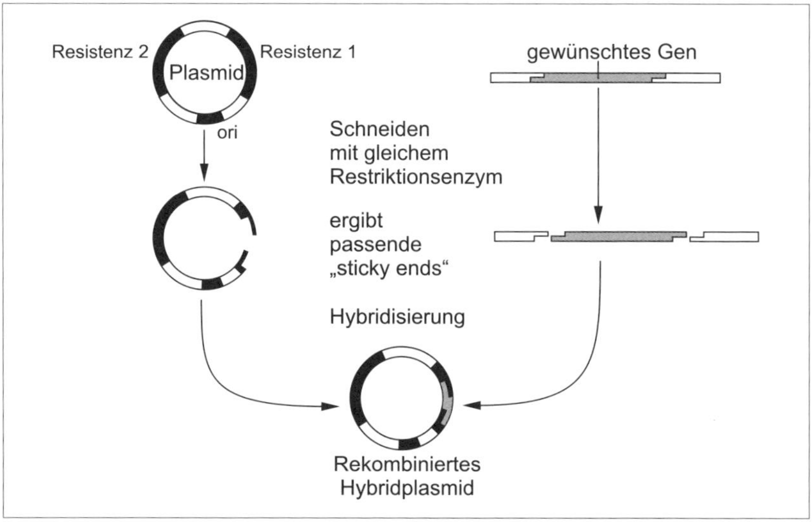

Die Herstellung eines Hybridplasmids erfolgt in folgenden Schritten:

- Isolierung des gewünschten Gens aus der DNA des Spenderorganismus: Die DNA aus dem Spenderorganismus wird hierzu mit Restriktionsenzymen in definierte Stücke geschnitten. Die Schnittstellen sind in der Regel nicht „glatt“, sondern hinterlassen sogenannte „sticky ends“, das sind überstehende Einzelstränge. Das gewünschte Gen wird anschließend identifiziert und isoliert.
- Gewinnung eines geeigneten Plasmids als Vektor (= Genfähre): Aus Bakterien wird ein Plasmid isoliert und mit dem gleichen Restriktionsenzym geschnitten, das zum Zerschneiden der Spender-DNA verwendet wurde. Die Schnittstelle des Plasmids hat dann die gleichen „sticky ends“ wie das Spendergen.

- Hybridisierung; Einbau der Fremd-DNA: Die gewünschte Fremd-DNA und die geöffneten Plasmide werden zusammengebracht und gemischt. Die „sticky ends“ fügen sich komplementär zusammen. Ein Enzym, die DNA-Ligase, wird hinzugefügt und verbindet die Enden miteinander. Gelingt dieser Vorgang, so ist ein rekombiniertes Hybridplasmid entstanden.

3 Je länger die Tradition der Milchwirtschaft ist, desto höher ist der Anteil von lactosetoleranten Personen in der Bevölkerung.
Milch ist eine sehr nahrhaftes Lebensmittel, das für den Menschen bei einer entsprechenden Haltung von Nutztieren ständig verfügbar ist. Für lactosetolerante Personen bringt der Konsum von Milch und Milchprodukten deshalb einen **Selektionsvorteil** mit sich. Die **Überlebenswahrscheinlichkeit** und damit die **Fortpflanzungschancen** lactosetoleranter Individuen steigen im Gegensatz zu denen von Menschen, die die Nahrungsquelle Milch nicht nutzen können. Zunehmend werden die Gene für die Lactosetoleranz deshalb an die nächsten **Generationen weitergegeben,** wodurch sich die Lactoseverträglichkeit im Verlauf der Zeit in einer Bevölkerung **weiter ausbreitet.**

4 Mit steigender Partikelgröße sinkt die Rate des enzymatischen Abbaus. Je größer die einzelnen Partikel durchschnittlich sind, desto kleiner ist deren Gesamtoberfläche im Verhältnis zum Volumen. Kleinere Partikel haben dagegen eine im Verhältnis größere Oberfläche. Durch das Prinzip der **Oberflächenvergrößerung** wird somit ein schnellerer Abbau ermöglicht.

Abitur Biologie (Bayern G8) 2012
Aufgabe A 1: Rentiere

BE

Das Rentier *(Rangifer tarandus)* ist eine Säugetierart aus der Familie der Hirsche. Sein Lebensraum sind u. a. die Tundren und die Taigawälder Nordeurasiens und Nordamerikas. Es ist die einzige Hirschart, die domestiziert wurde.

1 Rentiere werden bis zu 15 Jahre alt und bis zu 350 kg schwer. Die Jungtiere erreichen oft erst im dritten Lebensjahr die Geschlechtsreife. Ab dann wird von den weiblichen Tieren mehrmals nach ca. 220 Tagen Trächtigkeitsdauer für gewöhnlich nur ein Kalb geboren. Je nach Unterart wiegen die Kälber bei der Geburt ca. 10 kg. 45 Tage lang werden sie ausschließlich gesäugt, mit ca. 6 Monaten werden sie entwöhnt.

1.1 Erläutern Sie anhand des Textes die Fortpflanzungsstrategie des Rentiers! 4

1.2 Auf der kleinen, unbewohnten arktischen Insel St. Matthew wurden während des zweiten Weltkriegs 24 weibliche und 5 männliche Rentiere ausgesetzt. Natürliche Fressfeinde der Rentiere gab es auf der Insel nicht. Nahrungsquelle der Rentiere sind vorwiegend Rentierflechten *(Cladonia rangiferina)*.

1.2.1 Stellen Sie den modellhaften Entwicklungsverlauf der Rentierpopulation bis zu einem stabilen Zustand in einem Diagramm dar und erklären Sie den Kurvenverlauf! 8

1.2.2 Ergänzen Sie in Ihrem Diagramm von Aufgabe 1.2.1 die Flechtendichte in Abhängigkeit von der Rentierpopulation ab dem Aussetzen der Rentiere und erläutern Sie den Kurvenverlauf! 6

2 Flechten sind eine symbiotische Gemeinschaft aus heterotrophen Pilzen und autotrophen Algen. Mit deren kombinierten Fähigkeiten können Flechten auch extreme Standorte besiedeln.

2.1 Erklären Sie unter dem Gesichtspunkt der Ernährung, worin der gegenseitige Nutzen dieses Zusammenlebens besteht! 5

2.2 Flechten sind wechselfeuchte Organismen. Der Wasseraustausch mit der Umgebung erfolgt passiv. Trocknet eine Flechte aus, ist keine Lebensäußerung mehr messbar. In diesem Zustand latenten Lebens können die meisten Flechten sehr lange überdauern. Sie können durch Regen, Nebel, Tau und hohe Luftfeuchtigkeit schnell wieder aktiviert werden.

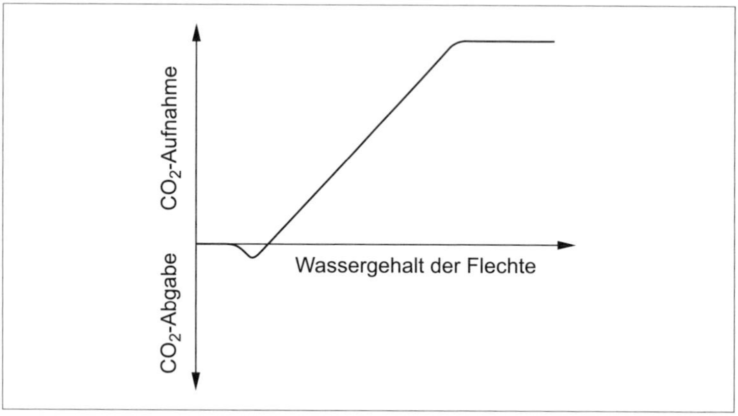

Abb.: CO_2-Abgabe und CO_2-Aufnahme einer Flechte in Abhängigkeit vom Wassergehalt (verändert nach: B. Büdel: *Der Erfolg einer Symbiose: Flechten*. Biologie in unserer Zeit, Wiley-VCH Verlag, Weinheim, 40. Jahrgang 2010, Nr. 5, S. 322–333)

Erklären Sie den Kurvenverlauf in der Abbildung, wenn der Flechte bei optimalen Licht- und Temperaturbedingungen nach einer Trockenphase wieder Wasser zur Verfügung steht! 7

3 Rentiere, die in Nordskandinavien eine große wirtschaftliche Rolle spielen, können auf den Menschen krankheitsauslösende Stämme des Darmbakteriums *Escherichia coli* übertragen, die Durchfallerkrankungen hervorrufen. Ursache ist das Gift Shigatoxin, das an einen Rezeptor, ein Glykolipid (Fettmolekül mit Kohlenhydratanteil) auf der Zelloberfläche in der Membran von Darmschleimhautzellen, bindet.

3.1 Fertigen Sie eine beschriftete Skizze einer Zellmembran mit dem Shigatoxin-Rezeptor an! 6

3.2 Nach der Bindung des Toxins an den Rezeptor wird eine Polypeptid-Untereinheit des Shigatoxins in die Zelle eingeschleust, die dann zu einer Inaktivierung der Ribosomen und in Folge zu einem Absterben der Zelle führt. Erläutern Sie den Zusammenhang zwischen Ribosomen-Inaktivierung und Zelltod! 4

40

Erwartungshorizont

1.1 *Bei vielen Tierarten ist keine eindeutige Zuordnung der Fortpflanzungsstrategie möglich, da r- und K-Strategien in der Natur sehr häufig kombiniert vorkommen. Es ist daher wichtig zu beurteilen, welche Strategie jeweils gegenüber anderen Arten im gleichen Lebensraum vorherrscht. K- und r-Strategie sind also immer nur in Relation zu anderen Arten festzulegen. Die Merkmale bei der hier beschriebenen Rentierart sind jedoch eindeutig.*

Bei den Rentieren handelt es sich um **K-Strategen**. Die **Lebenserwartung** ist mit 15 Jahren relativ **hoch**, wobei die **Geschlechtsreife** mit dem dritten Lebensjahr erst vergleichsweise **spät** erreicht wird. Auch die **mehrmalige Fortpflanzung** mit großen Abständen zwischen den Geburten, bei der meist jeweils nur **ein Kalb** geboren wird, das relativ **groß und schwer** ist, deutet auf die K-Strategie hin. Ein weiteres Merkmal ist die lange und intensive **Brutpflege**, die für die Nachkommen aufgewendet wird.

1.2.1 *Da es auf der Insel weder Fressfeinde noch Konkurrenz gibt, kann davon ausgegangen werden, dass es sich um eine idealisierte Populationsentwicklung mit den ihr entsprechenden Wachstumsphasen handelt.*

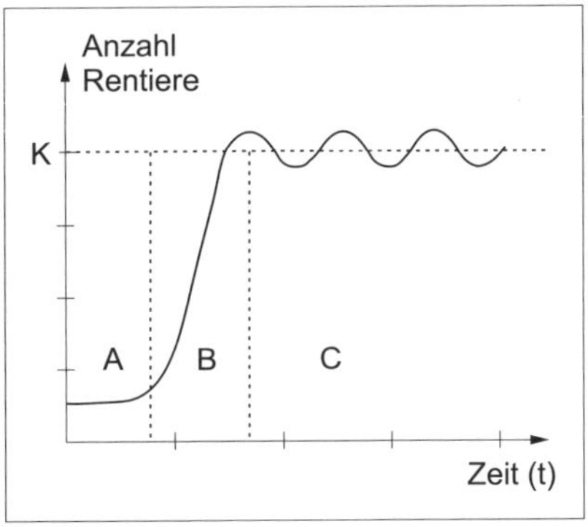

Der Verlauf der Populationsentwicklung zeigt in der **lag-** oder **Anlaufphase** (A) zunächst einen flachen Anstieg, da nur wenige Gründerindividuen auf der Insel ausgesetzt wurden. Außerdem benötigen diese erst einige Zeit, um sich an die neuen Umweltbedingungen zu gewöhnen.
Der sich anschließende rasche Anstieg der Individuenzahl liegt sowohl in den günstigen Nahrungsbedingungen als auch in den fehlenden Fressfeinden und der schwachen Konkurrenz begründet. Dieses exponentielle Wachstum ist ein Kennzeichen für die **log-** oder **Vermehrungsphase** (B). Langfristig wird das Populationswachstum um einen optimalen Grenzwert K schwanken, d. h., das Populationswachstum wird sich mit der Zeit verlangsamen, da es durch das Nahrungs- und Platzangebot und die zunehmende innerartliche Konkurrenz begrenzt wird. Das Populationswachstum befindet sich dann in der **stationären Phase** (C).

1.2.2 *Das Lotka-Volterra-Modell, das die Räuber-Beute-Beziehung beschreibt, kann für die Wechselbeziehung zwischen Rentier und Flechte als Vorlage dienen.*

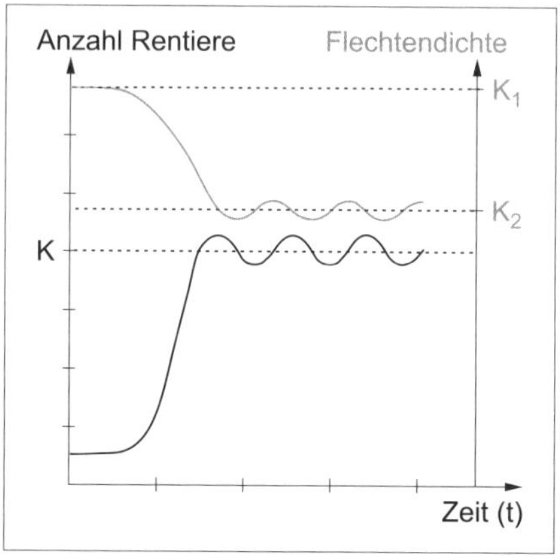

Mit der steigenden Anzahl an Rentierindividuen nimmt die Dichte der Flechtenpopulation ab. Die Dichte der Rentierpopulation wird vom sinkenden Nahrungsangebot begrenzt. So gelangt das Wachstum der Flechtenpopulation in eine stationäre Phase. Der sich neu einstellende Grenzwert K_2 liegt dabei deutlich unterhalb dem ursprünglichen Grenzwert K_1. Die Dichte der Flechtenpopulation ist aber immer erheblich größer als die der Rentierpopulation. Ab dem Zeitpunkt, an dem sich beide Populationen in der stationären Phase befinden, schwanken die Populationsdichten periodisch, wobei ihre Maxima jeweils gegeneinander verschoben sind. Ein Anstieg in der Flechtenpopulation führt zu einem verbesserten Nahrungsangebot für die Rentiere, wodurch deren Geburtenrate und somit deren Dichte steigt. Ein Anstieg in der Rentierpopulation führt zu einer vermehrten Abweidung der Flechten. Sinkt die Dichte der Flechtenpopulation, so verknappen sich die Ressourcen, was zu einem Rückgang der Populationsdichte bei den Rentieren führt. Sinkt die Individuenzahl der Rentiere, so kann sich die Flechtenpopulation wieder erholen. Trotz der Schwankungen bleiben die Durchschnittsdichten langfristig konstant.

2.1 *In der Aufgabenstellung findet sich der Hinweis, dass die Pilze in der symbiotischen Gemeinschaft heterotroph und die Algen autotroph leben.*

Pilze betreiben zur Energiegewinnung **Zellatmung**. Algen können komplexe organische Moleküle durch **Fotosynthese** aufbauen. Ihre Energie gewinnen sie ebenso wie die Pilze mittels **Zellatmung**. Die Algen stellen den Pilzen **Fotosyntheseprodukte** wie z. B. **Kohlenhydrate** zur Verfügung, während die Algen **Kohlenstoffdioxid und Wasser**, das die Pilze ausscheiden, zur Fotosynthese nutzen können.

Die Pilze tragen zur Symbiose deutlich mehr bei, als nur die Ausscheidungsprodukte der Zellatmung bereitzustellen. Sie lösen z. B. aus dem Gestein Mineralstoffe, verankern die Flechte und speichern Wasser aus Regen oder Nebel. Das Pilzgeflecht dient zudem als Schutz vor zu hoher Sonneneinstrahlung (UV-Schutz) und damit auch vor Austrocknung.

2.2 *Immer wenn die Erklärung eines Kurvenverlaufs in der Aufgabenstellung verlangt wird, ist es nötig, charakteristische Punkte oder Abschnitte der Kurve zu beschreiben und die zugrunde liegenden Ursachen zu erläutern.*

Ist der Wassergehalt einer Flechte sehr gering, so ist keine Kohlenstoffdioxidaufnahme oder -abgabe feststellbar, da sich die Flechte in einem Ruhezustand befindet. Es wird weder Fotosynthese noch Zellatmung betrieben und somit ist keine Lebensäußerung messbar. Steigt der Wassergehalt geringfügig an, so kommt es zu einer CO_2-Abgabe, da die Zellatmungsrate gegenüber der Fotosyntheserate überwiegt. Steigt der Wassergehalt weiter an, so verringert sich die CO_2-Abgabe, da die Fotosyntheserate schneller zunimmt als die Zellatmungsrate. Ab dem Überschreiten des Schnittpunktes mit der x-Achse liegt eine positive Netto-Fotosyntheseleistung vor, da nun die Fotosyntheserate die Zellatmungsrate übertrifft. Ab einem bestimmten Wassergehalt ist ein Zuwachs der CO_2-Aufnahme nicht mehr möglich, da sich die Flechte diesbezüglich im Sättigungsbereich befindet.

3.1

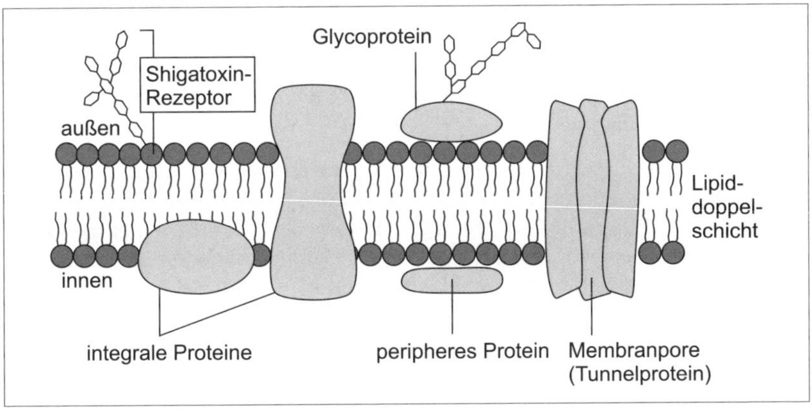

3.2 An den Ribosomen findet die **Translation**, ein Prozess der **Proteinbiosynthese**, statt. Kann die Proteinbiosynthese nicht mehr stattfinden, so werden **lebenswichtige Proteine**, wie z. B. Enzyme für die Zellatmung, nicht mehr synthetisiert. Die Folge könnte beispielsweise ein ATP-Mangel und damit einhergehend der Zelltod sein.

Abitur Biologie (Bayern G8) 2012
Aufgabe A 2: Alkohol (Ethanol)

		BE
1	Zur Herstellung alkoholischer Getränke werden Hefen verwendet. Hefen sind einzellige eukaryotische Organismen, die Glucose durch Gärung in Alkohol (Ethanol) umwandeln können. Daneben sind sie aber auch zum aeroben Abbau von Glucose fähig.	
1.1	Formulieren Sie die Bruttogleichungen für die beiden im einführenden Text erwähnten Stoffwechselvorgänge!	4
1.2	Fertigen Sie eine beschriftete Skizze der elektronenoptisch erkennbaren Struktur (des Organells) in der Zelle an, in der wesentliche Schritte des aeroben Glucoseabbaus stattfinden!	5
1.3	Im Laborversuch wird eine Hefekultur in einem belüfteten Gefäß mit begrenzter Glucosemenge angesetzt. Für alle anderen Umweltfaktoren werden optimale Bedingungen eingestellt. Stellen Sie für das beschriebene Experiment eine typische Wachstumskurve der Hefepopulation in einem Diagramm dar und erklären Sie die einzelnen Phasen!	9
1.4	Gehen Sie davon aus, dass ein analoges Experiment unter anaeroben Bedingungen durchgeführt wird. Zeichnen Sie in das Diagramm von Aufgabe 1.3 einen hypothetischen Kurvenverlauf für die Entwicklung der Hefepopulation unter anaeroben Bedingungen ein und begründen Sie diesen!	5
2	Der Abbau von Ethanol erfolgt im menschlichen Organismus in zwei Schritten: Durch das Enzym Alkohol-Dehydrogenase (Enzym 1) wird Ethanol zu Ethanal (Acetaldehyd) oxidiert. Dieses stark toxische Zwischenprodukt wird von dem Enzym Aldehyd-Dehydrogenase (Enzym 2) rasch zu Ethansäure (Essigsäure) weiter oxidiert.	
2.1	Beschreiben Sie unter Mitverwendung von Skizzen am Beispiel von Enzym 1 eine Modellvorstellung zur Wirkungsweise von Enzymen!	5
2.2	Der Faltentintling *(Coprinus atramentarius)* ist ein Pilz, der in Verbindung mit dem Genuss von Ethanol giftig ist. Verantwortlich dafür ist der Pilzinhaltsstoff Coprin. Um dies zu bestätigen, wurden Experimente mit den beiden am Alkohol-Abbau beteiligten Enzymen durchgeführt.	

In zwei Versuchsreihen wurde zu Ethanol- bzw. Ethanal-Lösungen unterschiedlicher Konzentration und mit jeweils den gleichen Mengen an Enzym 1 bzw. Enzym 2 eine bestimmte Menge Coprin unter konstanten Reaktionsbedingungen hinzugefügt. Aus den Versuchsergebnissen wurden folgende Diagramme abgeleitet (Abb. 1 und 2):

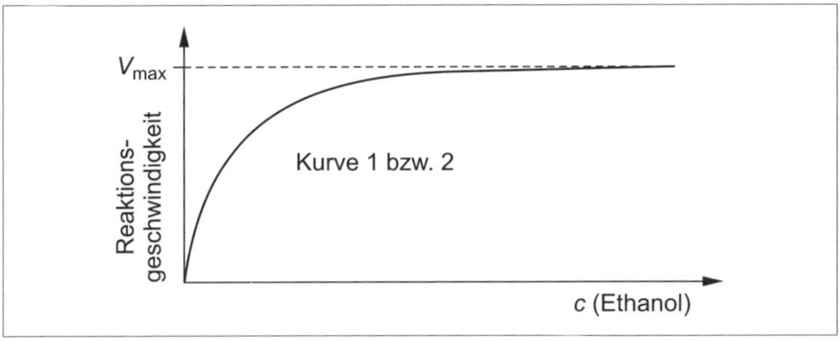

Abb. 1: Aktivität von Enzym 1 in Abhängigkeit von der Ethanolkonzentration (1: ohne Coprin; 2: Zugabe von Coprin)

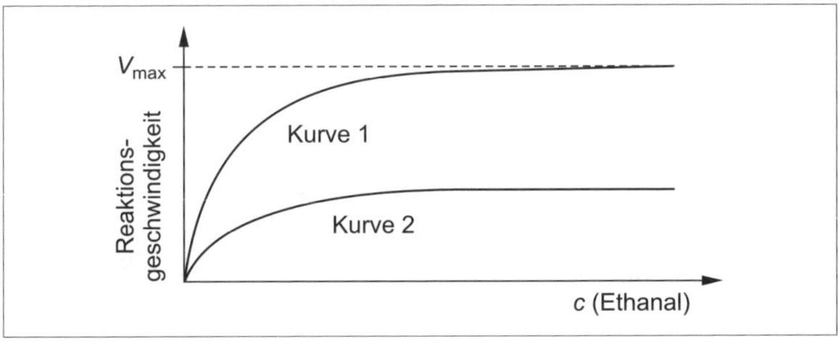

Abb. 2: Aktivität von Enzym 2 in Abhängigkeit von der Ethanalkonzentration (1: ohne Coprin; 2: Zugabe von Coprin)
(verändert nach: E. Üner: *Faltentintling und Alkoholgenuss*. Praxis der Naturwissenschaften, Biologie in der Schule, Aulis Verlag Deubner, Köln und Leipzig, Heft 5/58, Juli 2009, S. 46)

Beschreiben Sie beide Diagramme und leiten Sie daraus ab, warum man nach dem Genuss von Faltentintlingen für mehrere Tage keine alkoholischen Getränke konsumieren soll! 7

3 In den 80er Jahren des 20. Jahrhunderts wurde von Cannon & Baker folgende Methode zur Entwöhnung von alkoholkranken Menschen entwickelt: Kurz nach der Aufnahme von Alkohol wird den Probanden ein Medikament verabreicht, welches zu starker Übelkeit und Erbrechen führt. Erklären Sie mit ethologischen Fachbegriffen, warum dieses Verfahren zu einer erfolgreichen Entwöhnung führen kann! 5

40

Erwartungshorizont

1.1 *Bei den im einführenden Text erwähnten Stoffwechselvorgängen handelt es sich um die unter anaeroben Bedingungen stattfindende alkoholische Gärung und die unter aeroben Bedingungen vorherrschende Zellatmung.*

Bruttogleichung der **alkoholischen Gärung:**

$$C_6H_{12}O_6 \longrightarrow 2\ C_2H_5OH + 2\ CO_2$$

Bruttogleichung der **Zellatmung:**

$$C_6H_{12}O_6 + 6\ O_2 \longrightarrow 6\ CO_2 + 6\ H_2O$$

1.2

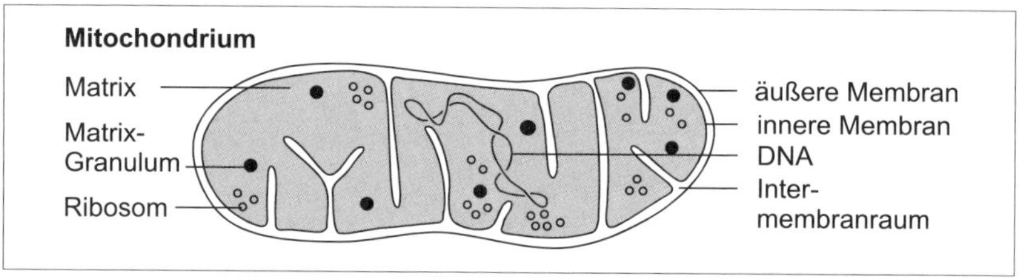

1.3

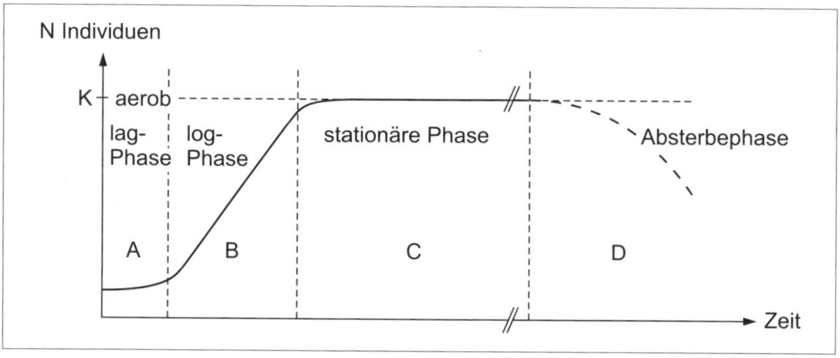

Der erwartete Verlauf der Populationsentwicklung zeigt in der **lag-** oder **Anlaufphase** (A) zunächst einen flachen Anstieg, da anfangs nur wenige Hefezellen in der Kultur vorhanden sind und diese erst einige Zeit benötigen, um sich an die neuen Umweltbedingungen zu gewöhnen.
Der anschließende rasche Anstieg der Individuenzahl hat seine Ursache in den günstigen Nahrungsbedingungen und der geringen Konkurrenz. Dieses exponentielle Wachstum ist ein Kennzeichen für die **log-** oder **Vermehrungsphase** (B). Das Populationswachstum verlangsamt sich mit der Zeit, da es durch das Nahrungs- und Platzangebot sowie die zunehmende Konkurrenz begrenzt wird. Es befindet sich dann in der **stationären Phase** (C) und erreicht den Grenzwert K.

Aufgrund der sich verschlechternden Umweltbedingungen (begrenzte Glucosemenge, schädliche Stoffwechselprodukte) sinkt die Teilungsrate weiter, während die Sterberate steigt, sodass die Individuenzahl in der **Absterbephase** (D) bis auf null abnimmt.

1.4

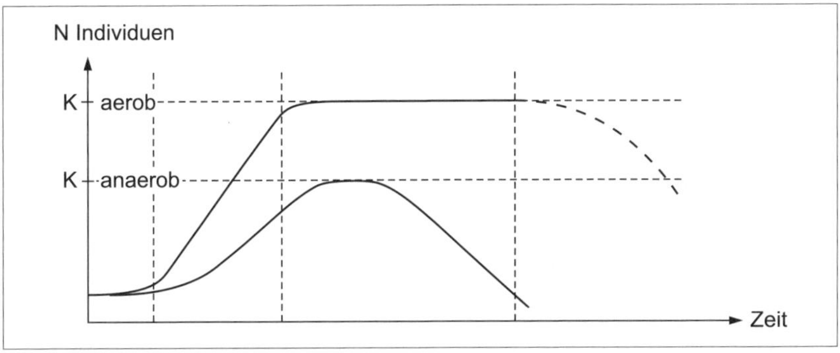

Da die alkoholische Gärung bei gleichem Glucoseverbrauch deutlich weniger Energie liefert als der aerobe Abbau, verzögert sich zum einen das Populationswachstum stark, zum anderen ist der Grenzwert K bereits bei einer deutlich niedrigeren Individuenzahl erreicht.

2.1

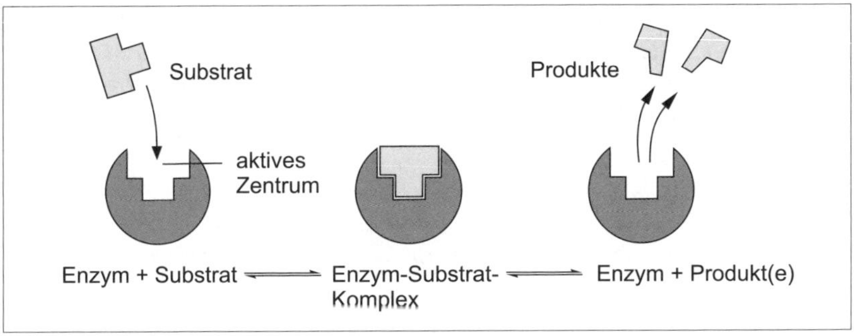

Zwischen dem Enzym (Alkohol-Dehydrogenase) und dem Substrat (Ethanol) bildet sich mit dem **Enzym-Substrat-Komplex** eine sehr kurzlebige Verbindung aus: Das Substratmolekül passt aufgrund seiner Molekülform nach dem **Schlüssel-Schloss-Prinzip** genau in eine dreidimensionale Einbuchtung des Enzyms. Dieses **aktive Zentrum** nimmt das Substrat auf und wirkt katalytisch. Danach löst sich der Enzym-Substrat-Komplex rasch wieder auf und das/die **Produkt(e)** (Ethanal) verlässt/verlassen das Enzym.

2.2 Abb. 1 zeigt, dass die Reaktionsgeschwindigkeit von Enzym 1 bei geringer Substratkonzentration (Ethanol) direkt proportional ist. Bei höherer Substratkonzentration nimmt die Reaktionsgeschwindigkeit nur noch langsam zu und nähert sich schließlich einem konstanten Wert an, der maximalen Reaktionsgeschwindigkeit. Der Kurvenverlauf ist mit und ohne Zugabe von Coprin identisch, d. h., auch bei Zugabe von Coprin erreicht das Enzym die maximale Reaktionsgeschwindigkeit. Daraus lässt sich folgern, dass Coprin auf das **Enzym 1 keinen Einfluss** hat.
Abb. 2 illustriert, dass Enzym 2, dessen Substrat Ethanal ist, ohne Coprin die maximale Reaktionsgeschwindigkeit erreicht (Kurve 1). Nach der Zugabe von Coprin hingegen bleibt die Enzymaktivität auch bei einer hohen Substratkonzentration unter der halbmaximalen Reaktionsgeschwindigkeit (Kurve 2). Daraus lässt sich folgern, dass Coprin die Aktivität von **Enzym 2 hemmt**.

Laut Aufgabenstellung ist es nicht verlangt, konkret auf die Art der Hemmung einzugehen. Da das Diagramm nach der Zugabe von Coprin eine deutlich geringere Maximalgeschwindigkeit zeigt, die auch bei höheren Substratkonzentrationen nicht den Wert ohne Coprin erreicht, liegt mit großer Wahrscheinlichkeit eine allosterische oder nicht-kompetitive Hemmung vor.

Nach dem Genuss von Faltentintlingen sollte mehrere Tage auf den Konsum von alkoholischen Getränken verzichtet werden, da zwar Ethanol trotz Anwesenheit von Coprin zu Ethanal oxidiert wird, die Oxidation von Ethanal zur Ethansäure jedoch aufgrund der Hemmung des Enzyms 2 nur stark verlangsamt erfolgt. Es häuft sich also vermehrt das **toxische Ethanal** im menschlichen Organismus an. Deshalb sollte so lange auf den Konsum alkoholischer Getränke verzichtet werden, bis das Coprin entweder vom Organismus abgebaut oder ausgeschieden wurde.

3 *Die beschriebene Methode zur medikamentösen Alkoholentwöhnung folgt dem Prinzip der Konditionierung. Je nach Begründung und Textbezug können beide Konditionierungsgrundtypen als Erklärung angeführt werden.*

Möglichkeit I: Verhaltensbedingte (operante) Konditionierung, bedingte Hemmung
Es kann vorkommen, dass der Patient ein Verlangen nach Alkohol (= Motivation) verspürt. In diesem Fall bedeutet das Trinken von Alkohol eine gute Erfahrung. Durch den Einsatz von Medikamenten nach dem Alkoholgenuss erzeugen CANNON & BAKER bei den Probanden jedoch eine **schlechte Erfahrung**. Der zunächst in dieser Hinsicht **neutrale Reiz** „Alkohol" wird durch die Konditionierung mit dem **unbedingten Reiz** „Medikament", der als **unbedingte Reaktion** „Übelkeit" bzw. „Erbrechen" auslöst, direkt verstärkt (Kontiguität) und dadurch zu einem **bedingten Reiz**. Das führt zu einem Meideverhalten. Man spricht von einer bedingten Hemmung.

Möglichkeit II: Reizbedingte (klassische) Konditionierung, bedingte Aversion

Der zunächst **neutrale Reiz** „Alkohol“ wird in der Lernphase durch häufige Wiederholung und Kontiguität mit dem **unbedingten Reiz** „Medikament“, der das Erbrechen als **unbedingte Reaktion** auslöst, verknüpft. Nach der Konditionierung wird der ehemals neutrale Reiz „Alkohol“ zum **bedingten Reiz**, der bereits ohne Medikamentengabe das Erbrechen als **bedingte Reaktion** auslöst. Beim Trinken von Alkohol machten die Probanden, durch Medikamentengabe ausgelöst, eine **negative Erfahrung**, das Erbrechen. Nach der Konditionierung löst bereits Alkohol allein als bedingter Reiz das Meideverhalten aus; man spricht von einer bedingten Aversion.

Abitur Biologie (Bayern G8) 2012
Aufgabe B 1: Retinoblastom (Netzhautkrebs)

BE

Das Retinoblastom ist ein Netzhaut-Tumor, der im Säuglings- und frühen Kindesalter auftritt. Mit einer Häufigkeit von ca. 1 zu 12 000 ist er der häufigste Tumor des Auges in dieser Altersgruppe. Auslöser für diesen Tumor sind Mutationen im Retinoblastom-Gen. Durch ein fehlerhaftes Genprodukt oder durch das Fehlen des Genprodukts kann es zu unkontrollierten Zellteilungen kommen. Das intakte Genprodukt unterdrückt die Bildung von Tumoren.

1 Das Retinoblastom-Gen hat eine Länge von etwa 180 000 Basenpaaren.

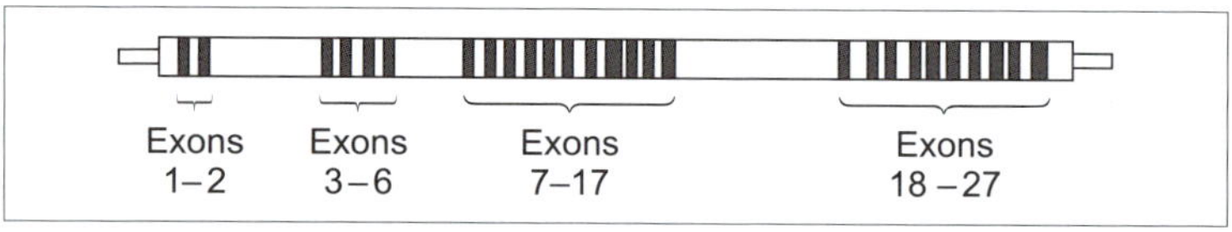

Abb. 1: Schematische Darstellung des Retinoblastom-Gens
(verändert nach: E. Passarge: *Taschenatlas der Genetik*. Thieme Verlag, Stuttgart, 1994, S. 269)

Beschreiben Sie die Bildung der mRNA am Beispiel des Retinoblastom-Gens! 10

2 Ursache für den Tumor in der Netzhaut können verschiedene Mutationen sein.

2.1 Die folgende Tabelle zeigt die Tripletts 574 bis 576 im Exon 18 des codogenen Strangs des Retinoblastom-Gens. Eine der beiden dargestellten DNA-Sequenzen ist mutiert.

DNA-Sequenz 1:	DNA-Sequenz 2:
3' … TTT GTT AGT … 5' 574 575 576	3' … TTT ATT AGT … 5' 574 575 576

Tab. 1: Ausschnitte des Retinoblastom-Gens (codogener Strang)

Ermitteln Sie mithilfe der Code-Sonne für beide Ausschnitte die zugehörigen Aminosäuresequenzen! Geben Sie begründet an, bei welchem Ausschnitt es sich um die mutierte DNA-Sequenz handeln muss, und nennen Sie den Mutationstyp! 7

AAA CAA TCA
UUU GUU AGU
AAA CAA UCA
Lys Gln Ser

AAA TAA TCA
UUU AUU AGU
AAA UAA UCA
Lys •

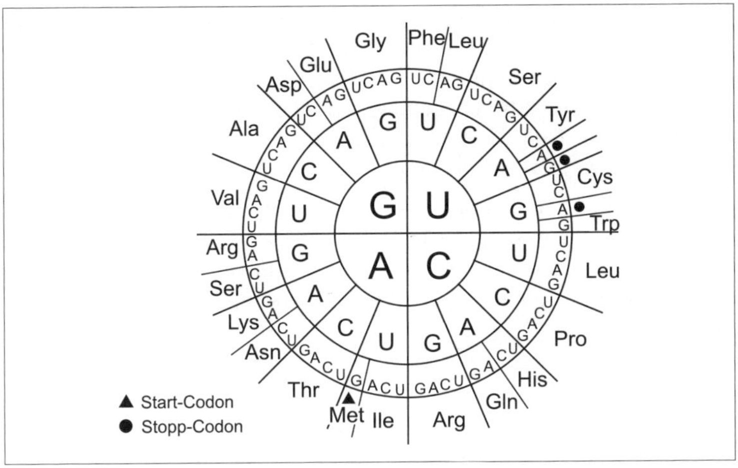

Abb. 2: Code-Sonne (Leserichtung von innen nach außen)

2.2 Beim Menschen befindet sich das Retinoblastom-Gen auf dem Chromosom Nr. 13. Abbildung 3 zeigt stark vereinfacht ein nicht-mutiertes (links) und ein bezüglich des Retinoblastom-Gens mutiertes Ein-Chromatid-Chromosom 13 (rechts).

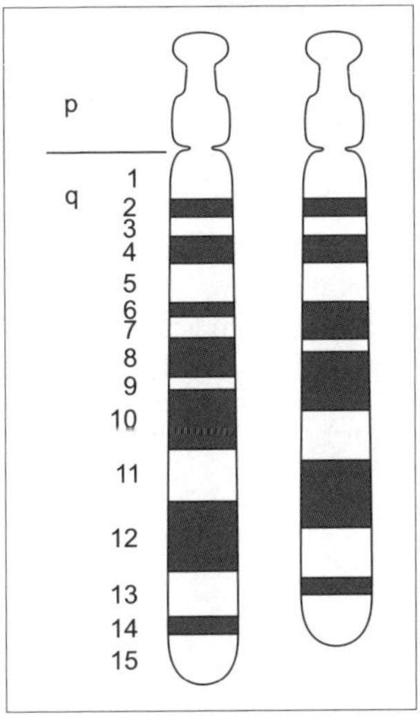

Abb. 3: Nicht-mutiertes (links) und mutiertes Ein-Chromatid-Chromosom 13 (rechts); die Ziffern und Buchstaben unterteilen das Chromosom in Abschnitte (verändert nach: E. Passarge: *Taschenatlas der Genetik*. Thieme Verlag, Stuttgart, 1994, S. 269)

Beschreiben Sie die hier vorliegende Veränderung des Chromosoms 13 und geben Sie möglichst genau den Abschnitt an, in dem sich das Retinoblastom-Gen auf dem Chromosom 13 befindet! 3

2.3 In einer undifferenzierten Netzhautzelle kann ein Verlust des Retinoblastom-Gens auch durch eine fehlerhafte Verteilung der Chromosomen während der Mitose („mitotische Non-Disjunction“) eintreten.
Erklären Sie unter Mitverwendung von beschrifteten Skizzen, wie durch mitotische Non-Disjunction eines der beiden Allele des Retinoblastom-Gens verlorengehen kann! 7

2.4 Die Entstehung des Retinoblastoms ist äußerst komplex. Normalerweise liegt eine Kombination mehrerer Mutationen vor, wenn es zur Ausbildung des Tumors kommt. Die folgende Abbildung zeigt das Ergebnis der DNA-Gelelektrophorese zur Analyse des Retinoblastom-Gens einer Familie.

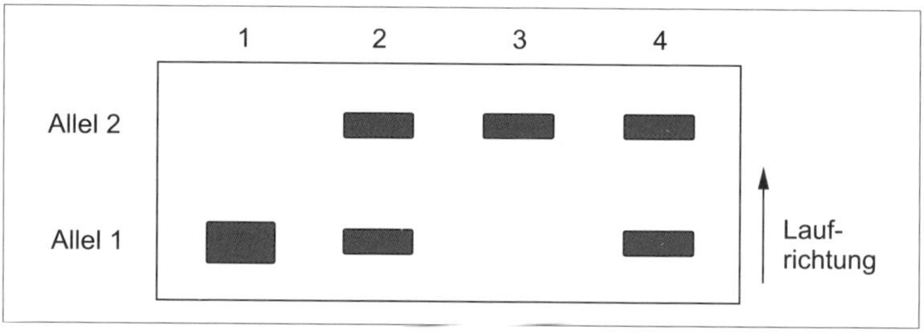

Abb. 4: Versuchsergebnis der Gen-Analyse der Retinoblastom-Allele einer Familie
(verändert nach: E. Passarge: *Taschenatlas der Genetik*. Thieme Verlag, Stuttgart, 1994, S. 269)

Die Eltern 1 und 2 sind gesund. Bei ihren Kindern tritt bei Person 3 das Retinoblastom auf, bei Person 4 nicht.
Erläutern Sie anhand der Analyseergebnisse, warum die Personen 1, 2 und 4 gesund sind und Person 3 am Retinoblastom erkrankt ist! 7

2.5 Ein Gendefekt wie beim Retinoblastom könnte bereits pränatal nachgewiesen werden.
Beschreiben sie allgemein ein Verfahren der Pränataldiagnostik! 6

40

Erwartungshorizont

1 *Die Proteinbiosynthese kann in zwei Abschnitte gegliedert werden: Die Transkription, die im Zellkern stattfindet, und die Translation, die im Zytoplasma an den Ribosomen abläuft. Bei der Transkription wird der codogene Strang der DNA in einen mRNA-Strang umgeschrieben. Anstelle der Nukleinbase Thymin wird dabei die Base Uracil eingebaut. Bei der Translation wird die Basensequenz des mRNA-Strangs in eine Aminosäuresequenz übersetzt.*

Ablauf der Transkription:
- Die **RNA-Polymerase** entwindet die DNA-Helix, indem sie die Wasserstoffbrückenbindungen zwischen den komplementären Basen löst.
- Die RNA-Polymerase erkennt den **codogenen DNA-Strang**, der in 3'→5'-Richtung abgelesen werden soll, und bindet daran.
- Der codogene DNA-Strang wird in 3'→5'-Richtung abgelesen und der prä-mRNA-Strang wird gebildet. Die Verknüpfung der RNA-Nukleotide durch die RNA-Polymerase erfolgt in 5'→3'-Richtung.
- Die DNA schließt sich hinter der RNA-Polymerase wieder zum Doppelstrang.
- Tritt in der DNA eine Stoppsequenz auf, so lösen sich die RNA-Polymerase und die prä-mRNA von der DNA, die wieder ihre Doppelhelixstruktur annimmt.

Die schematische Darstellung des Retinoblastom-Gens zeigt neben Exons auch die weiß markierten Introns. Dies bedeutet, dass das primäre Transkript, das nach der Transkription vorliegt, erst noch prozessiert werden muss, bevor es als reife mRNA zu den Ribosomen gelangt.

Vorgänge der Prozessierung:
- Noch während der Transkription entsteht am 5'-Ende der RNA eine Kappe aus einem methylierten Guanin-Nukleosid.
- Im Anschluss an die Transkription werden an das 3'-Ende der RNA Adenosin-Nukleotide angehängt. Dieser sogenannte Poly-A-Schwanz besteht aus 150–200 Nukleotiden.
- Sowohl die Kappe, als auch der Poly-A-Schwanz schützen die prä-mRNA vor einem vorzeitigen enzymatischen Abbau. Die Kappe unterstützt zudem die Anlagerung der mRNA an die Ribosomen, während die Polyadenylierung den Austritt durch die Kernporen erleichtert.
- Das primäre Transkript enthält codierende (Exons) und nicht-codierende Bereiche (Introns). Im Spleißvorgang wird die prä-mRNA gefaltet, sodass die Exons aneinanderstoßen. Spleißenzyme lagern sich an die Schlaufenenden an, schneiden die Introns heraus und verbinden die Exons 1 bis 27 miteinander. Die fertige mRNA verlässt im Anschluss daran den Zellkern.

2.1 *Nach der Transkription wird bei der Translation die Basensequenz des mRNA-Strangs in eine Aminosäuresequenz übersetzt.*

	Sequenz 1	**Sequenz 2**
Codogener DNA-Strang	3'...TTT GTT AGT...5'	3'...TTT ATT AGT...5'
mRNA	5'...AAA CAA UCA...3'	5'...AAA UAA UCA...3'
Aminosäuresequenz	– Lys – Gln – Ser –	– Lys – Stopp

Bei der DNA-**Sequenz 2** handelt es sich um die **mutierte** Sequenz, da ein Stopp-Codon im Exon 18 ein stark verkürztes und damit fehlerhaftes Genprodukt erzeugt.
Da im angegebenen Beispiel nur die Base Guanin durch die Base Adenin ausgetauscht wurde, handelt es sich in diesem Fall um eine Basensubstitution (Punktmutation).

Der Begriff Punktmutation wird in der Literatur unterschiedlich definiert. Viele Autoren verwenden ihn synonym zu Basensubstitution. Bei einer Punktmutation kann es sich aber auch um eine Deletion oder Insertion einer Nukleinbase handeln.

2.2 Ein Vergleich von nicht-mutiertem und mutiertem Ein-Chromatid-Chromosom zeigt, dass das mutierte Ein-Chromatid-Chromosom deutlich **verkürzt** ist. Es ist also zu einem **Verlust** (Deletion) eines Chromosomenabschnittes gekommen (strukturelle Chromosomenaberration). Da es sich beim deletierten Abschnitt um die **Segmente 6 und 7** handelt, muss sich das Retinoblastom-Gen in diesen Bereichen befinden.

2.3

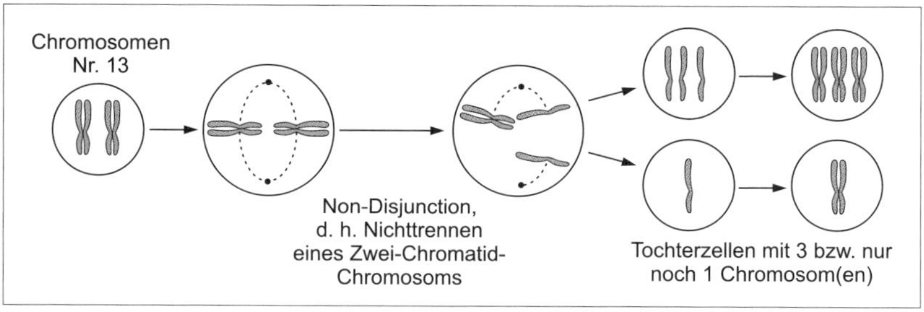

Während der Anaphase der Mitose (Zellkernteilung) werden über den zellulären Spindelapparat die beiden Schwesterchromatiden jedes Chromosoms voneinander getrennt und später an die Tochterzellen weitergegeben. Erfolgt diese Trennung nicht (Non-Disjunction), so weist eine Tochterzelle nach der Teilung nur noch den haploiden Chromosomensatz auf und besitzt daher auch nur noch ein Allel des Retinoblastom-Gens.

2.4 *Die DNA-Gelelektrophorese ist eine analytische Methode, um DNA-Moleküle unter Einfluss eines elektrischen Felds zu trennen. Je nach Größe und Ladung der DNA-Moleküle bewegen sich diese unterschiedlich schnell durch das Gel. Zur anschließenden Auswertung stehen unterschiedliche Methoden der Markierung und Sichtbarmachung der Banden zur Verfügung. Die DNA-Menge einer Bande kann man über deren relativen Anteil am Gesamtauftrag abschätzen.*

Die Eltern 1 und 2 sind ebenso wie Person 4 gesund. Elter 1 ist bezüglich des Genorts homozygot, besitzt also das Allel 1 zweifach, bei Elternteil 2 und Person 4 liegen die Allele 1 und 2 vor (Heterozygotie). Auffällig ist das Vorhandensein von Allel 1 bei allen gesunden Personen. Da Person 3 erkrankt ist und lediglich Allel 2 trägt, handelt es sich bei **Allel 2** um das **defekte** Allel. Die Ergebnisse zeigen, dass sich bei vorhandenem Allel 1 das Allel 2 nicht durchsetzen kann (Personen 2 und 4), die vorliegende Mutation ist deshalb **rezessiv**. Bei **Allel 1** handelt es sich folglich um das **intakte** Allel.

Da Person 3 kein funktionales Allel 1 aufweist, kann der/die Erkrankte das wichtige Protein nicht bilden. Bei heterozygoten Personen liegt aufgrund des intakten Allels das Genprodukt vor, sie sind gesund.

2.5 *Unter Pränataldiagnostik werden verschiedene Untersuchungen des ungeborenen Kindes bzw. der Schwangeren zur Früherkennung von Krankheiten zusammengefasst. Neben den nicht-invasiven, also nur außerhalb des Körpers vorgenommenen Untersuchungen wie der Ultraschalluntersuchung gehören auch invasive Methoden dazu. Ultraschalluntersuchungen eignen sich jedoch nur zur Feststellung äußerlicher Merkmale, nicht für eine genetische Untersuchung. Chorionzottenbiopsie, Amniozentese oder Nabelschnurpunktion sind gängige Methoden der gezielten Chromosomenanalyse. Eine davon soll hier laut Aufgabenstellung beschrieben werden.*

Für eine gezielte Chromosomenanalyse werden der Schwangeren mit einer Hohlnadel durch die Bauchdecke hindurch fetale Zellen entnommen. Es handelt sich *(nur eine Angabe ist verlangt) …*

- bei der Amniozentese um etwas Fruchtwasser aus der Fruchtblase.
- bei der Chorionzottenbiopsie um Zellen aus der Embryonalhülle.
- bei der Nabelschnurpunktion um kindliches Blut.

Durch **Zentrifugieren** werden die **fetalen Zellen** von der Flüssigkeit abgetrennt und anschließend auf einem Nährboden verteilt. Die Zellen vermehren sich bei dieser **Kultivierung** und stehen dann für biochemische Untersuchungen bzw. für **Chromosomenanalysen** zur Verfügung.

Durch die Erstellung eines **Karyogramms** ist eine Chromosomenanalyse möglich und es können strukturelle (z. B. Deletionen wie in Teilaufgabe 2.2) oder numerische (wie in Teilaufgabe 2.3) Chromosomenaberrationen festgestellt werden.

Abitur Biologie (Bayern G8) 2012
Aufgabe B 2: Melanin

BE

Die Hautfarbe des Menschen ist auf das Farbpigment Melanin zurückzuführen, das in Hautzellen zu finden ist. Je höher der Gehalt an Melanin ist, desto dunkler erscheint die Haut. Melanin schützt vor zu intensiver UV-Strahlung.

1 Vor ungefähr 100 Jahren wurde der Zusammenhang zwischen Hautkrebsentstehung und Sonnenlicht erkannt. Verantwortlich ist die UV-B-Strahlung, die Schäden an den Nukleotidbausteinen der DNA hervorrufen kann.

1.1 UV-B-Strahlung kann eine chemische Bindung zwischen den Basen benachbarter Nukleotide eines DNA-Strangs hervorrufen (Dimeren-Bildung). Dies hat Auswirkungen auf die weiteren DNA-Replikationen der Zelle.

1.1.1 Beschreiben Sie die Vorgänge bei der Replikation an einer intakten DNA, die nach der Trennung der komplementären Stränge am kontinuierlich zu replizierenden Strang ablaufen! 6

1.1.2 Die folgende Abbildung zeigt die Entstehung eines Dimeren und dessen Auswirkung für die nachfolgenden Replikationen bei den Zellteilungen.

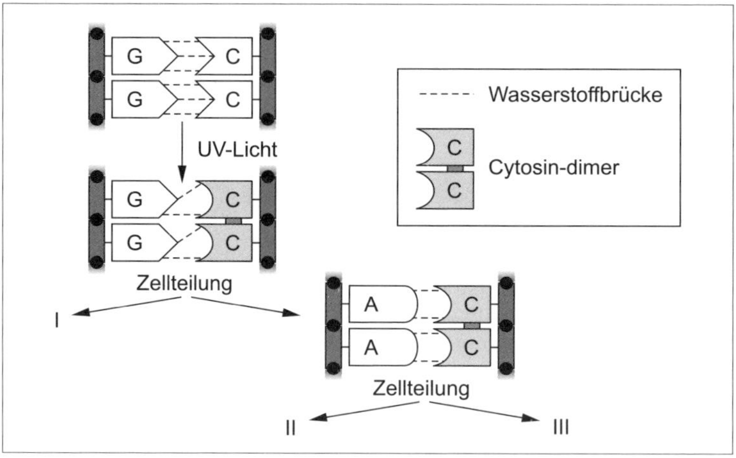

Abb. 1: Auswirkungen von Dimerenbildung auf die Replikationen der nachfolgenden Zellteilungen

Geben Sie die zu erwartenden Basenpaarungen I, II und III an und erläutern Sie mögliche Auswirkungen der Dimerenbildung auf die Primärstruktur von Proteinen der entsprechenden Zellen! 6

1.2 Ein völlig neues Verfahren zur Bekämpfung von Hautkrebs entwickelten Forscher an der Eidgenössischen Technischen Hochschule Zürich. Es basiert auf der gezielten Zerstörung von Blutgefäßen, die zu den Tumorzellen führen.
Erläutern Sie die sich daraus ergebenen Folgen für den Anabolismus und Katabolismus der Tumorzellen! 5

2 Die Erbkrankheit Albinismus, bei der die Fähigkeit zur Melaninsynthese verlorengegangen ist, beruht in ihrer häufigsten Form auf einem Defekt im Gen für das Enzym Tyrosinase. Die folgende Abbildung zeigt den Stammbaum einer Familie, in der Albinismus auftritt.

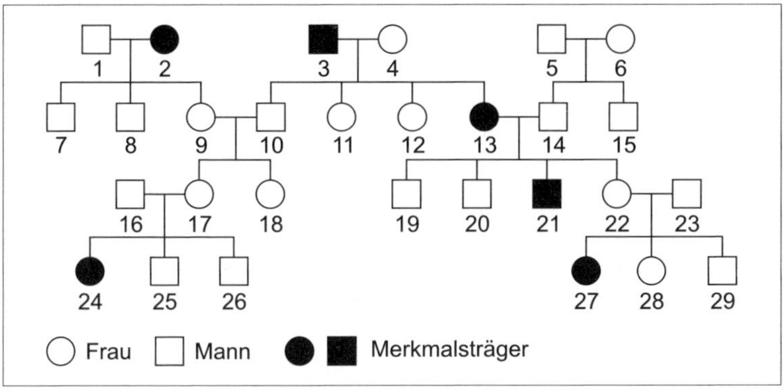

Abb. 2: Stammbaum einer Familie, in der Albinismus auftritt

2.1 Leiten Sie aus dem Stammbaum ab, welchem Erbgang der Albinismus folgt, und begründen Sie unter Angabe entsprechender Genotypen, weshalb die anderen Erbgänge nicht in Frage kommen! 6

2.2 Zuweilen gibt es Menschen, welche neben normal gefärbter Haut auch unterschiedlich große Albinismusflecken an einigen Stellen des Körpers aufweisen.
Entwickeln Sie eine begründete Hypothese, wie dieses Krankheitsbild zustande kommen kann! 3

3 Für die Bildung von Melanin ist Phenylalanin ein Ausgangsstoff. Die folgende Abbildung zeigt einen Ausschnitt aus dem Syntheseweg.

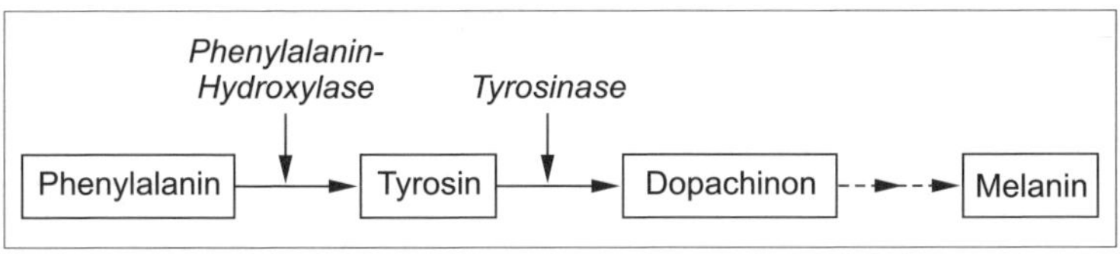

Abb. 3: Stoffwechselschema der Melanin-Synthese

3.1 In zehnjähriger Forschung wurde in Japan Rucinol entwickelt. Es ist in Cremes enthalten, welche zur Hautaufhellung, beispielsweise bei Altersflecken, eingesetzt werden. Rucinol hemmt kompetitiv die Tyrosinase, welche während der Melanin-Synthese u. a. die Umwandlung von Tyrosin zu Dopachinon katalysiert.
Erläutern Sie mithilfe einer beschrifteten Skizze das Prinzip der kompetitiven Hemmung anhand des obigen Beispiels! 7

3.2 Bei der Phenylketonurie (PKU) handelt es sich um eine Erbkrankheit, bei der das veränderte Enzym Phenylalanin-Hydroxylase die Aminosäure Phenylalanin nicht mehr in die Aminosäure Tyrosin umwandeln kann. Die Tyrosin-Konzentration im Blut von PKU-Erkrankten ist somit stark vermindert, Phenylalanin reichert sich dagegen im Körper kontinuierlich an.

3.2.1 Stellen Sie eine Hypothese auf, warum erst ab der Geburt der Phenylalaningehalt im Blut eines an PKU erkrankten Kindes kontinuierlich ansteigt! 3

3.2.2 Zur Diagnose von PKU kann das Blut von Neugeborenen einem mikrobiologischen Test unterzogen werden. Hierfür wird Blut auf Filterpapierscheiben aufgetragen und diese auf einen Nährboden gegeben, der mit dem Bakterium *Bacillus subtilis* beimpft ist. Die Wirkung eines im Nährboden vorhandenen Stoffes, der das Bakterienwachstum hemmt, wird durch die Anwesenheit von Phenylalanin aufgehoben. Die Kulturen werden über Nacht bebrütet.
Die folgende Abbildung zeigt das Ergebnis von Blutproben eines erkrankten Kindes, die zu verschiedenen Zeiten nach der Geburt untersucht wurden.

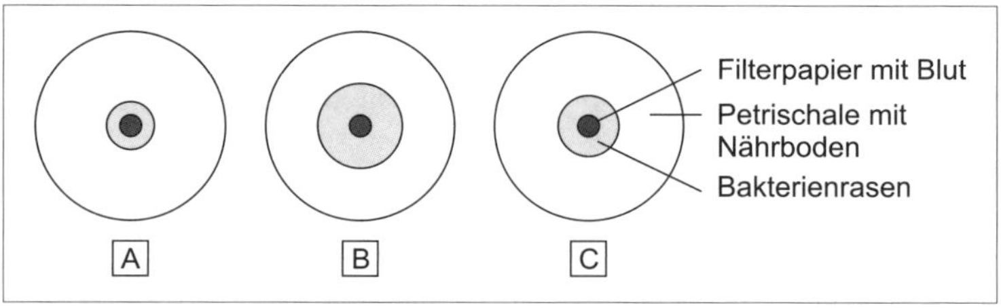

Abb. 4: Testergebnis von Blutproben eines an PKU erkrankten Kindes

Erklären Sie das Prinzip dieses Testes und ordnen Sie die drei Versuchsergebnisse begründet nach dem Zeitpunkt der Blutentnahme! 4

40

Erwartungshorizont

1.1.1 *Die Replikation ist die identische Verdoppelung der DNA. Sie läuft nach dem semikonservativen Mechanismus ab, d. h., ein Einzelstrang dient jeweils als Matrize für einen neu zu synthetisierenden Einzelstrang, der zu dem Ursprungsstrang komplementär ist. In der Aufgabenstellung ist nicht nach der kompletten Replikation gefragt, sondern nur nach den Vorgängen am kontinuierlich gebildeten Strang nach der Trennung durch die Helikase.*

- Um eine Wiederverknüpfung der beiden getrennten Einzelstränge durch die komplementäre Basenpaarung zu verhindern, lagern sich Einzelstrangbindungsproteine an diese an.
- *Von der Primase wird ein Primer erzeugt und an den DNA-Einzelstrang angefügt. Dieser Primer dient der DNA-Polymerase als Replikationsstartpunkt.*
- Da die DNA-Polymerase nur in 5'→3'-Richtung synthetisiert, kann sie nur in eine Richtung einen komplementären Strang kontinuierlich bilden (Leitstrang). Dazu baut die DNA-Polymerase Nukleotide aus dem Zellplasma komplementär zum vorliegenden Einzelstrang, der als Matrize dient, an und verknüpft sie miteinander.

Am Folgestrang verläuft die Replikation diskontinuierlich, da die Replikation hier entgegengesetzt zu der Richtung fortschreitet, in der die Helikase die zu replizierenden Einzelstränge trennt.
Die DNA-Replikation bei Eukaryoten läuft an mehreren Stellen der DNA gleichzeitig ab. An einem Replikationsursprung setzen Helikasen an und öffnen den Doppelstrang in beide Richtungen. Die DNA-Replikation schreitet in beide Richtungen voran, sodass Replikationsblasen entstehen, die bei einem Aufeinandertreffen miteinander fusionieren.

1.1.2

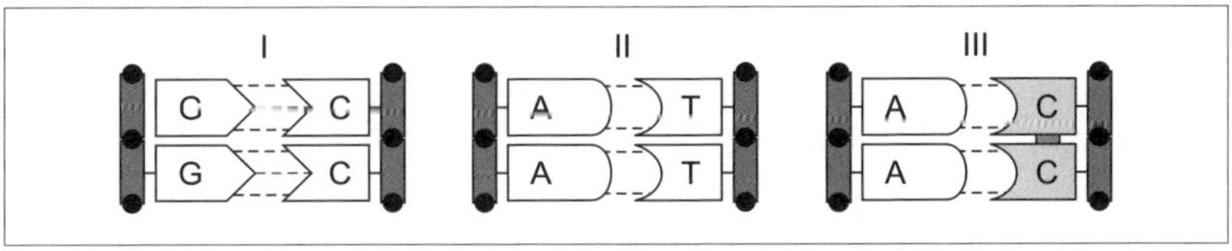

Durch die Dimerbildung kann es zu einer Punktmutation von zwei Basen kommen: GG wird zu AA.

Eine Punktmutation kann prinzipiell drei Folgen haben:
Die Veränderung der Nukleinbasen …

- hat keine Auswirkung auf die Primärstruktur des Polypeptids, da das mutierte Triplett für die gleiche Aminosäure codiert oder in einem Intron liegt (**stumme Mutation**).

- führt zu einer veränderten Aminosäuresequenz, da das Triplett für eine andere als die ursprüngliche Aminosäure codiert (**missense-Mutation**).
- führt zu einem Abbruch der Translation und dadurch zu einem verkürzten Polypeptid, da das Triplett nun als Stopp-Codon fungiert (**nonsense-Mutation**).

1.2 *Der Begriff Anabolismus bezeichnet die energieaufwendige Synthese komplexer Moleküle aus einfacheren Vorläufern. Katabolismus wird der Abbau von Stoffwechselprodukten zu einfacheren Molekülen v. a. zur Energiegewinnung genannt.*

Das Blut versorgt die Tumorzellen mit Sauerstoff und Nährstoffen wie Traubenzucker, Aminosäuren und Fetten und sorgt für den Abtransport von Stoffwechselprodukten.

Anabolismus: Ohne die nötigen Baustoffe kann eine Tumorzelle nicht mehr wachsen bzw. keine Zellteilung mehr ausführen. Fehlen beispielsweise Aminosäuren, so können keine neuen Proteine synthetisiert werden.

Katabolismus: Sauerstoff und Traubenzucker sind die Edukte, die für die Zellatmung nötig sind. Werden diese Stoffe den Tumorzellen entzogen, können diese kein ATP bilden und sterben ab. Auch die Einzelbausteine von Fetten können bei unterbrochener Blutversorgung nicht mehr zur Energiegewinnung verwendet werden.

2.1 *Von dem Erbleiden sind sowohl Frauen als auch Männer betroffen, was auf einen autosomalen Erbgang hindeutet. Das Verhältnis von vier erkrankten Frauen zu zwei Männern entspricht nicht der statistischen Geschlechterverteilung. Da die Erkrankung mehrere Generationen überspringt, ist ein rezessiver Erbgang anzunehmen. Diese Hinweise müssen im Erbgang durch eindeutige Schlüsselstellen belegt werden. Die Aufgabenstellung verlangt dabei, dass hypothetische Genotypen für den begründeten Ausschluss angegeben werden.*
Für einige Erbgänge sind hier mehrere Ausschlusskriterien aufgeführt. Laut Aufgabenstellung genügt pro Erbgang ein eindeutiger Beweis.

Es handelt sich um einen **autosomal-rezessiven** Erbgang.
Folgende Erbgänge können ausgeschlossen werden:
- **Autosomal-dominant:** Gesunde Eltern dürften keine erkrankten Kinder bekommen. Die Eltern 16/17 bzw. 22/23 haben aber ein erkranktes Kind (24 bzw. 27). Die Personen 24 und 27 hätten den Genotyp Aa oder AA. Mindestens ein Elternteil müsste in diesem Fall den Genotyp Aa oder AA haben und damit Merkmalsräger sein.
- **Gonosomal (X-chromosomal)-dominant:** Töchter von betroffenen Vätern müssten erkrankt sein. Person 3 ist Merkmalsträger, aber die Töchter 11 und 12 sind gesund. Person 3 hätte den Genotyp X_AY, sodass seine Töchter den

Genotyp X_AX_a besäßen und erkrankt wären. Die Mütter betroffener Söhne müssten Merkmalsträgerinnen sein. Diese Argumentation kann bei diesem Stammbaum nicht herangezogen werden.

- **Gonosomal (X-chromosomal)-rezessiv:** Söhne von betroffenen Müttern müssten erkrankt sein. Personen 2 bzw. 13 sind Merkmalsträgerinnen, aber die Söhne 7 und 8 bzw. 19 und 20 sind gesund. Die Personen 2/13 hätten den Genotyp X_aX_a und die Söhne 7/8 bzw. 19/20 den Genotyp X_aY.
  Die Väter betroffener Töchter müssten erkrankt sein. Es sind jedoch die Personen 24 und 27 erkrankt und deren Väter 16 bzw. 23 gesund. Personen 24 und 27 hätten den Genotyp X_aX_a und deren Väter 16 bzw. 23 hätten den Genotyp X_aY und wären Merkmalsträger.
- **Gonosomal (Y-chromosomal):** Es dürften keine Frauen betroffen sein. Die betroffenen Personen 2, 13, 24 und 27 sind jedoch weiblich.

2.2 Es könnte sich um eine somatische Mutation handeln, die erst im Laufe der Ontogenese entstanden ist. Je nach dem Zeitpunkt, zu dem die Mutation aufgetreten ist, sind größere oder kleinere Bereiche beim Merkmalsträger betroffen.

3.1 *Da die räumliche Struktur eines kompetitiven Hemmstoffs der des Substrats ähnlich ist, konkurriert der Hemmstoff mit dem Substrat um das aktive Zentrum des Enzyms. Lagert sich der Hemmstoff an das Enzym an, so blockiert er das aktive Zentrum und verhindert eine Bindung des Substrats. Der Hemmstoff bindet nicht dauerhaft an das aktive Zentrum und kann verdrängt werden, deshalb handelt es sich bei der kompetitiven Hemmung um eine reversible Hemmung.*

Rucinol besitzt eine **ähnliche räumliche Struktur** wie Tyrosin. Es konkurriert daher mit Tyrosin um das **aktive Zentrum** der Tyrosinase, da es auch daran **binden** und das Enzym für das eigentliche Substrat **blockieren** kann. Dadurch wird die **Enzymaktivität verringert** und die Tyrosinase wandelt weniger Tyrosin zu Dopachinon um.

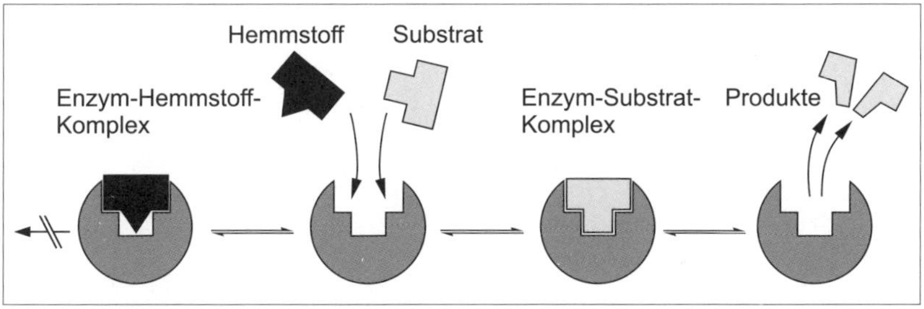

3.2.1 Die Versorgung eines Embryos bzw. Fetus mit Nährstoffen und Sauerstoff erfolgt über die Plazenta. Auch die benötigten Aminosäuren erhält das ungeborene Kind von der Mutter. Die Aminosäurekonzentrationen werden durch den Stoffwechsel der Mutter reguliert. Ein Defekt der Phenylalanin-Hydroxylase hat daher noch keinen Einfluss auf die Aminosäurekonzentrationen im Blut des ungeborenen Kindes. Erst nach der Geburt muss das Neugeborene Phenylalanin eigenständig in Tyrosin umwandeln, was aufgrund des veränderten Enzyms nicht möglich ist. Dies führt zur Anreicherung von Phenylalanin.

3.2.2 Wird Filterpapier mit dem Blut des Kindes versehen und auf einen Nährboden aufgebracht, so diffundiert die darin enthaltene Aminosäure Phenylalanin in den Nährboden. Die Wirkung des Hemmstoffes auf das Bakterienwachstum wird durch die Aminosäure aufgehoben. Je höher die Phenylalaninkonzentration ist, desto größer wird der Bakterienrasen um das Filterpapier anwachsen. Da mit zunehmender Dauer nach der Geburt die Phenylalanin-Konzentration im Blut des Säuglings aufgrund des Enzymdefekts kontinuierlich ansteigt, muss Blutprobe A zuerst entnommen worden sein. Als zweite Probe folgte C und als dritte Probe B.

Abitur Biologie (Bayern G8) 2012
Aufgabe C1: Optogenetik – Verhaltensänderung auf Knopfdruck

BE

Die Optogenetik ist eine moderne Methode zur Untersuchung neuronaler Vorgänge. Sie kombiniert optische und genetische Verfahren in eleganter Weise: Neuronen werden derart verändert, dass ihre Aktivität durch Licht beeinflusst werden kann. Dazu werden sie genetisch so verändert, dass sie lichtempfindliche Proteine herstellen und in ihre Zellmembranen einbauen. Diese Proteine fungieren als Ionenkanäle oder auch Ionenpumpen, die sich bei Bestrahlung mit Licht einer jeweils charakteristischen Wellenlänge für 10 ms öffnen bzw. aktiv Ionen transportieren und so das Membranpotential beeinflussen. In der folgenden Tabelle sind zwei dieser Proteine mit ihren Eigenschaften gegenübergestellt.

Bezeichnung	**ChR2**	**NpHR**
Ionentransport	lässt Kationen (z. B. Na^+) passiv passieren	transportiert Chloridionen aktiv von außen nach innen
Wellenlänge des aktivierenden Lichts	445–490 nm	550–610 nm

1 Neuronen aus dem Gehirn von Mäusen, die das Kanalprotein ChR2 integriert haben, wurden in einer Nährlösung 5 ms mit Licht der Wellenlänge 488 nm und unterschiedlicher Intensität (Helligkeit) bestrahlt. Abbildung 1 zeigt einen Ausschnitt der gemessenen Membranpotenziale.

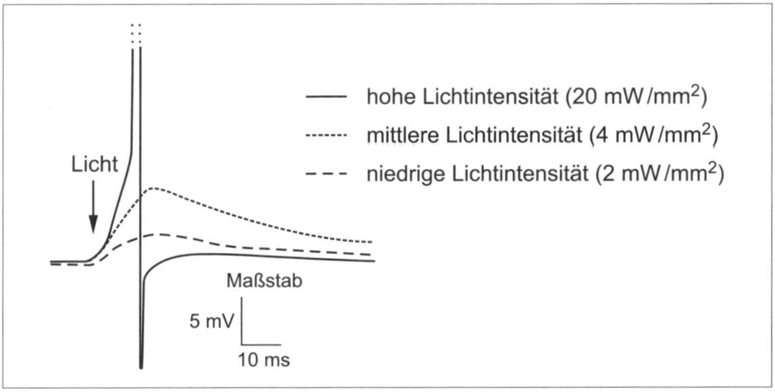

Abb. 1: Antwort der veränderten Neuronen in Abhängigkeit von der Lichtintensität (Es ist nur ein vereinfachter Ausschnitt des jeweiligen Membranpotenzials dargestellt)
(verändert nach: B. R. Arenkiel et al.: *In vivo light-induced activation of neural circuitry in transgenic mice expressing channelrhodopsin-2*. Neuron 54, April 19, 2007, S. 205–218)

1.1 Stellen Sie mithilfe einer einfachen Skizze die Ionenverteilung an der Membran einer unerregten Nervenfaser dar! 5

1.2 Interpretieren Sie die in Abbildung 1 dargestellten Potenzialänderungen auf Grundlage der Vorgänge an den Ionenkanälen! 8

1.3 In einem Experiment wurden Neuronen, die das Tunnelprotein ChR2 und die Ionenpumpe NpHR zu gleichen Anteilen in ihrer Membran integriert haben, über die gesamte Versuchsdauer mit blauem Licht (470 nm) hoher Lichtintensität bestrahlt. Nach 1 000 ms wurde für eine Dauer von 2 000 ms zusätzlich mit gelbem Licht (570 nm) mit hoher Lichtintensität bestrahlt. In diesem Zeitraum wurden die Auswirkungen auf das Membranpotenzial aufgezeichnet. Das Messergebnis ist in Abbildung 2 dargestellt:

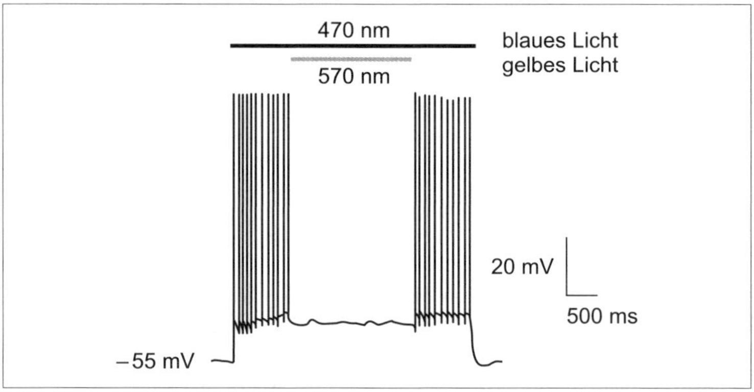

Abb. 2: Membranpotenzial der Neuronen in Abhängigkeit von der Wellenlänge des eingestrahlten Lichtes
(Bamberg, E.: *Lichtgesteuerte Membrankanäle und Ionenpumpen als Werkzeuge für die Neurowissenschaft.* Aus: Jahrbuch der Max-Planck-Gesellschaft 2010)

Erläutern Sie die in Abbildung 2 dargestellten Messergebnisse unter Bezugnahme auf die Ionenebene! 6

2 Wissenschaftlern gelang es, das lichtempfindliche Kanalprotein ChR2 so zu verändern, dass es sich nur in den Nervenzellen bildet, die beim Entstehen einer Erinnerung aktiv sind. In einem Experiment lernten Versuchstiere, dass auf einen bestimmten Ton ein elektrischer Reiz folgt. Dies führte nach einiger Zeit dazu, dass die Tiere nur beim Hören des Tones in eine Angststarre verfielen.

2.1 Analysieren Sie den beschriebenen Lernvorgang unter Anwendung ethologischer Fachbegriffe! 6

2.2 Beschreiben Sie die Folgen der Belichtung der Neuronen mit dem Kanalprotein ChR2 nach dem Lernprozess und zeigen Sie auf, welche ethische Problematik durch eine konsequente Weiterentwicklung dieser Technik entstehen könnte! 4

2.3 Für weitere Untersuchungen sind größere Mengen des Kanalproteins ChR2 erforderlich. Beschreiben Sie ein Verfahren, womit das Kanalprotein ausgehend von der Isolierung der ChR2-mRNA gentechnisch hergestellt werden kann! 11

40

Erwartungshorizont

1.1

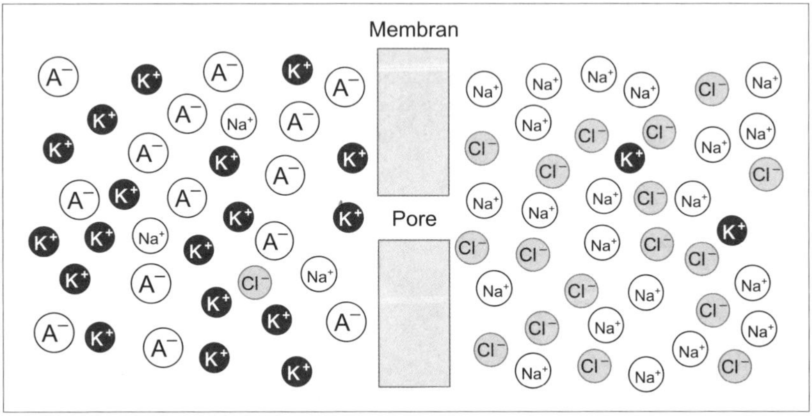

1.2 *Die Mäuseneuronen wurden einem Lichtreiz von 488 nm Wellenlänge ausgesetzt. Dieser aktiviert die ChR2-Kanalproteine, sodass die Neuronenmembran für Kationen permeabel wird. Aufgrund des elektrochemischen Gradienten werden zunächst hauptsächlich Natriumionen ins Innere der Zelle strömen.*

Bei **niedriger Lichtintensität** führt die Belichtung zu einer **Öffnung** der ChR2-Kanalproteine, wodurch Natriumionen entlang des **elektrochemischen Gradienten** ins Zellinnere strömen. Es kommt zu einer **Depolarisation** an der Zellmembran. Diese bleibt aber **unterschwellig** und nach einiger Zeit stellt sich das Ruhepotenzial wieder ein.

Der Lichtreiz mit **mittlerer Lichtintensität** führt ebenso zu einer Öffnung der ChR2-Kanalproteine und zu einer **unterschwelligen Depolarisation**. Diese ist aber stärker als bei niedriger Lichtintensität. Daraus lässt sich folgern: Je höher die Lichtintensität ist, desto mehr ChR2-Kanalproteine öffnen sich und desto stärker ist die Depolarisation.

Bei **hoher Lichtintensität** öffnen sich so viele ChR2-Kanalproteine, dass es zu einer **überschwelligen Depolarisation** kommt. Infolgedessen öffnen sich die **spannungsabhängigen Natriumionenkanäle** und es kommt zu einem verstärkten Natriumioneneinstrom. Diese starke Depolarisation, bei der die Membranspannung positiv wird, wird als **Aktionspotenzial** bezeichnet. Neben den Natriumionenkanälen öffnen sich zeitlich verzögert **spannungsabhängige Kaliumionenkanäle**. Das hat zur Folge, dass Kaliumionen aus dem Neuron ausströmen und so der Depolarisation entgegenwirken. Es kommt zur **Repolarisation** und schließlich zur **Hyperpolarisation**, da sich die Kaliumionenkanäle nur langsam schließen und Kaliumionen vermehrt ausströmen. In dieser Phase des Aktionspotenzials sinkt das Membranpotenzial unter den Wert des Ruhepotenzials. Wenn die Kaliumionenkanäle geschlossen sind, stellt sich das **Ruhepotenzial** schnell wieder ein.

1.3 Bei zunächst ausschließlicher Bestrahlung mit Licht von 470 nm Wellenlänge öffnen sich die ChR2-Kanalproteine, die Kationen passiv passieren lassen. Aufgrund des elektrochemischen Gradienten strömen Natriumionen ins Innere des Neurons. Es kommt zur **überschwelligen Depolarisation** und somit zu **Aktionspotenzialen**.
Werden die Neuronen zusätzlich mit Licht von 570 nm Wellenlänge bestrahlt, sind zwar die ChR2-Kanalproteine weiterhin geöffnet, sodass der Natriumeinstrom eine Depolarisation der Nervenzellmembran bewirkt. Allerdings wird durch das gelbe Licht zusätzlich die NpHR-Ionenpumpe aktiviert, die **Chloridionen ins Zellinnere** transportiert. Da die Chloridionen negativ geladen sind, wirkt der Transport ins Zellinnere der Depolarisation entgegen. Sind also beide Proteine durch Licht aktiviert, kommt es zwar zu einer Depolarisation, sie **überschreitet** aber den **Schwellenwert nicht**, sodass keine Aktionspotenziale ausgelöst werden.

2.1 *In der Aufgabenstellung wird davon ausgegangen, dass es sich bei der Angststarre um eine spezielle Reaktion, einen Reflex handelt, weshalb man hier von unbedingtem und bedingtem Reflex spricht.*

Es handelt sich um eine **klassische Konditionierung**, genauer um eine **bedingte Aversion**. Wird das Versuchstier einem elektrischen Reiz ausgesetzt, so verfällt es in eine Angststarre. Der elektrische Reiz ist demnach der **unbedingte Reiz**, während das Erstarren der **unbedingte Reflex** ist. Der **neutrale Reiz** „Ton“ wird mehrfach mit dem **unbedingten Reiz** „elektrischer Schlag“ in einem engen zeitlichen Rahmen (**Kontiguität**) in Zusammenhang gebracht. Hierdurch wird der neutrale Reiz zu einem **bedingten Reiz**. Dieser kann schon allein die Angststarre hervorrufen. Das Erstarren ist in diesem Fall ein **bedingter Reflex**.

2.2 *In der Aufgabenstellung wird davon ausgegangen, dass die Neuronen einer hohen Lichtintensität ausgesetzt werden.*

Falls Neuronen mit eingebauten ChR2-Kanalproteinen blauem Licht mit genügend hoher Lichtintensität ausgesetzt werden, führt dies zur überschwelligen Depolarisation der Nervenzellmembran und somit zur Entstehung von Aktionspotenzialen. Da es sich bei diesen Neuronen um solche Zellen handelt, die bei der Entstehung einer Erinnerung aktiv sind, wird durch deren Aktivierung die im Vorfeld erlernte Assoziation abgerufen. Das hat eine Angststarre zur Folge.

Die Weiterentwicklung dieser Techniken könnte einen Missbrauch nach sich ziehen, indem Verhaltensweisen von Tieren bzw. auch des Menschen gezielt gesteuert oder beeinflusst werden könnten.

2.3 *In der Aufgabenstellung wird verlangt, dass ein Verfahren zur Herstellung des ChR2-Proteins beschrieben wird. Genau genommen sind mehrere Verfahren gemeint: die Bildung der cDNA, die Polymerasekettenreaktion (PCR), die Hybridplasmidbildung, die Transformation, die Klonierung, die Selektion von Bakterien, die das Hybrid aufgenommen haben und die Produktisolation. Da hier das Verfahren und nicht die Vorgehensweise verlangt ist, reicht eine Auflistung der angewendeten Methoden nicht aus. Die einzelnen gentechnischen Verfahren müssen beschrieben werden.*

Bildung der **cDNA** ausgehend von der ChR2-mRNA:
Zunächst wird die ChR2-mRNA isoliert und mit einer **reversen Transkriptase**, einer ausreichenden Menge an DNA-Nukleotiden und einem Primer zusammengegeben, sodass an der RNA ein **komplementärer DNA-Strang** *(complementary DNA oder copy DNA = cDNA)* gebildet wird; die RNA wird anschließend enzymatisch abgebaut. Die **DNA-Polymerase** synthetisiert im Anschluss daran aus dem DNA-Einzelstrang einen Doppelstrang. Die so erzeugte DNA liegt ohne Introns vor, sodass sie in das Genom von Bakterien eingebaut werden kann.

Vervielfältigung der DNA durch die **Polymerasekettenreaktion (PCR)**:
- Die zu vervielfältigende doppelsträngige DNA befindet sich in einer Lösung, zu der eine **hitzebeständige DNA-Polymerase (Taq-Polymerase)** und die einzelnen DNA-Nukleotide hinzugefügt werden. Zusätzlich werden Primer dazugegeben, die komplementär zu den Enden des zu vervielfältigenden DNA-Abschnitts sind.
- Die Erhitzung der Lösung bewirkt, dass sich die DNA-Doppelstränge voneinander trennen (Auflösung der Wasserstoffbrückenbindungen, Denaturierung).
- Bei Abkühlung der Lösung binden die Primer über Wasserstoffbrückenbindungen an die zu vervielfältigende DNA (Hybridisierung). Es sind zwei Primer nötig, einer für jeden Strang.
- Die DNA-Polymerase verlängert die Primer durch Anhängen von Nukleotiden (Amplifikation). Die Originalstränge dienen hierbei als Matrizen.
- Die zu vermehrende DNA wird in einem Zyklus jeweils verdoppelt.

Um die so vermehrte DNA in das Genom von Wirtszellen einzubauen, müssen **Vektoren** (Genfähren) gewonnen werden, die ein Einschleusen ermöglichen. Diese Vektoren werden mit der Spender-DNA verknüpft, sodass eine rekombinierte DNA entsteht, die eingeschleust werden kann.

Herstellung eines **Hybridplasmids:**

- **Isolierung** des Gens aus der DNA des Spenderorganismus:
  Durch die Bildung der cDNA und deren Vermehrung liegt die Spender-DNA vor. Damit diese in das Plasmid eingebaut werden kann, muss sie um sogenannte „**sticky ends**" erweitert werden, die passend zu den Schittstellen des Plasmids sind, die durch das eingesetzte Restriktionsenzym hervorgerufen werden.
- Gewinnung eines geeigneten Plasmids als **Vektor:**
  Aus Bakterien wird ein Plasmid isoliert und mit dem **Restriktionsenzym** geschnitten, das passende Schnittstellen zu den „**sticky ends**" der Spender-DNA hervorruft. Die Schnittstelle des Plasmids hat dann die gleichen „sticky ends" wie das Spender-Gen.
- **Hybridisierung**, Einbau der Fremd-DNA:
  Die gewünschte Spender-DNA und die aufgeschnittenen Plasmide werden zusammengebracht und durchmischt. Die „sticky ends" fügen sich komplementär zusammen. Ein Enzym, die **DNA-Ligase**, verbindet die Enden miteinander. Gelingt dieser Vorgang, so ist ein **rekombiniertes Hybridplasmid** entstanden.

Ablauf der **Transformation:**
Nach der Hybridisierung müssen Bakterien dazu angeregt werden, die Plasmide aufzunehmen (Transformation). Dies erfolgt beispielsweise durch eine chemische Behandlung von Wirtszellen mit Calciumionen oder durch deren Reizung über elektrische Impulse. So werden die Zellmembranen durchlässig für die Hybrid-DNA.

Klonierung und **selektive Identifizierung** von Bakterien mit Hybridplasmid:
Nur ein geringer Prozentsatz von Bakterien nimmt tatsächlich die Fremd-DNA auf. Um eine Selektion der Wirtszellen durchzuführen, die die Hybrid-DNA aufgenommen haben, muss man die Bakterien auf einem Nährboden vermehren. Aus einzelnen Bakterien entsteht so jeweils eine Population von Klonen, d. h. Zellen mit identischem Erbgut. Die gewünschten Bakterien können nur dann erfolgreich selektiert werden, wenn ein geeignetes Plasmid als Vektor verwendet wurde:

- Das Plasmid muss mindestens zwei Gene als **Marker** besitzen (z. B. zwei Antibiotikaresistenzen gegen Ampicillin und Tetrazyklin).
- In einem der beiden Resistenzgene muss die **Schnittstelle** für das verwendete Restriktionsenzym liegen, sodass die entsprechende Antibiotikaresistenz durch den Einbau der Spender-DNA in den Vektor verloren geht.

Das Bakteriengemisch (Bakterien ohne Plasmid, Bakterien mit unverändertem Plasmid und Bakterien mit Hybridplasmid) wird z. B. auf einem ampicillinhaltigen Nährboden kultiviert. Bakterien ohne Plasmid und folglich ohne Antibiotikaresistenz sterben darauf ab. Mithilfe der Stempeltechnik überträgt man nun einzelne angewachsene Zellen aus den Kolonien auf einen zweiten Nährboden z. B. mit Tetrazyklin. Hier werden nur die Bakterien wachsen, die ein unverändertes Plasmid aufgenommen haben. Aus einem Vergleich der Koloniemuster beider Nährböden kann man schließlich diejenigen identifizieren, die zwar eine Ampicillin-, aber keine Tetrazyklinresistenz besitzen.

Der erfolgreiche Einbau von Fremd-DNA könnte auch mittels Gen-Sonden nachgewiesen werden.

Isolation des gewünschten Produkts:
Nachdem die Bakterien mit Hybridplasmid identifiziert wurden, werden diese isoliert und in Reinkultur vermehrt. Die Bakterien produzieren das gewünschte Protein. In regelmäßigen Abständen werden Zellen entnommen, aufgebrochen und das Produkt isoliert.

Abitur Biologie (Bayern G8) 2012
Aufgabe C 2: Löwen

BE

1 Löwen leben in Rudeln, die aus mehreren Weibchen, deren Jungtieren und meist nur einem Männchen bestehen. Die Löwinnen des Rudels paaren sich mit dem Männchen. Sie werfen nach einer Tragzeit von 100–120 Tagen im Durchschnitt drei Jungtiere, die zunächst nur von der Mutter und ab der vierten Woche gemeinschaftlich auch von anderen Weibchen gesäugt werden.
Die Jungtiere bleiben auch nach der Entwöhnung noch bei der Mutter im Rudel, bevor sie mit ca. 48 Monaten als Halbwüchsige gelten und bald selber geschlechtsreif werden. Erst nach dieser Zeit kann die Mutter wieder neuen Nachwuchs bekommen.
Männliche Löwen konkurrieren um den Besitz eines Rudels. Gelegentlich vertreiben neue Männchen die bisherigen Rudelführer.

1.1 In einem Löwenrudel beobachtet man direkt nach der Übernahme des Rudels durch ein neues Männchen den sogenannten Infantizid.
Erläutern Sie dieses Verhalten! 4

1.2 Das Auftreten von bestimmten Verhaltensweisen junger Löwen in der Serengeti wurde quantitativ untersucht. Die Ergebnisse sind in folgendem Diagramm dargestellt.

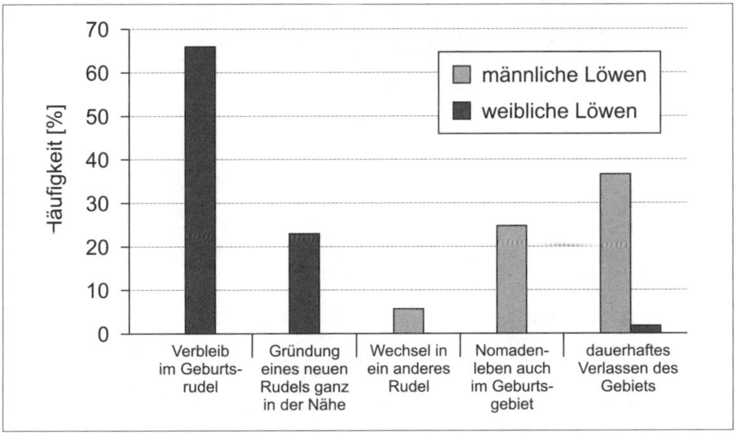

Abb. 1: Verhaltensweisen von männlichen und weiblichen jungen Löwen in der Serengeti ab einem Alter von 48 Monaten
(Pusey and Packer: *The evolution of sex-biased dispersal in lions*. Behavior 101, 1987, S. 281. Copyright © 1987, Brill)

Erstellen Sie jeweils eine Hypothese, welche ultimate Ursache der jeweils am häufigsten gezeigten Verhaltensweise der jungen Weibchen bzw. der jungen Männchen zugrunde liegt! 4

1.3 Bei männlichen Löwen wurde in einer Langzeitstudie die Länge und Farbe ihrer Mähne sowie die Konzentration eines Sexualhormons im Blutserum untersucht. Die Ergebnisse dieser Studie sind in Abbildung 2 zusammengefasst.

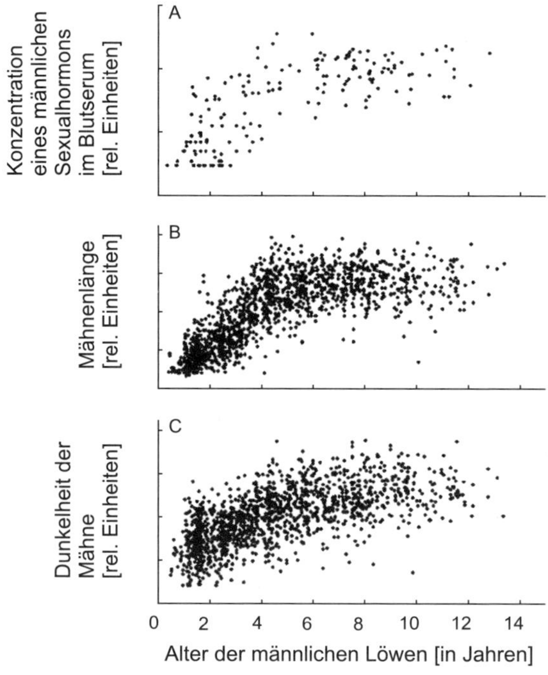

Abb. 2: Ergebnisse der Langzeitstudie
(West and Packer: *Sexual selection, temperature and the lion`s mane*. Science 297, Aug 23, 2002, S. 1 339–1 343. Copyright © 2002, American Association for the Advancement of Science)

In einer weiteren Studie wurde untersucht, wie Löwen auf Löwenattrappen reagieren. In Versuch 1 wurde den Löwen eine Attrappe mit dunkler Mähne und eine Attrappe mit heller Mähne bzw. in Versuch 2 eine Attrappe mit langer Mähne und eine Attrappe mit kurzer Mähne gezeigt und anschließend Folgendes beobachtet.

	Anzahl der Individuen, die sich an eine Attrappe annähern			
	Versuch 1		Versuch 2	
	Attrappe mit dunkler Mähne	Attrappe mit heller Mähne	Attrappe mit langer Mähne	Attrappe mit kurzer Mähne
Löwen-weibchen	9	1	7	3
Löwen-männchen	0	5	1	9

Tab.: Ergebnisse von Attrappenversuchen mit Löwen
(West and Packer: *Sexual selection, temperature and the lion`s mane*. Science 297, Aug 23, 2002, S. 1 339–1 343. Copyright © 2002, American Association for the Advancement of Science)

Erläutern Sie auf Basis der Informationen der Langzeitstudie die Ergebnisse der Attrappenversuche! 10

2 Der Ngorongorokrater in Tansania ist ein abgeschlossenes Gebiet mit einem Durchmesser von ca. 19 km. Er ist von 400–600 m hohen, schwer passierbaren Seitenwänden umgeben. Seit 1959 wird die dortige Löwenpopulation untersucht und mit der sehr viel größeren Population in der Serengeti außerhalb des Kraters verglichen. Abbildung 3 zeigt die Entwicklung der Kraterlöwenpopulation von 1961–1987.

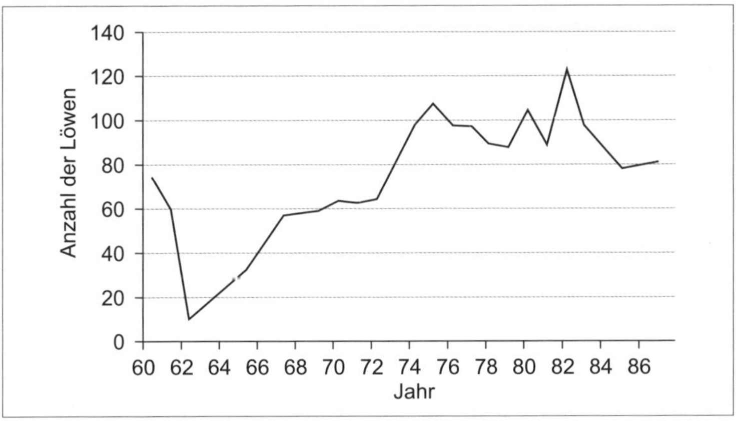

Abb. 3: Größe der Löwenpopulation im Ngorongorokrater
(verändert nach: Pusey and Packer: *The evolution of sex-biased dispersal in lions*. Behavior 101, 1987, S. 279. Copyright © 1987, Brill)

1987 wurden die Kraterlöwen bezüglich einiger Kennzeichen mit den Serengetilöwen verglichen. Man fand heraus, dass die Kraterlöwen eine

um 40 % geringere genetische Variabilität besitzen als die Serengetilöwen, von denen sie wahrscheinlich ursprünglich abstammen.
Erklären Sie auf Basis der angegebenen Informationen das Zustandekommen dieses großen Unterschieds in der genetischen Variabilität! 7

3 Um eine DNA- oder Blutprobe von einem Löwen zu erhalten, muss man das Tier in der Regel betäuben. Dazu verwendet man üblicherweise Etorphin, ein Opioid. Diese Substanz bindet an spezielle Opioidrezeptoren im Nervensystem. Die Bindung bewirkt letztendlich an der Membran des Endknöpfchens eine verringerte Öffnung der Calciumionenkanäle sowie an der postsynaptischen Membran eine verstärkte Öffnung von Kaliumionenkanälen.
Erläutern Sie die Veränderungen, die bei der synaptischen Erregungsübertragung durch den Einsatz von Etorphin zu erwarten sind! 9

4 Der Liger ist eine hybride Großkatze, die man jedoch nur erhält, wenn man in Gefangenschaft einen männlichen Löwen mit einem weiblichen Tiger kreuzt.
Männliche Liger sind unfruchtbar, während weibliche Liger Nachwuchs bekommen können.
Erörtern Sie, ob es sich bei Löwe und Tiger tatsächlich um zwei verschiedene Arten handelt! 6

40

Erwartungshorizont

1.1 *Der Infantizid kann sehr vielfältige und oft unbekannte Auslöser haben. Alle Erklärungsversuche sind deshalb Mutmaßungen. Die folgenden Aspekte werden häufig als Ursache für Infantizid angeführt:*

- *Übervölkerung und der dadurch ausgelöste soziale Stress bzw. aggressive Auseinandersetzungen*
- *Kannibalismus, bei dem das Opfer als Nahrungsquelle dient*
- *die Verknappung von Ressourcen und damit Konkurrenzsituation bzw. Revierkämpfe*
- *Strategie, um den Reproduktionserfolg zu erhöhen*

Als Infantizid bezeichnet man das **Töten von Nachkommen der eigenen Art**. Das neue Männchen profitiert von dieser Verhaltensweise: Durch die Tötung von Jungtieren beseitigt es zum einen den von einem Rivalen gezeugten Nachwuchs, zum anderen werden die Weibchen schneller wieder empfängnisbereit. Das neue Männchen steigert also seinen eigenen **Fortpflanzungserfolg** und die Nachkommen mit **seinen Genen** ersetzen die Nachkommen des Vorgängers bereits nach kurzer Zeit. Beim Infantizid handelt es sich damit um ein „Fitness"-förderndes Verhalten für das Männchen, das jedoch die Art schädigt.

1.2 *Unter den ultimaten Ursachen versteht man die Zweckursachen von Verhaltensweisen. Bei der Beantwortung der Frage soll nur auf das jeweils am häufigsten gezeigte Verhalten eingegangen und dazu auch nur eine Hypothese aufgestellt werden.*

Die **männlichen Junglöwen** verlassen mit einer Häufigkeit von ca. 38 % dauerhaft das besiedelte Gebiet. Als ultimate Ursachen kommen verschiedene Möglichkeiten in Frage:

- Konkurrenzsituationen um den Besitz des Rudels mit dem älteren Rudelführer und den damit verbundenen Rangordnungskämpfen mit Verletzungsgefahr werden vermieden und damit die Überlebenswahrscheinlichkeit erhöht.
- Inzucht durch Paarung mit verwandten Weibchen wird ausgeschlossen. Damit erhöht sich die Fitness der potenziellen Nachkommen.

Die **weiblichen Junglöwinnen** bleiben mit einer Häufigkeit von ca. 66 % im Geburtsrudel. Als ultimate Ursache dieses Verhaltens kommt hauptsächlich die Verwandtenselektion in Frage: Durch die altruistische Verhaltensweise, das eigene Interesse am Fortpflanzungserfolg durch ein uneigennütziges Brutpflegeverhalten für das Wohl der Gruppe zurückzustellen, steigern die verwandten Helferinnen-Weibchen durch die gemeinschaftliche Jungenaufzucht indirekt ihre Fitness. Darüber hinaus sind die Mitglieder eines Rudels besser geschützt als einzeln lebende Tiere und bei der gemeinschaftlichen Jagd ist eine Löwin deutlich erfolgreicher als bei der Einzeljagd.

1.3 *Bei den Löwen handelt es sich um eine Katzenart, bei der die Männchen durch eine deutlich ausgeprägte Mähne gekennzeichnet sind.*

Ergebnisse der **Langzeitstudie:**
Mit zunehmendem Alter der männlichen Löwen steigt die Konzentration eines männlichen Sexualhormons im Blutserum an. Außerdem nimmt sowohl die Länge der Mähne als auch die Dunkelfärbung der Mähne zu.

Ergebnisse der **Attrappenversuche:**
Löwenweibchen nähern sich überwiegend den Attrappen mit dunkler oder langer Mähne an. Löwenmännchen bevorzugen dagegen die Attrappen mit heller oder kurzer Mähne.

Weibchen reagieren positiv auf männliche Attrappen mit längeren und dunkleren Mähnen, da diese Mähnenausprägung mit einer hohen Konzentration eines Sexualhormons im Zusammenhang steht. Die Weibchen sehen die **Männchen als Geschlechtspartner** und bevorzugen dafür ältere Männchen mit einer höheren Fruchtbarkeit und höheren Aggressivität bzw. mehr Erfahrung in der Verteidigung des Rudels. Diese älteren und erfahreneren Löwen werden von den Weibchen anhand der langen und dunklen Mähne erkannt.
Männliche Tiere meiden dagegen die Attrappen mit ausgeprägten, dunklen Mähnen, da sie ältere und erfahrene **Männchen als Rivalen** sehen. Sie nähern sich den Attrappen mit kurzen, hellen Mähnen. Diese ähneln jungen Männchen, die aufgrund des niedrigeren Sexualhormonspiegels weniger aggressiv und noch unerfahrener sind.

2 Grundlegende Voraussetzung für die großen Unterschiede in der genetischen Variabilität zweier Populationen derselben Art ist die **Isolation**. Durch eine Fortpflanzungsbarriere wird der **Genaustausch** zwischen zwei Populationen verhindert oder zumindest stark eingeschränkt. Die beiden Löwenpopulationen sind durch die 400 bis 600 m hohen und steilen Seitenwände des Kraters voneinander getrennt, sodass sie sich isoliert voneinander entwickelten. Auf zufälligen und ungerichteten **Mutationen und Rekombinationen** beruht die jeweilige genetische Variabilität innerhalb der beiden Populationen.
Da den neuen Lebensraum der Kraterlöwen vermutlich nur eine sehr **kleine Gründerpopulation** besiedelte, konnte eine zufällige Veränderung von Genhäufigkeiten eintreten. Durch diese **Gendrift** sowie den starken Einbruch der Kraterlöwenpopulation im Jahre 1963 auf nur ca. 10 Tiere kamen im Vergleich zur Ursprungspopulation in der Serengeti bestimmte Allele zufällig besonders häufig vor oder fehlten ganz (Flaschenhalseffekt). Die genetische Variabilität der Kraterpopulation wurde dadurch erheblich reduziert.

Auch durch Inzucht, also die Paarung nah verwandter Tiere, nimmt im Laufe der Zeit die genetische Variabilität innerhalb der Population ab.

3 *Kommt ein Aktionspotenzial am Endknöpfchen des Axons an, so führt die Depolarisation der Membran zu einer Öffnung von Calciumionenkanälen. Dies löst die Fusion der synaptischen Vesikel mit der präsynaptischen Membran aus, wodurch Neurotransmitter in den synaptischen Spalt ausgeschüttet werden.*

Veränderungen durch eine **verringerte Öffnung der Calciumionenkanäle:** Durch die Bindung von Etorphin an der Membran des Endknöpfchens strömen weniger Calciumionen in das Endknöpfchen ein, sodass weniger synaptische Vesikel mit der präsynaptischen Membran verschmelzen und weniger Transmittermoleküle in den synaptischen Spalt freigesetzt werden. Es diffundieren damit weniger Transmittermoleküle durch den synaptischen Spalt und binden in geringerem Maße an die ligandengesteuerten Natriumionenkanäle der postsynaptischen Membran. Die Depolarisation bleibt dadurch unterhalb der Reizschwelle und es wird in der nachgeschalteten Zelle kein Aktionspotenzial ausgelöst.

Veränderungen durch eine **verstärkte Öffnung der Kaliumionenkanäle:** Durch die Bindung von Etorphin an der postsynaptischen Membran strömen vermehrt Kaliumionen aus und das Ruhepotenzial geht über den normalen Wert hinaus, wird also negativer. Dadurch kann der Schwellenwert zur Auslösung eines Aktionspotenzials eventuell nicht oder nur verzögert überschritten werden.

Alle Veränderungen bewirken eine **Unterbrechung** oder zumindest eine **Abschwächung der Erregungsleitung** und führen damit zu einer **Lähmung** und Betäubung.

4 *Damit aus der Kreuzung ein Liger hervorgeht, muss der Löwe männlich und der Tiger weiblich sein. Eine Kreuzung mit umgekehrter Geschlechterkonstellation ergibt einen Töwen/Tigon, der andere Merkmale aufweist. Auf diese Besonderheit muss jedoch in der Argumentation nicht eingegangen werden. Ebenso sind die Ursachen dafür, dass die männlichen Tiere unfruchtbar und die weiblichen fruchtbar sind, nicht näher zu erläutern.*

Nach der **biologischen Artdefinition** fasst man alle Lebewesen zu einer Art zusammen, die sich miteinander kreuzen können und deren Nachkommen fruchtbar sind. Da männliche Liger unfruchtbar sind, könnten die Tiere eigenen Arten zugerechnet werden. Weibliche Liger hingegen sind fruchtbar, was dafür spräche, dass Löwe und Tiger keine unterschiedlichen Arten bilden. Jedoch wird es in freier Wildbahn aufgrund der unterschiedlichen Lebensräume und Verhaltensweisen kaum zur Paarung zwischen Löwe und Tiger kommen.

Die **morphologische Artdefinition** umfasst alle Lebewesen, die untereinander in wesentlichen Merkmalen übereinstimmen. Da Löwe und Tiger in verschiedenen Habitaten leben und die Tiere an ihren Lebensraum Angepasstheiten entwickelt haben, unterscheiden sich die beiden Tiere in wesentlichen Merkmalen (z. B. Mähne, Fellzeichnung, Schwanz). Auch dies würde für zwei unterschiedliche Arten sprechen.

Konkrete Aussagen über das Aussehen, die körperlichen Maße und die Verhaltensweisen von Ligern fehlen. Deshalb kann hier nur sehr allgemein argumentiert werden.

Abitur Biologie (Bayern) 2013
Aufgabe A 1: Reptilien

BE

Die Reptilien bilden mit mehr als 9 500 Arten eine der größten Gruppen im Stamm der Wirbeltiere. Innerhalb der Reptilien sind die Echsen und Schlangen besonders zahlreich vertreten.

1 Schlangengifte dienen zum einen dem Beutefang, zum anderen der Verteidigung. Ihre Wirkung auf Nerven- und andere Zellen kann lebensgefährdend sein.

1.1 Das α-Bungarotoxin ist ein Bestandteil des Schlangengifts der Kraits *(Bungarus)*, einer im tropischen Südostasien weit verbreiteten Schlangengattung. Das Toxin wirkt an der Synapse und löst eine schlaffe Lähmung der Skelettmuskulatur aus.

1.1.1 Fertigen Sie eine beschriftete Skizze einer Synapse an! 5

1.1.2 Erläutern Sie zwei prinzipiell denkbare Wirkungsmechanismen von α-Bungarotoxin! 6

1.1.3 In der folgenden Abbildung 1 ist der Zusammenhang zwischen der Wirkung eines weiteren Synapsengiftes und den auftretenden Aktionspotenzialen in der Nervenfaser bzw. in der nachfolgenden Muskelzelle dargestellt.

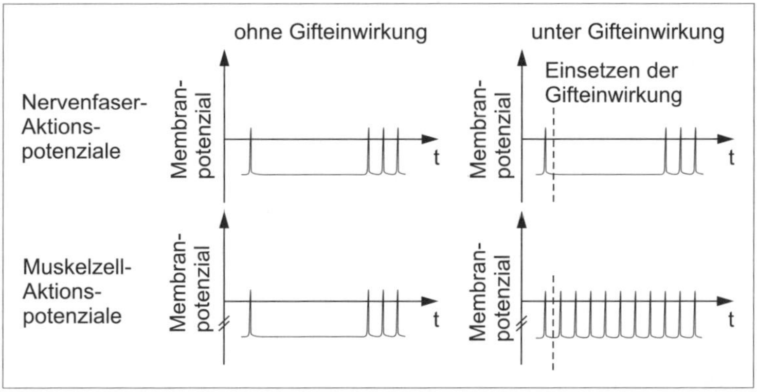

Abb. 1: Zusammenhang zwischen Gifteinwirkung und neuronalen bzw. muskulären Aktionspotenzialen

Leiten Sie daraus ab, ob die Messergebnisse prinzipiell auch für das α-Bungarotoxin gelten könnten und begründen Sie Ihre Aussage! 3

1.2 Die Abbildung 2 zeigt schematisch die Struktur von Erabutoxin, einem weiteren Synapsengift, das von der in Südostasien vorkommenden Seeschlange *Laticauda semifasciata* gebildet wird. Die Balken zwischen jeweils zwei Aminosäureresten von Cystein (Cys) stellen Disulfidbrücken dar, die für die räumliche Struktur des Peptids unabdingbar sind und nur zwischen zwei Cystein-Resten möglich sind.

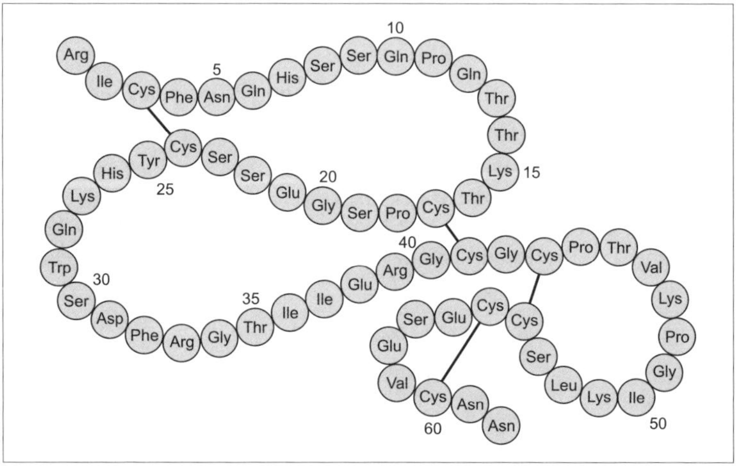

Abb. 2: Erabutoxin
(Darstellung nach: www.riffaquaria.ch)

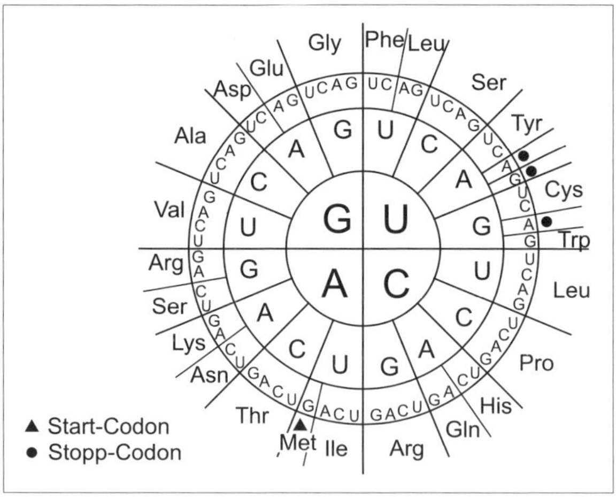

Abb. 3: Code-Sonne

1.2.1 Leiten Sie mithilfe der Code-Sonne eine mögliche Basensequenz der Schlangen-DNA ab (Code-Strang und codogener Strang), welche für die Aminosäuren 1–3 von Erabutoxin codiert! 4

1.2.2 Die für die Aminosäure Nr. 41 codierende Sequenz auf dem Code-Strang der DNA wurde durch eine Mutation in AGC geändert.
Stellen Sie eine begründete Hypothese auf, welche Auswirkung diese Genmutation für das Peptid und die Wirkung des Schlangengifts haben könnte! 4

2 Die Chamäleons gehören zur Gruppe der Leguanartigen. Sie ernähren sich hauptsächlich von Insekten. Der Beutefang eines Chamäleons läuft folgendermaßen ab:
Zunächst verlässt das hungrige Chamäleon seine Ruhestelle und begibt sich auf einen Ast. Die beiden Augen werden unabhängig voneinander bewegt und suchen die Umgebung ab. Sobald das Chamäleon ein Insekt erblickt, wird es mit beiden Augen fixiert. Das Chamäleon dreht den Kopf in Richtung des Beutetiers und öffnet langsam das Maul. Die Zunge wird dabei ein Stück nach vorne geschoben. In einer Zehntelsekunde schnellt die Schleuderzunge aus dem Maul hervor. Das Insekt bleibt an der Zunge kleben, wird ins Maul gezogen und als Ganzes geschluckt.

2.1 Charakterisieren Sie unter Einbeziehung von Textpassagen das Beutefangverhalten des Chamäleons unter verhaltensbiologischen Gesichtspunkten! 6

2.2 Manchmal zeigt ein Chamäleon jedoch nicht das oben beschriebene Beutefangverhalten, obwohl direkt vor seinen Augen ein Insekt auf einem Ast landet.
Stellen Sie zwei begründete Hypothesen auf, weshalb kein Beutefang erfolgt! 4

3 Neuere Untersuchungen ergeben die im folgenden Stammbaum dargestellten Verwandtschaftsverhältnisse bei Reptilien und Vögeln:

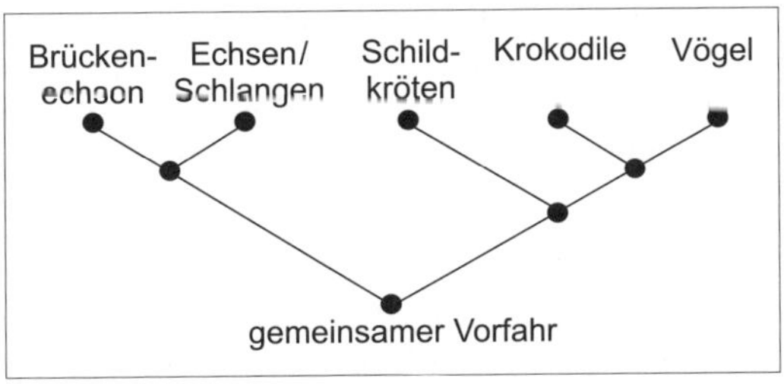

Abb. 4: Stammbaum der Reptilien und Vögel (Fundstelle: http://static.cosmiq.de/data/de/288/f6/288f61e5e7623ba50b13a6e2fa6ad36d_1_orig.jpg, zuletzt aufgerufen am 11. 12. 12)

Beschreiben Sie eine molekularbiologische Methode zur Klärung dieser Verwandtschaftsverhältnisse und beurteilen Sie mithilfe des Stammbaums, ob Reptilien eine eigenständige Klasse sind! 8

40

Erwartungshorizont

1.1.1

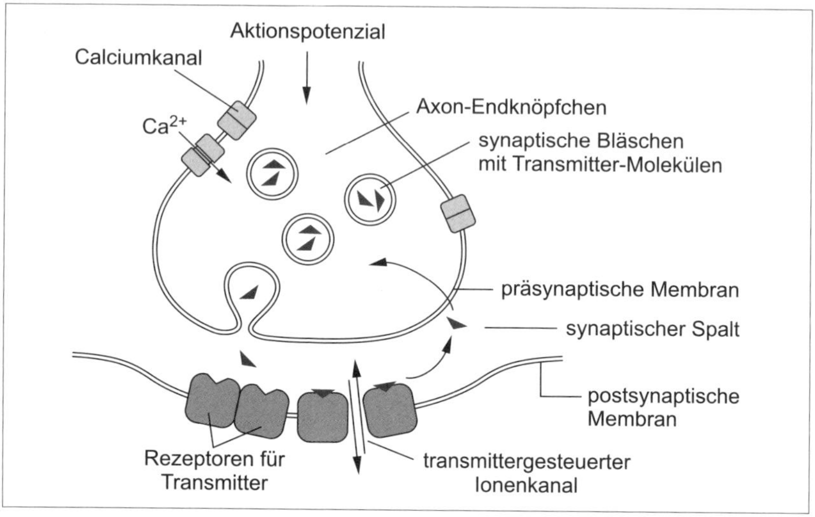

1.1.2 *Das α-Bungarotoxin wirkt laut Aufgabentext lähmend auf die Skelettmuskulatur.*

Möglichkeit 1: Verhinderung der Transmitterausschüttung
Die **Ausschüttung** der Transmitter wird **unterbunden,** indem ein Verschmelzen der synaptischen Bläschen mit der Membran verhindert wird. Die Transmitter gelangen nicht in den synaptischen Spalt und können somit **nicht an den Rezeptoren** der postsynaptischen Membran **andocken.** Die transmittergesteuerten **Ionenkanäle** bleiben **geschlossen,** wodurch ein **postsynaptisches Potenzial ausbleibt.** Eine Lähmung der Muskulatur ist die Folge.

Möglichkeit 2: Rezeptor-Blockade an der postsynaptischen Membran
Das α-Bungarotoxin wirkt als **Acetylcholin-Antagonist.** Es bindet an die Rezeptoren der postsynaptischen Membran und tritt somit in **Konkurrenz** zum Transmitter. Die transmittergesteuerten **Ionenkanäle** bleiben **geschlossen**, wodurch ein **postsynaptisches Potenzial ausbleibt.** Eine Lähmung der Muskulatur ist die Folge.

1.1.3 Abb. 1 zeigt, dass unter Normalbedingungen jedes Nervenfaser-Aktionspotenzial genau in ein Aktionspotenzial der Muskelzelle umgesetzt wird. Unter der Einwirkung des Giftes werden an der Muskelzelle jedoch nach einmaliger Nervreizung kontinuierlich Aktionspotenziale ausgelöst. Dies würde zu einer Dauererregung und somit Verkrampfung der Muskulatur führen. Laut Aufgabentext wirkt α-Bungarotoxin jedoch lähmend auf die Skelettmuskulatur. Das Erregungsmuster passt somit nicht zur Giftwirkung des α-Bungarotoxins.

1.2.1 *In der folgenden Tabelle ist nur eine mögliche Lösungsvariante angegeben, es gibt viele weitere richtige Alternativen. Beispielsweise wird Arginin auch durch die mRNA-Tripletts AGA, CGA, CGC, CGG und CGU codiert.*

Aminosäuresequenz		Arg	Ile	Cys	
mRNA	5' …	AGG	AUA	UGU	… 3'
Codogener Strang	3' …	TCC	TAT	ACA	… 5'
Code-Strang	5' …	AGG	ATA	TGT	… 3'

1.2.2 *Bei der Aminosäure in Position 41 handelt es sich um Cystein. Im Aufgabentext wird die Bedeutung des Cysteins für die Struktur des Proteins hervorgehoben. Das muss in der Beantwortung der Aufgabe berücksichtigt werden.*

Durch eine Änderung der Nukleotidsequenz des Code-Stranges der DNA ergibt sich eine Änderung in der Aminosäuresequenz. Statt Cystein (Cys) wird Serin (Ser) in das Protein eingebaut (Code-Strang: AGC, codogener Strang: TCG, mRNA: AGC, Aminosäure: Ser). Es handelt sich um eine **missense-Mutation**. Der Einbau einer anderen Aminosäure kann unterschiedlich schwere Folgen haben. Cystein ist durch die Ausbildung von **Disulfidbrücken** unabdingbar für die **räumliche Struktur** des Proteins. Durch den Austausch von Cystein kann die Disulfidbrücke nicht mehr hergestellt werden. Es kommt zu einer Änderung der räumlichen Struktur des Proteins, wodurch die **Giftwirkung** u. U. **abgemildert** bzw. **aufgehoben** wird, da die Funktion von Proteinen essenziell von ihrer Struktur abhängt.

2.1 Das Beutefangverhalten des Chamäleons stellt eine **Instinkthandlung** dar und lässt sich in die folgenden Phasen gliedern:

- Die **Handlungsbereitschaft** wird beim Chamäleon durch Hunger hervorgerufen.
- Das **ungerichtete Appetenzverhalten** äußert sich durch die Ruhestellung auf dem Ast und dem Absuchen der Umgebung mit den Augen.
- Das wahrgenommene Insekt stellt einen **spezifischen Reiz** dar.
- Dieser Reiz löst die **gerichtete Appetenz = Taxis** aus. Das Chamäleon fixiert die Beute mit den Augen, dreht den Kopf in seine Richtung, öffnet das Maul und schiebt die Zunge hervor.
- Die Beute in der passenden Entfernung stellt den **Schlüsselreiz** dar.
- Dadurch wird die **Endhandlung (Erbkoordination)** ausgelöst. Die Schleuderzunge schnellt hervor und das daran haftende Insekt wird als Ganzes geschluckt.

Da der spezifische Reiz und der Schlüsselreiz annähernd identisch sind, muss eine Unterscheidung nicht zwingend erfolgen.

2.2 Hypothese 1: Das Insekt wird nicht erbeutet, da die **innere Handlungsbereitschaft** des Chamäleons, das beispielsweise gerade gefressen hat, zu gering ist.

Hypothese 2: Falls es sich bei dem Insekt um ein Tier mit einer **Warntracht bzw. Scheinwarntracht** (Mimikry) handelt, könnte beim Chamäleon eine **bedingte Hemmung** vorliegen. Das Chamäleon hat dann bereits durch (operante) **Konditionierung** gelernt, dass es schmerzhaft sein kann, solche Tiere zu erbeuten.

3 Ein mögliches Verfahren zur Bestimmung von Verwandtschaftsverhältnissen ist der **Serum-Präzipitintest:**

Um einen präzisen Stammbaum zu erstellen, muss das Verfahren mehrmals mit unterschiedlichen Reptilienarten wiederholt werden. Hier wird das Verfahren exemplarisch dargestellt.

Untersuchung der Verwandtschaftsverhältnisse zum Krokodil:

- Herstellung des Anti-Krokodil-Serums:
  1) Einem Krokodil wird Blut entnommen. Daraus wird das Serum gewonnen, das als **Krokodilblutserum A** oder **Serum A** bezeichnet wird.
  2) Das Krokodilblutserum A wird in ein Tier C injiziert, dessen Verwandtschaftsbeziehungen nicht untersucht werden.
  3) Nach einiger Zeit bildet Tier C **Antikörper** gegen die Proteine im Krokodilblutserum A.
  4) Tier C wird Blut entnommen, aus dem das Serum gewonnen wird. Hierbei handelt es sich um das **Anti-Krokodilserum** oder **Serum C.**
- Präzipitintest:
  Das **Serum C** wird mit dem **Blut des Krokodils** vermischt. Aus der Antigen-Antikörper-Reaktion folgt eine Verklumpung des Blutes (Präzipitinreaktion). Als Vergleichsstandard wird der Wert als 100 % definiert. Im Anschluss wird das **Serum C** mit dem **Blut der Tiere** vermischt, deren **Verwandtschaftsverhältnis zum Krokodil** geklärt werden soll. Eine große Ähnlichkeit der Proteine deutet auf eine nahe Verwandtschaft hin. Die Ausflockung ist demnach umso größer, je näher verwandt ein Tier mit dem Krokodil ist. Im angegebenen Beispiel ist die Ausflockung mit dem Blut der Vögel am größten, diejenige mit dem Schildkrötenblut etwas geringer. Die Reaktion mit dem Blut der Echsen und Schlangen bzw. Brückenechsen ist noch schwächer und dürfte für diese beiden Gruppen etwa gleich stark ausfallen. Anhand des Stammbaums lässt sich ableiten, dass Reptilien keine eigenständige Klasse bilden, da die Krokodile mit den Vögeln näher verwandt sind als mit den restlichen Reptilien. Zu den Reptilien gehören damit nicht alle Gruppen, die vom gemeinsamen Vorfahren abstammen.

Weitere molekularbiologische Methoden zur Klärung der Verwandtschaftsverhältnisse sind z. B. die DNA-Hybridisierung oder eine DNA-Sequenzierung.

Abitur Biologie (Bayern) 2013
Aufgabe A 2: Parasiten der Pferde

BE

1 Pferdebremsen sind blutsaugende Parasiten der Pferde. Sie übertragen zum Teil auch tödliche Krankheiten, hinterlassen schmerzhafte Einstichstellen und stören grasende Tiere beim Fressen. Zu ihren Wirten gehören neben den einheitlich gefärbten Hauspferden, Wildpferden und Eseln auch die durch schwarz-weiße Streifen gekennzeichneten Zebras.

1.1 Wissenschaftler untersuchten die Attraktivität unterschiedlicher Färbungen für die Bremsen. Dabei wurden den Pferdebremsen verschieden gefärbte Tier-Attrappen präsentiert. Die Bremsen, die an den mit Klebstoff präparierten Attrappen landeten, wurden jeweils gezählt. In der nachfolgenden Tabelle sind die Ergebnisse zusammengefasst.

Farbe der Tier-Attrappe	Anzahl gelandeter Pferdebremsen
weiß	40
schwarz	550
Zebramuster	5

Tab. 1: Anzahl der gefangenen Pferdebremsen auf verschiedenen Attrappen

Pferdebremse (http://commons.wikimedia.org/wiki/File:Tabanus_sudeticus-o.jpg; Foto: Magne Flaten; lizenziert unter der Creative Commons-Lizenz Attribution-Share Alike 3.0 Unported)

Beschreiben Sie die Befunde des Attrappenversuchs und entwickeln Sie diese Untersuchung weiter, indem Sie zwei vergleichbare Experimente planen, mit denen die Attraktivität der Fellmusterung genauer untersucht werden kann! 7

1.2 Im Jahr 2009 wurden in Bayern sechs Fälle von EIA (Blutarmut) bei Pferden diagnostiziert. Diese Virusinfektion, verursacht durch einen Erreger, der RNA als Erbinformation enthält, wird von der Pferdebremse übertragen.

1.2.1 Vergleichen Sie mit je einer beschrifteten Skizze den Aufbau von DNA und RNA! 6

1.2.2 Zum Nachweis der viralen RNA bei infizierten Tieren wird die der Viren-RNA entsprechende cDNA benötigt.
Beschreiben Sie die Synthese dieser cDNA nach der Vorlage der RNA! 5

2 Eine der häufigsten Ursachen für Durchfall und Abmagerung bei Pferden sind Fadenwürmer. Zur Abtötung der Würmer werden Medikamente aus der Gruppe der Benzimidazole eingesetzt. Ihre Wirkung beruht auf einer Bindung an das Wurm-Tubulin, einem Protein. Dadurch wird die Aufnahme von Zucker in die Zellen des Wurms verhindert. Die weltweit auftretende Medikamentenresistenz der Fadenwürmer gegen Benzimidazole führt zu großen Problemen bei der Bekämpfung der Parasiten.

2.1 Die Resistenz beruht auf einer veränderten Basensequenz des Tubulin-Gens der Wurmzellen. Abbildung 1 zeigt die Tripletts 198 bis 201 des codogenen Strangs des normalen und des veränderten Tubulin-Gens.

Basensequenz des normalen Tubulin-Gens	3'	CTT	TGT	AAG	ACA	5'
Basensequenz des veränderten Tubulin-Gens	3'	CTT	TGT	ATG	ACA	5'
		198	199	200	201	

Abb. 1: Ausschnitt aus dem normalen und veränderten Tubulin-Gen (codogener Strang)

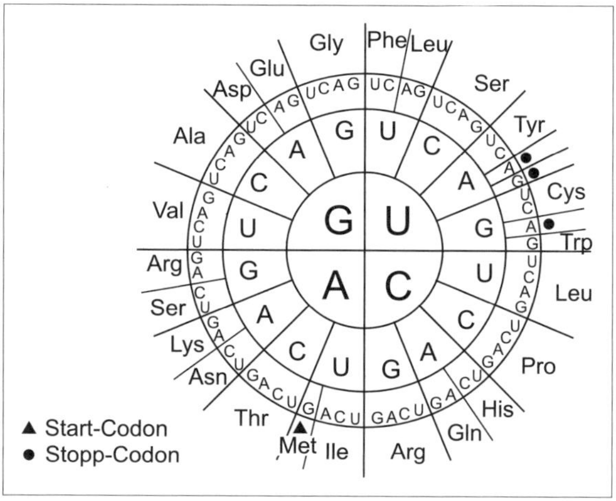

Abb. 2: Code-Sonne

Ermitteln Sie mithilfe der Code-Sonne für die beiden Ausschnitte die zugehörigen Aminosäuresequenzen und formulieren Sie eine mögliche Erklärung für die aus der veränderten Basensequenz resultierende Benzimidazolresistenz! 6

2.2 Das folgende Diagramm zeigt die Häufigkeit der beiden in einer Zelle vorhandenen Triplettkombinationen aus dem Tubulin-Gen (codogener Strang) bei Fadenwürmern im Pferdekot vor und nach mehrfacher Behandlung der Pferde mit Benzimidazolen.

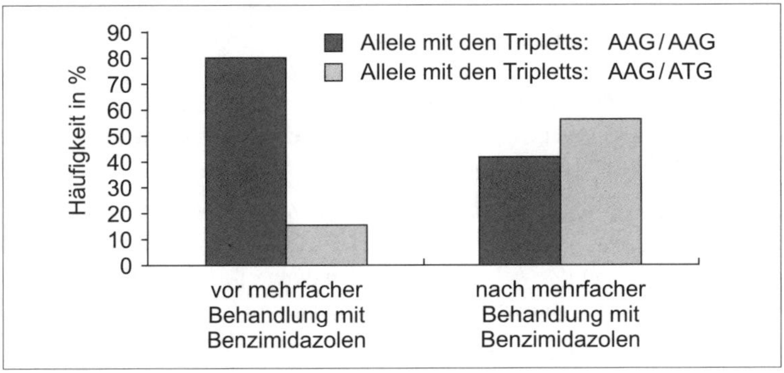

Abb. 3: Häufigkeit der Triplettkombinationen des Tubulin-Gens (codogener Strang) von Fadenwürmern
(verändert nach: R. Lucius, B. Loos-Frank (2008): *Biologie von Parasiten.* Springer Verlag, Berlin Heidelberg, 2. Auflage, S. 43 – 44)

Stellen Sie zur Erklärung der Häufigkeiten der nach der Behandlung auftretenden Allelkombinationen je eine Hypothese auf! 5

2.3 Ein weiteres Medikament gegen Fadenwürmer ist Moxydectin. Die Moxydectin-Moleküle binden an spezielle, nur bei Wirbellosen vorkommende Chloridionenkanäle der post- bzw. subsynaptischen Membran. Die Bindung führt zur Öffnung dieser Kanäle.
Erläutern Sie die Wirkung von Moxydectin auf die Erregungsübertragung an der post- bzw. subsynaptischen Membran! 7

2.4 Bestimmte Zwergfadenwürmer sind Darmparasiten von Pferdefohlen. Eine Besonderheit der Zwergfadenwürmer ist, dass im Darm von Wirtstieren ausschließlich Weibchen vorkommen, die sich eingeschlechtlich fortpflanzen (Parthenogenese). Bei dieser Form der eingeschlechtlichen Fortpflanzung unterbleibt die Meiose und die diploide Eizelle teilt sich mitotisch. Daneben kann sich dieser Zwergfadenwurm auch durch eine freilebende Generation mit Männchen und Weibchen zweigeschlechtlich fortpflanzen.
Stellen Sie je einen Vor- und Nachteil der Parthenogenese gegenüber der zweigeschlechtlichen Fortpflanzung dar! 4

40

Erwartungshorizont

1.1 Beschreibung der Befunde der **Attrappenversuche**:
Als Messgröße zur Untersuchung der Attraktivität der verwendeten Attrappen dient die Anzahl der gelandeten Pferdebremsen auf den angebotenen Attrappen. Die gefangenen Pferdebremsen näherten sich fast ausschließlich (590 von 595) den einfarbigen und davon überwiegend (550 von 595) den schwarzen Attrappen. Die weißen Attrappen wurden nur von 40 Bremsen und damit deutlich seltener angeflogen. Auf den Attrappen mit Zebramuster wurden nur 5 von insgesamt 595 Pferdebremsen gezählt.

Laut Aufgabenstellung soll in den weiteren Versuchen nicht mehr auf die Einfarbigkeit eingegangen werden. Es soll die Attraktivität der Fellmusterung untersucht werden. Dafür bieten sich verschiedene Möglichkeiten an, wobei zur Beantwortung nur zwei der im Folgenden genannten Varianten nötig sind.

Planung weiterer **Attrappenversuche**:
Als Messgröße zur Untersuchung der Attraktivität der verwendeten Attrappen dient wieder die Anzahl der gelandeten Pferdebremsen. Die Musterung der Attrappen könnte dabei beispielsweise abgewandelt werden:

- Streifenbreite in Relation zueinander: Variation der Breite der schwarz-weißen Streifen
- Streifenbreite: Vergleich von breiten schwarzen Streifen zu schmalen weißen Streifen oder umgekehrt
- Anordnung der Streifen: Vergleich zwischen horizontalen, vertikalen und diagonalen Streifen
- Variation der Musterung: Andersartige Streifen, runde Flecken, unregelmäßige Formen u. v. m.

1.2.1 *Zur Beantwortung der Aufgabe ist je eine beschriftete Skizze verlangt. Weitere Unterschiede, die in der Skizze nicht dargestellt werden, müssen schriftlich formuliert werden.*

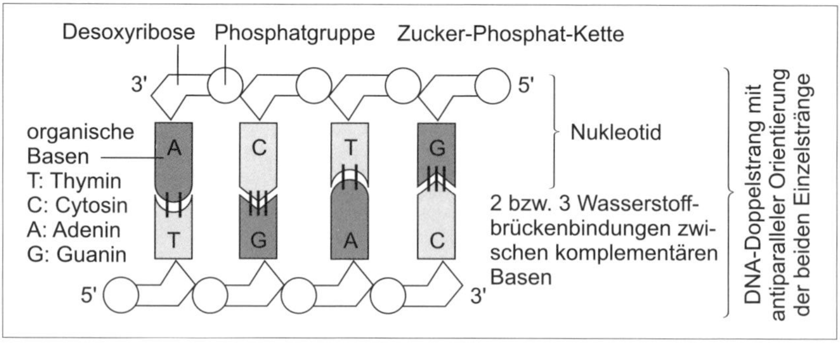

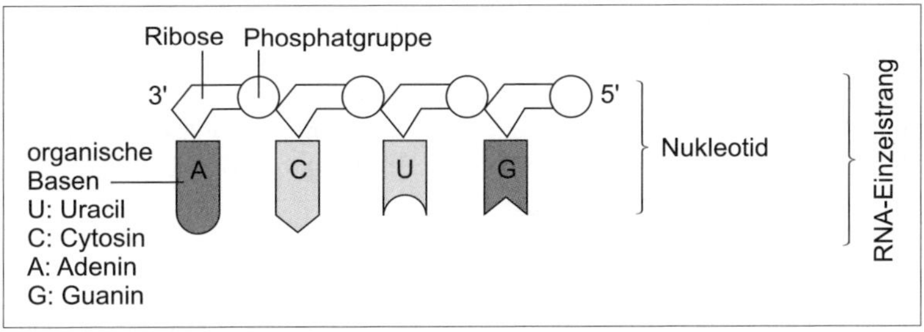

Weitere strukturelle Unterschiede zwischen der RNA und DNA:

- Die RNA liegt als Einzelstrang in Form einer Schraube vor, die DNA als Doppelhelix.
- Die RNA ist sehr viel kürzer als die längere DNA-Kette.

1.2.2 Ein mögliches Verfahren bedient sich des Enzyms **reverse Transkriptase**, das dazu in der Lage ist, RNA in DNA umzuschreiben. Dazu wird zunächst die Viren-RNA aus den infizierten Tieren gewonnen und mit der reversen Transkriptase, einer ausreichenden Menge an DNA-Nukleotiden und einem Primer zusammengegeben. An der RNA wird nun ein komplementärer DNA-Strang gebildet (*complementary DNA* oder *copy DNA* = cDNA), die RNA wird anschließend enzymatisch abgebaut. Die DNA-Polymerase bildet im letzten Schritt aus dem DNA-Einzelstrang einen Doppelstrang.

2.1 *Nach der Transkription wird bei der Translation die Basensequenz des mRNA-Strangs in eine Aminosäuresequenz übersetzt.*

	Normales Tubulin	**Verändertes** Tubulin
Codogener DNA-Strang	3' CTT TGT AAG ACA 5'	3' CTT TGT A**T**G ACA 5'
mRNA	5' GAA ACA UUC UGU 3'	5' GAA ACA U**A**C UGU 3'
Aminosäuresequenz	– Glu – Thr – Phe – Cys –	– Glu – Thr – **Tyr** – Cys –

Bei der **veränderten** DNA-Sequenz ist die 2. Base des Tripletts **200** mutiert, und zwar von A zu **T**.

Da im angegebenen Beispiel nur die Base Adenin durch die Base ***Thymin*** *ausgetauscht wurde, handelt es sich in diesem Fall um eine Basensubstitution (Punktmutation). Eine Punktmutation ist eine Veränderung, die nur eine Nukleinbase betrifft. Der Begriff Punktmutation wird in der Literatur unterschiedlich definiert. Viele Autoren verwenden ihn synonym zu Basensubstitution. Eine Punktmutation ist aber im eigentlichen Sinne die Veränderung einer Nukleinbase, d. h. nicht nur eine Substitution, sondern beispielsweise auch eine Deletion.*

Dieses veränderte Triplett codiert somit anstelle der Aminosäure Phe die Aminosäure **Tyr**. Die Veränderung einer Nukleinbase führt hier zu einer veränderten Aminosäuresequenz **(Missense-Mutation)** und damit zu einer veränderten Primärstruktur. Dies hat zur Folge, dass auch auf höheren Strukturebenen Veränderungen eintreten und somit die **Bindung** von Benzimidazol an das Tubulin-Protein **nicht mehr möglich** ist.

2.2 **Beschreibung** der Ergebnisse:
Der Anteil der homozygoten AAG/AAG-Fadenwürmer hat nach mehrfacher Behandlung mit Benzimidazolen stark abgenommen (von 80 % auf ca. 40 %), während sich der Anteil der heterozygoten AAG/ATG-Fadenwürmer von 15 % auf fast 60 % nahezu vervierfacht hat.

Wichtige Informationen zur Entwicklung der verlangten Hypothesen finden sich im einleitenden Text zu Aufgabe 2: Durch die Bindung der Benzimidazole an das Wurm-Tubulin wird die Aufnahme von Zucker in die Wurm-Zellen verhindert.

Hypothese zur Erklärung der Ergebnisse bei den **homozygoten** Fadenwürmern: Die homozygoten Fadenwürmer stellen normales Tubulin her, an das Benzimidazole binden können und dadurch die Aufnahme von Zucker in die Wurm-Zellen verhindern. Die Fadenwürmer verhungern und deren Häufigkeit geht nach mehrfacher Behandlung zurück.

Hypothese zur Erklärung der Ergebnisse bei den **heterozygoten** Fadenwürmern: Die heterozygoten Fadenwürmer stellen neben normalem auch verändertes Tubulin her, an das Benzimidazole nicht binden können. Dadurch ist weiterhin die Aufnahme von Zucker in die Wurm-Zellen gewährleistet. Die resistenten Fadenwürmer überleben und besitzen einen Selektionsvorteil.

2.3 *Das Grundprinzip der Erregungsübertragung bei einer hemmenden Synapse ist bei Wirbellosen und Wirbeltieren gleich:*
- *Ein Aktionspotenzial erreicht das synaptische Endknöpfchen.*
- *Der elektrische Impuls bewirkt ein Öffnen der Calciumionenkanäle. Da im Zellinneren die Calciumionenkonzentration geringer ist als im extrazellulären Bereich, strömen Calciumionen ein.*
- *Die Calciumionen bewirken ein Verschmelzen der synaptischen Vesikel mit der präsynaptischen Membran, wodurch die Transmittermoleküle in den synaptischen Spalt freigesetzt werden.*

- Die Moxydectin-Moleküle binden an die Chloridionenkanäle der postsynaptischen Membran und öffnen diese.
- Chloridionen strömen daraufhin aufgrund des Konzentrationsgradienten in die postsynaptische Zelle ein.

- Die Folge ist eine Hyperpolarisation der postsynaptischen Zelle (Membranpotenzial wird negativer als das Ruhepotenzial). Man spricht von einem IPSP (inhibitorisches postsynaptisches Potenzial).
- Das Auslösen eines Aktionspotenzials wird dadurch erschwert.

2.4 *Laut Aufgabentext handelt es sich bei der Parthenogenese um eine Form der eingeschlechtlichen und damit auch der ungeschlechtlichen Fortpflanzung, bei der eine Meiose unterbleibt und sich die diploide Eizelle ausschließlich mitotisch teilt. Zur Beantwortung ist die Darstellung bereits je eines Vorteils ausreichend.*

	Parthenogenese	**Zweigeschlechtliche Fortpflanzung**
Vorteile	– Mitotische Teilungsvorgänge bei der ungeschlechtlichen Fortpflanzung führen zu genetisch identischen Zellen. Bei gleichbleibenden Umweltbedingungen ist eine rasche Vermehrung der optimal angepassten Organismen einer Population möglich. – Eine Fortpflanzung ist auch ohne eine Befruchtung der Eizelle durch einen männlichen Artgenossen möglich; somit kann die zeitintensive und ressourcenverbrauchende Suche nach einem geeigneten Sexualpartner entfallen.	Rekombinationsvorgänge bei der Meiose (z. B. Crossing-over, zufällige Chromosomenverteilung) und bei der Befruchtung (zufälliges Zusammentreffen der Keimzellen) erhöhen die genetische Variabilität innerhalb einer Population. Bei sich ändernden Umweltbedingungen können die durch Rekombination zufällig entstandenen Genkombinationen Selektionsvorteile für die Organismen einer Population bieten.
Nachteile	Die Nachkommen sind alle genetisch identisch (Klone); Neumutationen sind relativ selten. Die genetische Variabilität innerhalb der Population ist daher sehr gering, sodass kaum Anpassungsmöglichkeiten bei sich ändernden Bedingungen bestehen.	Für eine Fortpflanzung ist immer eine Befruchtung der Eizelle durch einen männlichen Artgenossen nötig, sodass eine zeitintensive und ressourcenverbrauchende Suche nach einem geeigneten Sexualpartner stattfinden muss.

Abitur Biologie (Bayern) 2013
Aufgabe B 1: Impatiens

BE

In Deutschland findet man drei Arten aus der Gattung der Springkräuter *(Impatiens)*. Von diesen ist nur das Große Springkraut *(Impatiens noli-tangere)* wirklich einheimisch, während das Drüsige Springkraut *(Impatiens glandulifera)* und das Kleinblütige Springkraut *(Impatiens parviflora)* erst in neuerer Zeit aus den Bergen des Himalaya eingeschleppt wurden. Der Name Springkraut leitet sich vom Verbreitungsmechanismus der Samen ab, bei dem die Samenkapseln aufplatzen und dabei die Samen explosionsartig herausschleudern.

1 Ein Vergleich der Photosyntheseleistungen bei unterschiedlichen Lichtintensitäten am einheimischen Großen Springkraut und dem eingeschleppten Kleinblütigen Springkraut ergaben folgende Werte:

Art	Maximale PS-Leistung [μmol O_2 m^{-2} s^{-1}]	Lichtkompensationspunkt [μmol Photonen m^{-2} s^{-1}]
Großes Springkraut	10,90	25
Kleinblütiges Springkraut	21,73	28

Tab. 1: Vergleich der maximalen Photosyntheseleistung und des Lichtkompensationspunktes von Großem und Kleinblütigem Springkraut

1.1 Fertigen Sie eine beschriftete Skizze des elektronenmikroskopischen Aufbaus eines Chloroplasten an! 5

1.2 Zeichnen Sie auf Grundlage der vorliegenden Daten ein beschriftetes Diagramm, das die Abhängigkeit der Photosyntheserate von der Lichtquantität bei beiden Arten zeigt, und machen Sie eine Voraussage, welche Ansprüche die beiden Arten bezüglich der Lichtverhältnisse an ihren Standort stellen! 7

2 Als wichtige Ursache für die rasche Ausbreitungsgeschwindigkeit des Drüsigen Springkrauts wird seine Fortpflanzungsstrategie genannt. In einer Studie wurde die Attraktivität der Blüten des Drüsigen Springkrauts für Bestäuber mit der Attraktivität einheimischer Pflanzen, wie dem Sumpf-Ziest *(Stachys palustris)* verglichen (Abb. 1 und Tab. 2).

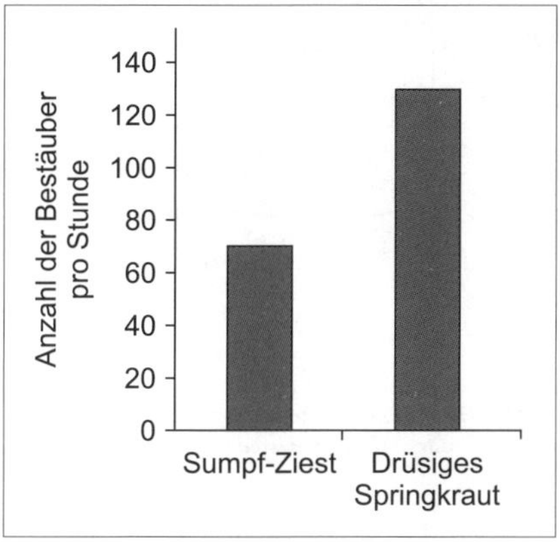

Abb. 1: Anzahl der Bestäuber pro Stunde an einer Pflanze des Drüsigen Springkrauts und des Sumpf-Ziests (verändert nach: C. M. Nienhuis, A. C. Dietzsch, J. C. Stout (2009): *The impacts of an invasive alien plant and its removal on native bees.* In: Apidologie 40, EDP Sciences, S. 450–463)

	Sumpf-Ziest	Drüsiges Springkraut
Zucker-Konzentration im Nektar	47 %	47 %
Nektarproduktion einer Blüte pro Tag	0,167 µℓ	10,619 µℓ
Anzahl der Samen pro Pflanze	300	2 500
Lebensdauer	mehrjährig	einjährig

Tab. 2: Vergleich der Zucker-Konzentrationen im Nektar, der täglichen Nektarproduktion und der Samenmenge pro Pflanze von Sumpf-Ziest und Drüsigem Springkraut

2.1 Erläutern Sie die in Abbildung 1 dargestellten Befunde mithilfe der vorliegenden Daten aus Tabelle 2 durch eine Kosten-Nutzen-Analyse für die zwei beteiligten Pflanzenarten! 6

2.2 Vergleichen Sie auf Grundlage der Daten die Fortpflanzungsstrategien der beiden untersuchten Pflanzenarten und leiten Sie daraus ab, welche erfolgreicher bei der Besiedelung neuer Standorte ist! 6

3 Folgende Abbildung zeigt die Frontalansicht und den Längsschnitt einer Blüte des Drüsigen Springkrauts:

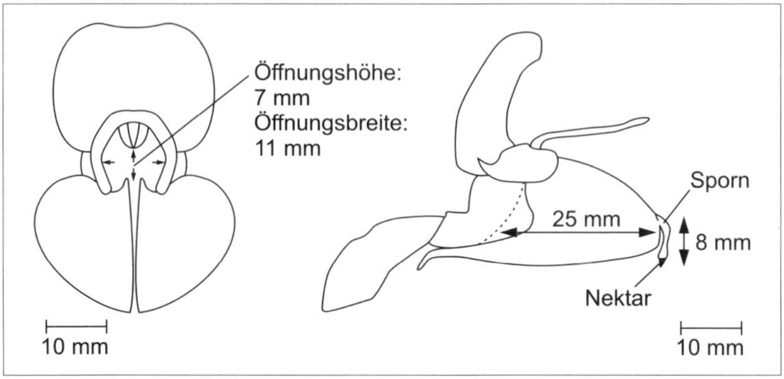

Abb. 2: Frontalansicht und Längsschnitt einer Blüte des Drüsigen Springkrauts (verändert nach: C. M. Nienhuis, J. C. Stout (2009): *Effectiveness of native bumblebees as pollinators of the alien invasive plant Impatiens glandulifera (Balsaminaceae) in Ireland.* In: Journal of Pollination Ecology 1 (1), S. 1–11)

Art	Maximaler Durchmesser (Höhe)	Länge der Mundwerkzeuge	Vorkommen im Himalaya
Acker-Hummel	7 mm	12–13 mm	nein
Hain-Schwebfliege	4 mm	4 mm	ja
Tagpfauenauge	50 mm	15 mm	ja

Tab. 3: Merkmale bestimmter in Europa vorkommender Insektenarten

3.1 Leiten Sie mithilfe der angegebenen Daten ab, welche der drei Insekten-Arten als Bestäuber für das Drüsige Springkraut in Europa in Frage kommt! 6

3.2 Begründen Sie, ob es sich bei dieser speziellen Bestäuber-Blütenpflanzenbeziehung um ein Phänomen der Koevolution handelt! 4

4 Vielfach wird diskutiert, ob das Drüsige Springkraut die einheimische Pflanzenvielfalt negativ beeinflusst und deswegen vom Menschen bekämpft werden sollte.

4.1 Planen Sie ein Experiment, mit dem sich die Auswirkungen des Drüsigen Springkrauts auf die einheimische Biodiversität der Pflanzenarten ermitteln lassen! 3

4.2 Folgende Abbildung zeigt das Vorkommen des Drüsigen Springkrauts an einem Bachlauf:

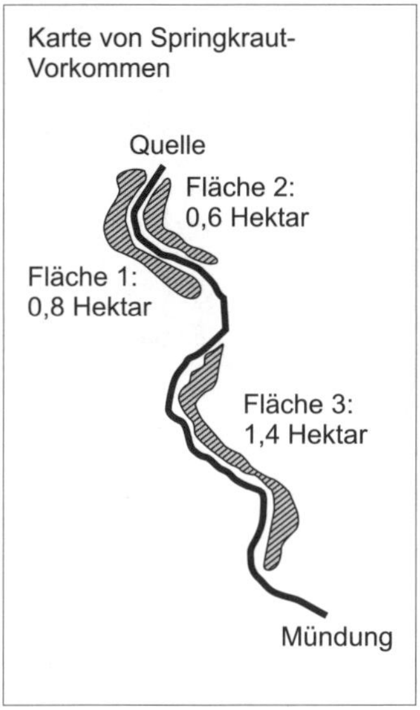

Abb. 3: Vorkommen des Drüsigen Springkrauts an einem Tiroler Bachlauf

Steckbrief:

- Lebensdauer: einjährig
- Blütezeit: Juli – September
- Samenentwicklung: Juli – Oktober
- Ausbreitung der Samen:
  - Schleudermechanismus bis 7 m
  - In fließendem Gewässer mehrere Kilometer

Abb. 4: Drüsiges Springkraut (http://commons.wikimedia.org/wiki/File:Impatiens_glandulifera_0003.JPG, Foto: H. Zell; lizenziert unter der Creative Commons-Lizenz Attribution-Share Alike 3.0 Unported)

Entwickeln Sie unter Einbeziehung aller vorhandenen Informationen über die Pflanze eine Strategie, wie das Vorkommen des Drüsigen Springkrauts im Bereich der Fläche 3 langfristig zurückgedrängt werden könnte! 3/40

Erwartungshorizont

1.1

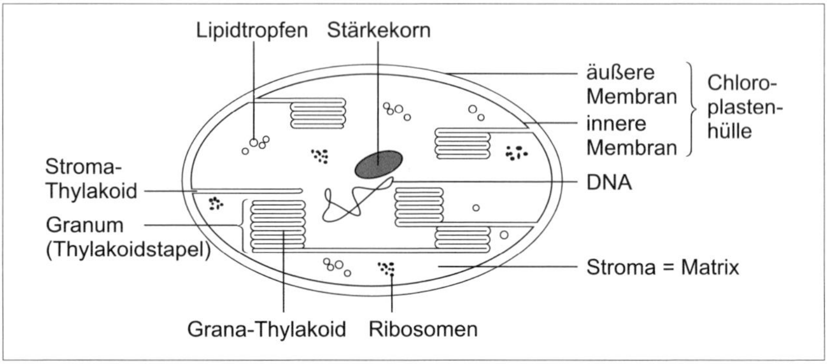

1.2

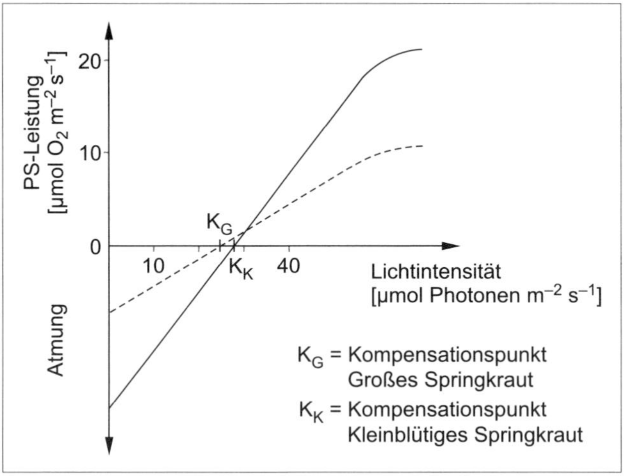

Das **Große Springkraut** besitzt einen niedrigeren Lichtkompensationspunkt bzw. eine geringere maximale Fotosyntheseleistung als das Kleinblütige Springkraut und kann damit auch an lichtärmeren Standorten überleben.

Das **Kleinblütige Springkraut** besitzt einen höheren Lichtkompensationspunkt bzw. eine größere maximale Fotosyntheseleistung und bevorzugt damit lichtreichere Standorte als das Große Springkraut.

2.1 Die **Kosten** liegen bei beiden Pflanzenarten in der Produktion von Nektar, dessen Zuckerkonzentration laut Tabelle 2 bei beiden Pflanzenarten mit 47 % gleich hoch ist. Da das Drüsige Springkraut mit 10,619 μl jedoch wesentlich mehr Nektar als der Sumpf-Ziest herstellt, wendet es also einen deutlich größeren Anteil seiner Fotosyntheseprodukte für die Kosten auf.

Der **Nutzen** liegt für die beiden Pflanzenarten in der Attraktivität für Bestäuber und der damit verbundenen Bestäubung, also der Übertragung des Pollen auf die Narbe artgleicher Individuen, oder umgekehrt. Abb. 1 zeigt, dass das Drüsige Springkraut mit 130 Bestäubern pro Stunde fast doppelt so häufig aufgesucht wird wie der Sumpf-Ziest. Dadurch steigt die Fremdbestäubungswahrscheinlichkeit und das Drüsige Springkraut hat einen größeren Nutzen von seiner Nektarproduktion.

2.2 Die große Samenproduktion und die mit einem Jahr nur kurzlebigen Pflanzen sprechen beim **Drüsigen Springkraut** für einen r-Strategen.
Für eine K-Strategie des **Sumpf-Ziest** sprechen dessen Mehrjährigkeit und die relativ geringe Anzahl von Samen pro Pflanze.
In Ökosystemen, deren Faktoren sehr stark schwanken, setzen sich r-Strategen besser durch, da sie innerhalb kurzer Zeit sehr viele Nachkommen erzeugen und als Individuen mit großen Wachstumsraten ihre Genotypen häufiger in die nächste Generation bringen. Das Drüsige Springkraut kann schneller neue Standorte besiedeln und hat daher bei der **Erstbesiedelung neuer Lebensräume** einen Konkurrenzvorteil.

3.1 Das **Tagpfauenauge** kann aufgrund seines maximalen Durchmessers von 50 mm nicht in die Blüte (Höhe: 7 mm; Breite: 11 mm) des Drüsigen Springkrautes hineinkriechen. Die Länge des Mundwerkzeuges reicht mit 15 mm nicht aus, um an den Nektar im Sporn am Blütengrund (Tiefe: 25 mm + 8 mm) zu gelangen.

Die **Hain-Schwebfliege** kann zwar aufgrund ihrer geringen Körpergröße von 4 mm Höhe in die Blüte hineinkriechen, jedoch nur bis zum Sporn. Da sich der Nektar jedoch am Grunde dieses 8 mm langen Sporns befindet, reichen die Mundwerkzeuge mit 4 mm Länge nicht aus, um die Nahrung zu erreichen.

Aufgrund ihrer Körpergröße (maximaler Durchmesser: 7 mm) und der Mundwerkzeuge (Länge: 12–13 mm) kann allein die **Acker-Hummel** an den Nektar gelangen und kommt deshalb als einzige der drei Insektenarten als Bestäuber in Frage.

3.2 Unter **Koevolution** versteht man die wechselseitige Anpassung unterschiedlicher Arten aneinander, die darauf beruht, dass diese Arten über einen längeren Zeitraum der Stammesgeschichte einen starken Selektionsdruck aufeinander ausgeübt haben.

Zur korrekten Beantwortung müssen sowohl Informationen aus dem einleitenden Text als auch Angaben aus der Tabelle 3 herangezogen werden.

Da das Drüsige Springkraut erst in neuerer Zeit aus den Bergen des Himalayas nach Deutschland eingeschleppt wurde und die Acker-Hummel nicht im Himalaya vorkommt, fand die evolutive Entwicklung der beiden Arten **geografisch isoliert** voneinander statt. Damit kann es sich bei dieser speziellen Bestäuber-Blütenpflanzen-Beziehung nicht um eine Koevolution handeln.

4.1 *Zur Beantwortung gibt es bei dieser Aufgabenstellung mehrere Möglichkeiten, die jedoch in sich schlüssig sein müssen. Es könnten beispielsweise auch Experimente unter Laborbedingungen geplant und beschrieben werden.*

Als Versuchsareale werden zwei (benachbarte) Freilandflächen ausgewählt, die einander in ihren Eigenschaften gleichen müssen. Nur auf der einen Fläche wird das Drüsige Springkraut ausgesät, die andere Fläche dient als Kontrolle. Unter ansonsten gleichen Bedingungen wird über einige Jahre hinweg die Artenvielfalt dokumentiert und verglichen. Falls sich nach Ablauf des Untersuchungszeitraums die Anzahl der auf den Flächen gefundenen Tier- und Pflanzenarten unterscheidet, so lässt sich das Ergebnis mit großer Wahrscheinlichkeit auf die Anwesenheit des Drüsigen Springkrauts zurückführen.

4.2 Auf Fläche 3 müssen die Pflanzen noch **vor der Blütezeit**, die ab Juli beginnt, stark dezimiert werden. Dadurch wird die Samenbildung reduziert und die einjährigen Pflanzen wachsen im folgenden Jahr in geringerer Anzahl nach. Aufgrund des Schleudermechanismus und der Möglichkeit der Wasserverbreitung der Samen sollten darüber hinaus auch die Pflanzen auf den Flächen 1 und 2, die sich **in der Nähe des Baches** (bis zu 7 m Distanz) befinden, vor Beginn der Blütezeit entfernt werden. Diese Vorgehensweise wird in den Folgejahren **wiederholt**, sodass langfristig mit einer Eindämmung des Pflanzenvorkommens auf Fläche 3 zu rechnen ist.

Abitur Biologie (Bayern) 2013
Aufgabe B 2: Tomaten

BE

Tomatenpflanzen gehören wie zahlreiche andere wichtige Gemüsepflanzen (z. B. Kartoffel, Paprika) zur Familie der Nachtschattengewächse (Solanaceae).

1 Bei Kreuzungsexperimenten wurde eine reinerbige Tomatensorte mit grünen Keimblättern und violettem Keimspross mit einer reinerbigen Tomatensorte mit gelben Keimblättern und grünem Keimspross gekreuzt. In der ersten Tochtergeneration haben alle Tomatenpflanzen grüne Keimblätter und violette Keimsprosse.
Planen Sie die Durchführung eines Kreuzungsexperiments, mit dem herausgefunden werden kann, ob die entsprechenden Gene gekoppelt vorliegen! Erläutern Sie anhand eines Kreuzungsschemas, welches Ergebnis zu erwarten ist, wenn die Gene nicht gekoppelt sind! 10

2 Tomaten werden industriell in Gewächshäusern kultiviert. Der Ertrag hängt v. a. von der Photosyntheseleistung der Pflanze ab. In einer Gartenbau-Versuchsanstalt werden optimale Anzuchtbedingungen für Tomatenpflanzen untersucht. In einer Experimentier-Reihe soll der Einfluss der Lichtqualität (Rotlicht, Blaulicht und Grünlicht) untersucht werden.

2.1 Formulieren Sie die Bruttogleichung für die Lichtreaktionen der Photosynthese! 3

2.2 Beschreiben Sie die Durchführung eines Experiments zur Untersuchung der Photosyntheserate in Abhängigkeit von der Lichtqualität und stellen Sie die zu erwartende Photosyntheserate der Pflanzen in Abhängigkeit von der Lichtqualität graphisch dar! 9

3 Tomaten enthalten als Inhaltsstoff u. a. Folsäure, die als Vitamin für die menschliche Gesundheit unverzichtbar ist.

3.1 Mit gentechnischen Methoden ist es gelungen, den Gehalt an Folsäure in Tomatenpflanzen zu erhöhen. Dazu wurden Hybridplasmide mit entsprechenden Genen aus der Ackerschmalwand-Pflanze hergestellt und in Zellen von Tomatenpflanzen übertragen.
Beschreiben Sie unter Mitverwendung von Skizzen die Schritte zur Herstellung eines solchen Hybridplasmids! 6

3.2 Folsäure wird im Pflanzenstoffwechsel transgener Tomatenpflanzen aus drei Bestandteilen aufgebaut: Pteridin, para-Aminobenzoat (PABA) und Glutamat. Unveränderte Tomaten erzeugen nur geringe Mengen an Folsäure auf einem anderen Stoffwechselweg. Die folgende Abbildung zeigt stark vereinfacht den Ablauf der Folsäuresynthese in transgenen Tomaten.

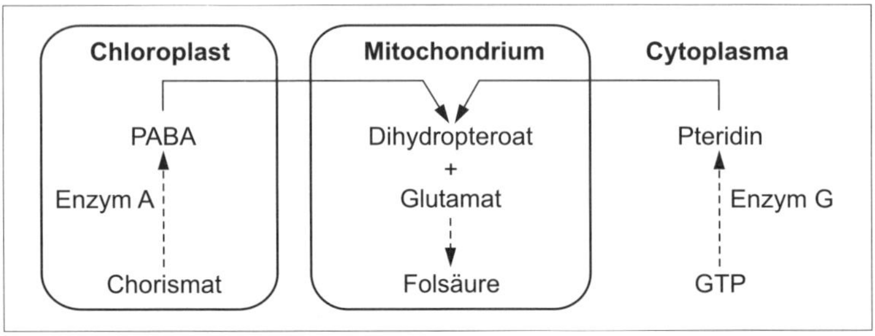

Abb. 1: Folsäuresynthese (stark vereinfacht)
(verändert nach: R. Diaz de la Garza, J. Gregory, A. Hanson (2007): *Folate biofortification of tomato fruit*. In: PNAS 104 (10), S. 4 218 – 4 222)

Die Wissenschaftler untersuchten den Gehalt an Folsäure, PABA und Pteridin von einer gentechnisch unveränderten Tomatensorte und drei transgenen Sorten:
Sorte C: Tomatensorte ohne Fremdgene;
Sorte G+: transgene Tomatensorte mit dem Gen für Enzym G;
Sorte A+: transgene Tomatensorte mit dem Gen für Enzym A;
Sorte G+×A+: transgene Tomatensorte mit den Genen für beide Enzyme.

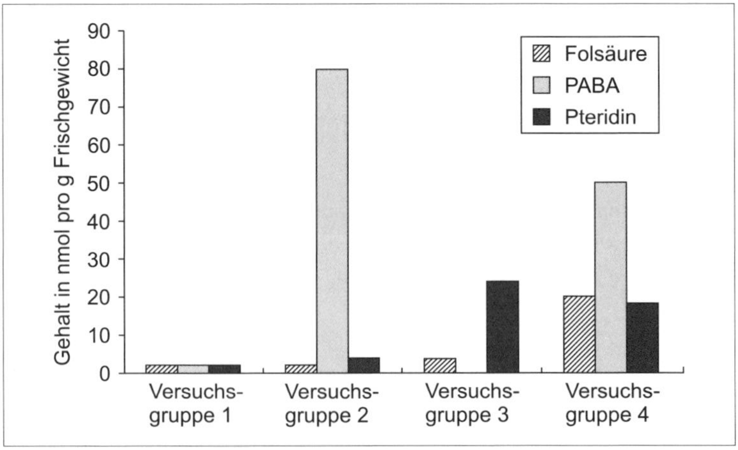

Abb. 2: Folsäure-, PABA- und Pteridin-Gehalt verschiedener Tomatensorten
(verändert nach: R. Diaz de la Garza, J. Gregory, A. Hanson (2007): *Folate biofortification of tomato fruit*. In: PNAS 104 (10), S. 4 218 – 4 222)

Ordnen Sie die Versuchsgruppen 1 bis 4 den genannten Sorten zu und begründen Sie Ihre Entscheidung! 8

3.3 Um Transportschäden zu verringern, ist es eine gängige Praxis, Tomatenfrüchte noch im grünen, festen Zustand zu Beginn des Reifeprozesses zu ernten und nicht an der Pflanze reifen zu lassen. Danach werden sie in Lagerhallen mit Ethen begast, um die Fruchtreifung zu fördern. In der nachfolgenden Tabelle ist der Folsäuregehalt von Früchten der Sorte C und der transgenen Sorte G+×A+ zu verschiedenen Reifestadien unter verschiedenen Bedingungen dargestellt.

	Folsäuregehalt in nmol pro g Frischgewicht			
	grün	Beginn der Rotfärbung	Rotfärbung	vollreif (nach 12 Tagen)
Sorte C (an der Pflanze gereift)	1	1	1	1
Sorte G+×A+ (mit Ethen begast)	2	–	–	12
Sorte G+×A+ (an der Pflanze gereift)	2	7	12	21

Tab: Folsäuregehalt von Tomatenfrüchten der Sorte C und der transgenen Sorte G+×A+ in verschiedenen Reifestadien unter verschiedenen Bedingungen

Beurteilen Sie auf Grundlage der vorliegenden Daten, ob sich die gängige Praxis der Ethenbegasung auch für die gentechnisch veränderte Tomatensorte eignet! 4

40

Erwartungshorizont

1 In einem Experiment könnten die Hybriden der F1-Generation gekreuzt werden. Um eine Fehlbestäubung zu verhindern, die das Ergebnis verfälschen würde, müssen die Pollen der F1-Generation gezielt auf die Narben der Pflanzen der F1-Generation übertragen werden.

G = Keimblätter grün g = Keimblätter gelb
V = Keimspross violett v = Keimspross grün

Kreuzung der F1-Generation:

Phänotyp	grüne Keimblätter, violette Keimsprosse	×	grüne Keimblätter, violette Keimsprosse
Genotyp	GgVv		GgVv
Keimzellen	GV gV Gv gv		GV gV Gv gv

Kombinationsquadrat für nicht gekoppelte Gene:

Keimzellen	GV	gV	Gv	gv
GV	**GGVV**	**GgVV**	**GGVv**	**GgVv**
gV	**GgVV**	ggVV	**GgVv**	ggVv
Gv	**GGVv**	**GgVv**	GGvv	Ggvv
gv	**GgVv**	ggVv	Ggvv	ggvv

Phänotypenverhältnis:

9 grüne Keimblätter und violette Keimsprosse
3 gelbe Keimblätter und violette Keimsprosse
3 grüne Keimblätter und grüne Keimsprosse
1 gelbe Keimblätter und grüne Keimsprosse

2.1 $12\ H_2O + 12\ NADP^+ + 18\ ADP + 18\ P_i \longrightarrow$
$6\ O_2 + 12\ NADPH/H^+ + 18\ ATP$

2.2 *Beachten Sie, dass bei Experimenten immer ein Kontrollansatz benötigt wird.*

Ein Experiment könnte wie folgt durchgeführt werden:
Tomaten werden in Gewächshäusern mit gefärbten Glasscheiben kultiviert. Die Glasscheiben müssen so präpariert sein, dass in eines der Gewächshäuser nur blaues, in ein zweites Gewächshaus nur rotes und in ein drittes lediglich grünes

Licht einfällt. Ein Kontrollansatz mit Tomaten, die in einem Gewächshaus wachsen, dessen Scheiben nicht gefärbt sind, muss ebenfalls durchgeführt werden.
Die restlichen Bedingungen (Kohlenstoffdioxidgehalt, Temperatur) in den Gewächshäusern müssen identisch sein. Die Fotosyntheseleistung kann über die Sauerstoffproduktion gemessen werden.

3.1

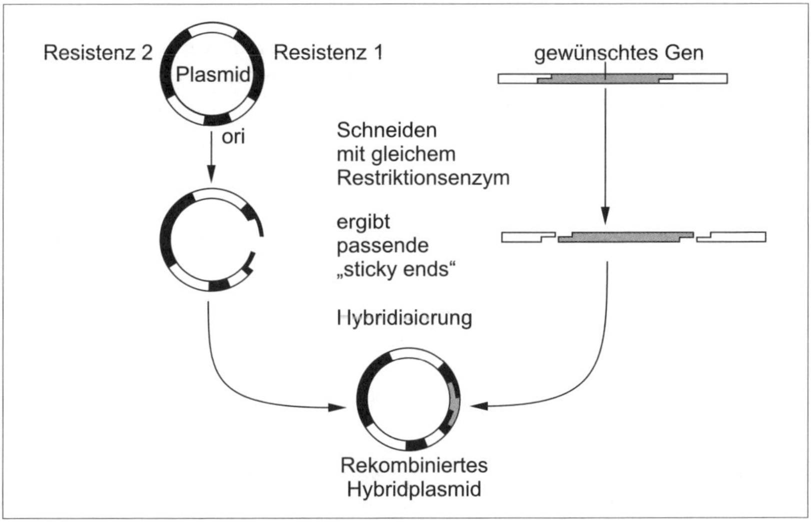

Ein geeignetes Plasmid enthält Gene für Antibiotikaresistenzen, die zur späteren Identifikation und Selektion benötigt werden. In der Aufgabenstellung werden diese Vorgänge zwar nicht verlangt, aber in der Skizze sollten die Resistenzgene enthalten sein.

Die Herstellung eines Hybridplasmids umfasst folgende Schritte:

- Isolierung des gewünschten Gens aus der DNA des Spenderorganismus: Die DNA aus dem Spenderorganismus (hier: Ackerschmalwand) wird dazu mit Restriktionsenzymen in definierte Stücke geschnitten. Die Schnittstellen sind in der Regel nicht „glatt", sondern hinterlassen sogenannte „sticky ends", das sind überhängende Einzelstränge. Das gewünschte Gen wird anschließend identifiziert und isoliert.
- Gewinnung eines geeigneten Plasmids als Vektor (= Genfähre): Aus Bakterien wird ein Plasmid isoliert und mit dem gleichen Restriktionsenzym geschnitten, das zum Zerschneiden der Spender-DNA verwendet wurde. Die Schnittstelle des Plasmids weist dann die gleichen „sticky ends" wie das Spendergen auf.
- Hybridisierung/Einbau der Fremd-DNA: Die gewünschte Fremd-DNA und die geöffneten Plasmide werden zusammengebracht und gemischt. Die „sticky ends" fügen sich komplementär zusammen. Ein Enzym, die DNA-Ligase, wird hinzugefügt und verbindet die Enden miteinander. Gelingt dieser Vorgang, so ist ein rekombiniertes Hybridplasmid entstanden.

3.2 Versuchsgruppe 1 entspricht der Tomatensorte C. Sie dient als Kontrollansatz. Sie enthält wenig Folsäure, PABA und Pteridin. Da sie keine Fremdgene besitzt, fehlen ihr die Enzyme A und G, die zur Synthese von PABA und Pteridin nötig sind.

Die geringe Konzentration von Folsäure kann laut Aufgabentext mit einem anderen Stoffwechselweg begründet werden, der von unveränderten Tomatensorten zur Folsäuresynthese genutzt wird.

Versuchsgruppe 2 entspricht der Tomatensorte A+. Sie enthält wenig Folsäure und Pteridin, während die Konzentration von PABA sehr hoch ist. Die Sorte A+ besitzt das Enzym A, ihr fehlt jedoch das Enzym G. Somit kann zwar PABA gebildet werden, die niedrige Pteridinkonzentration begrenzt aber die Synthese von Folsäure.

Versuchsgruppe 3 entspricht der Tomatensorte G+. Sie enthält kein PABA und nur wenig Folsäure, während die Konzentration von Pteridin hoch ist. Die Sorte G+ besitzt das Enzym G, ihr fehlt jedoch das Enzym A. Somit kann zwar Pteridin gebildet werden, das Fehlen von PABA begrenzt aber die Synthese von Folsäure.

Auch bei Sorte G+ wird im geringen Umfang PABA gebildet, das jedoch sehr schnell weiter zu Dihydropteroat reagiert und daher nicht nachweisbar ist.

Versuchsgruppe 4 entspricht der Tomatensorte G+ × A+. Die Konzentration von Folsäure, PABA und Pteridin ist relativ hoch. Die transgene Tomatensorte enthält die Enzyme A und G, die für die Synthese von PABA und Pteridin nötig sind. Beide Stoffe liegen somit in ausreichend hoher Konzentration vor, sodass Folsäure in größeren Mengen synthetisiert werden kann.

3.3 Der Folsäuregehalt bei Sorte C liegt unabhängig vom Reifestadium konstant bei 1 nmol/g. Bei Tomaten der Sorte G+ × A+, die an der Pflanze gereift sind, steigt der Folsäuregehalt während der Rotfärbung kontinuierlich bis auf 21 nmol/g an. Tomaten der Sorte G+ × A+, die mit Ethen begast wurden, zeigen zunächst einen Folsäuregehalt von 2 nmol/g, der dann aber während der Rotfärbung auf 0 absinkt. Erst die vollreifen Tomaten haben wieder einen Wert von 12 nmol/g.
Der Folsäuregehalt von ethenbegasten Tomaten der Sorte G+ × A+ ist somit nach 12 Tagen geringer als bei Tomaten der gleichen Sorte, die an der Pflanze gereift sind, aber dennoch deutlich höher als bei Tomaten des Kontrollansatzes. Unter Berücksichtigung der Vermeidung von Transportschäden ist eine Begasung von Tomaten der Sorte G+ × A+ mit Ethen sinnvoll, da der Folsäuregehalt wesentlich (12-mal) höher ist als bei Tomaten der Sorte C.

Die Aufgabe verlangt, dass Sie die Praxis der Ethenbegasung für die Sorte G+ × A+ beurteilen. Mit einer entsprechenden Begründung können Sie durchaus auch zu dem Schluss kommen, dass die Ethenbehandlung nicht sinnvoll ist.

Abitur Biologie (Bayern) 2013
Aufgabe C 1: Neuropathien

BE

Erkrankungen des peripheren und zentralen Nervensystems, unter denen zahlreiche Menschen leiden, werden unter dem Begriff Neuropathie zusammengefasst.

1 Schädigungen der Nervenzellen im Rückenmark können eine Lähmung mit starker körperlicher Beeinträchtigung nach sich ziehen.

1.1 Zeichnen Sie eine beschriftete Skizze eines Neurons mit myelinisierter Nervenfaser! 5

1.2 Forscher testeten das Protein Chondroitinase ABC an durchtrennten Nervenfasern des Rückenmarks von Ratten. Dafür wurden die Nervenzellen entweder mit Chondroitinase ABC oder mit einem Kontrollprotein behandelt. Anschließend beobachteten die Forscher über mehrere Tage das Längenwachstum der Zellen.

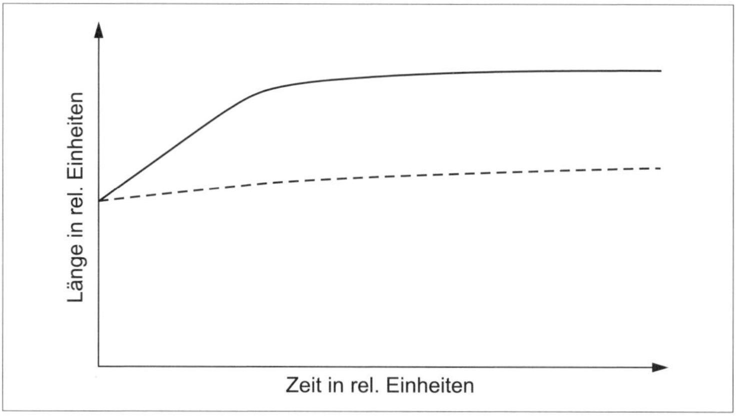

Abb. 1: Länge der Nervenzelle in Gegenwart von Chondroitinase ABC (durchgezogene Linie) bzw. eines Kontrollproteins (gestrichelte Linie) in Abhängigkeit von der Zeit
(verändert nach: E. Bradbury et al. (2002): *Chondroitinase ABC promotes functional recovery after spinal cord injury.* In: Nature 416, NPG, S. 636 – 640)

Stellen Sie eine Hypothese auf, auf deren Grundlage das beschriebene Experiment geplant worden sein könnte, und überprüfen Sie die Hypothese aufgrund der experimentellen Daten! 4

2 Bei einem epileptischen Anfall kommt es zu Krampfanfällen, die durch eine zeitgleiche Erregung von Neuronengruppen im Gehirn ausgelöst werden. Als Therapeutikum wird z. B. Carbamezipin eingesetzt, das spannungsabhängige Na^+-Ionenkanäle in den Axonen von Nervenzellen blockiert.

2.1 Stellen Sie die Spannungsverhältnisse an einer funktionsfähigen Nervenfaser während eines Aktionspotenzials graphisch dar und benennen Sie die einzelnen Phasen! 5

2.2 Erläutern Sie die Wirkung von Carbamezipin als Therapeutikum und ergänzen Sie in dem Diagramm aus Aufgabe 2.1 die zu erwartenden Spannungsverhältnisse an der Nervenfaser bei Gabe von Carbamezipin bei einer Erregung, die mit der in Aufgabe 2.1 vergleichbar ist! 5

3 Beim Guillain-Barré-Syndrom, einer Autoimmunerkrankung, treten u. a. folgende klinische Befunde auf: ein erhöhter Wert von Antikörpern gegen Myelin und ein veränderter Durchmesser der myelinisierten Nervenfasern. Bei einem Patienten mit Guillain-Barré-Syndrom wurde eine Elektroneurographie durchgeführt. Dabei wird ein Nerv an einer Stelle A überschwellig gereizt. Es wird die Zeit ermittelt, bis die Impulse an einer Stelle B messbar sind.
Folgende Abbildung zeigt die Beobachtung dieser Messung bei diesem Patienten im Vergleich zu einer gesunden Person.

Abb. 2: Ergebnis der Elektroneurographie einer Person mit Guillain-Barré-Syndrom und einer gesunden Person, stark vereinfacht

Erläutern Sie die unterschiedlichen Ergebnisse der Elektroneurographie bei einer gesunden bzw. erkrankten Person mithilfe der Informationen zu den weiteren klinischen Befunden beim Guillain-Barré-Syndrom! 7

4 Bei Chorea Huntington handelt es sich um eine unheilbare erbliche Erkrankung des Nervensystems, deren Symptome erst nach und nach auftreten und letztendlich zum Tod führen. Die folgende Abbildung zeigt den Stammbaum einer Familie, in der Chorea Huntington auftritt.

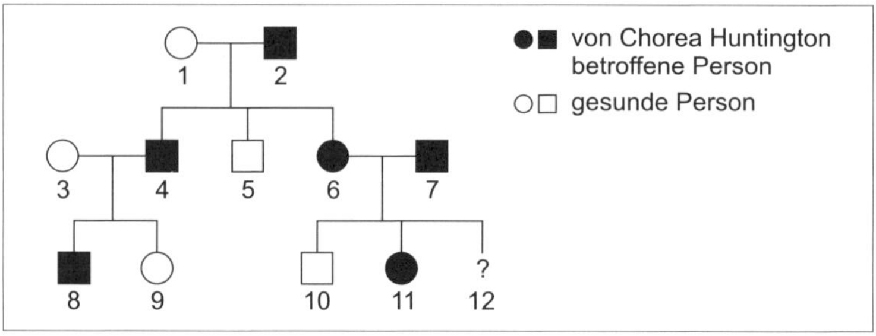

Abb. 3: Stammbaum einer Familie, in der Chorea Huntington auftritt

4.1 Leiten Sie aus dem Stammbaum ab, welchem Erbgang Chorea Huntington folgt, und schließen Sie die anderen Erbgänge unter Angabe entsprechender Genotypen begründet aus! 6

4.2 Ermitteln Sie die Wahrscheinlichkeit, mit der Person 12 von Chorea Huntington betroffen ist! 3

4.3 Die folgende Abbildung zeigt den Zusammenhang zwischen dem Erkrankungsalter verschiedener Chorea-Huntington-Patienten und der Anzahl bestimmter Basentriplett-Wiederholungen im Huntigton-Gen.

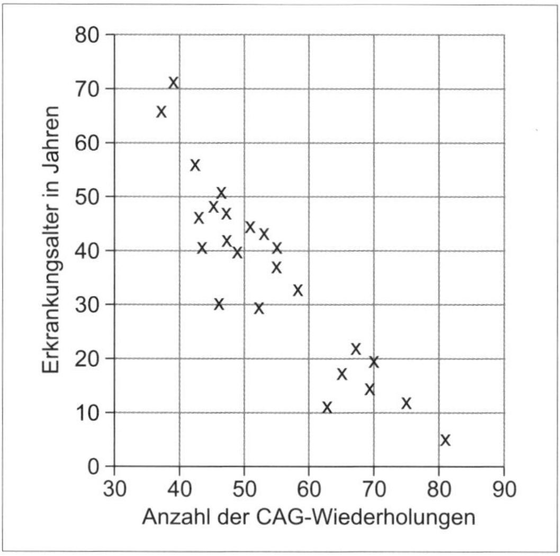

Abb. 4: Darstellung des Zusammenhangs zwischen dem Erkrankungsalter verschiedener Chorea-Huntington-Patienten und der Anzahl ihrer jeweiligen CAG-Wiederholungen im Huntington-Gen

Erläutern Sie auf Basis der Daten, warum dieses Allel in der Bevölkerung erhalten bleiben kann, obwohl eine Erkrankung an Chorea Huntington letztendlich zum Tod führt! 5

40

Erwartungshorizont

1.1

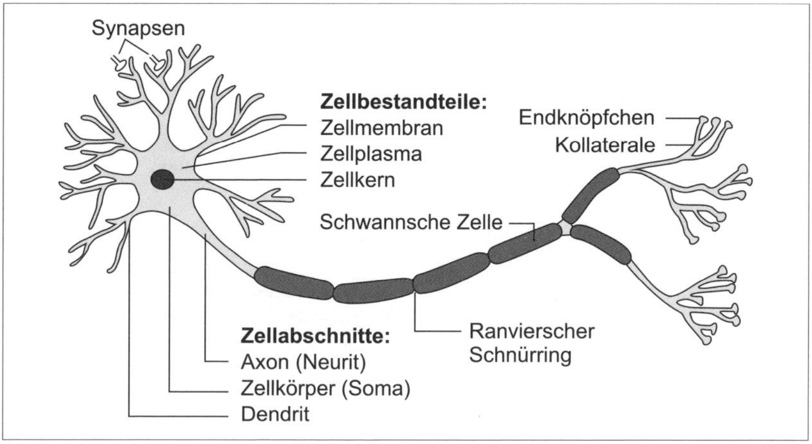

1.2 *Diese Aufgabenstellung ermöglicht mehrere Hypothesen, die jedoch in sich schlüssig sein und anhand der Daten überprüft werden müssen. Es könnte beispielsweise auch die Wirkungsdauer von Chondroitinase ABC betrachtet werden oder die Hypothese auch gegenteilig formuliert werden.*

Hypothese: Die durchtrennten Nervenzellen wachsen in Gegenwart des Proteins Chondroitinase ABC schneller als in Gegenwart eines Kontrollproteins.

Überprüfung: Die experimentellen Daten zeigen, dass eine durchtrennte Nervenzelle in Anwesenheit des Proteins Chondroitinase ABC zu Beginn des Untersuchungszeitraums deutlich rascher an Länge zunimmt als die Zelle, die mit einem Kontrollprotein behandelt wurde. Nach dieser Zeit des schnellen Wachstums ist die Längenzunahme bei beiden Ansätzen in etwa gleich.
Die Hypothese erweist sich somit als richtig.

2.1

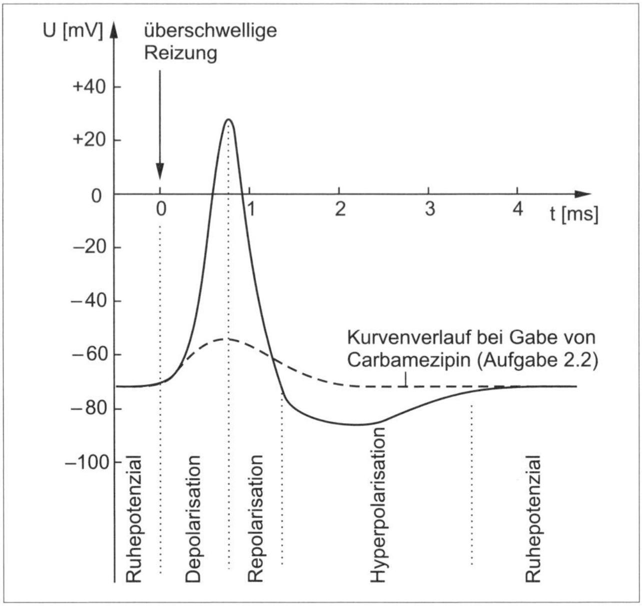

2.2 Carbamezipin blockiert die spannungsabhängigen Na^+-Ionenkanäle in den Axonen. Dadurch wird der Einstrom von Na^+-Ionen entlang des Ladungs- und Konzentrationsgefälles auch bei einem überschwelligen Reiz verhindert. Es kommt zu keiner bzw. nur zu einer geringen Depolarisation (gestrichelter Spannungsverlauf in der Skizze zu Aufgabe 2.1), der Schwellenwert wird nicht überschritten und es wird kein Aktionspotenzial ausgelöst. Dadurch wird eine zeitgleiche Erregung von Neuronengruppen im Gehirn verhindert und es werden keine Krampfanfälle ausgelöst.

3 **Vergleich der Ergebnisse:**

Bei beiden Personen wird ein Nerv an der gleichen Stelle A überschwellig gereizt. Der messbare Impuls erreicht die Stelle B bei einer kranken Person deutlich später als bei der gesunden Person.

Erläuterung der Ergebnisse:

Bei am Guillain-Barré-Syndrom erkrankten Personen liegen viele Antikörper gegen Myelin vor, die die Myelinscheiden der Neuronen angreifen und zu deren Abbau beitragen, wodurch sich der geringere Durchmesser der myelinisierten Nervenfasern erklären lässt. Durch die weniger gute Isolierung ist die saltatorische Erregungsleitung gestört und damit die Leitungsgeschwindigkeit der Impulse verringert. Das erklärt die verlangsamte Erregungsleitung im Vergleich zu gesunden Personen.

4.1 *Zur Ableitung von Erbgangtypen können Hinweise dienlich sein, allerdings erfolgt eine eindeutige Begründung nur über die Angabe konkreter Genotypen.*

- *Jeder Kranke hat zumindest einen kranken Elternteil. Die Krankheit tritt in jeder Generation auf. Das weist auf einen dominanten Erbgang hin.*
- *Neben Männern sind häufig auch Frauen von der Krankheit betroffen, daher ist ein autosomaler Erbgang wahrscheinlich.*

Bei dominanten Erbgängen werden das krankmachende Allel mit A und das normale Allel mit a symbolisiert; bei rezessiven Erbgängen dagegen steht der Kleinbuchstabe für das krankmachende Allel und der Großbuchstabe für das normale Allel.

Es handelt sich um einen **autosomal-dominanten** Erbgang. Dieser Erbgang liegt vor, da beide Personen 6 (Aa) und 7 (Aa) erkrankt sind, aber einen gemeinsamen gesunden Sohn 10 (aa) haben.

Folgende Erbgänge können ausgeschlossen werden:

- Autosomal-rezessiver Erbgang, da sonst alle Kinder des Paares 6 (aa) und 7 (aa) krank sein müssten, auch der Sohn 10 (aa).
- Gonosomal X-chromosomal-dominanter Erbgang, da sonst die Tochter 9 (X^AX^a) des Vaters 4 (X^AY) erkrankt sein müsste.
- Gonosomal X-chromosomal-rezessiver Erbgang, da in diesem Fall der Sohn 10 (X^aY) des Paares 6 (X^aX^a) und 7 (X^aY) krank sein müsste.

Der Lehrplan schließt gonosomal Y-chromosomale Erbgänge nicht eindeutig aus, allerdings liegt nur sehr wenig Erbinformationen auf diesem Gonosom. Erbleiden, die einer Y-chromosomalen Vererbung folgen, sind dementsprechend sehr selten.

- Y-chromosomale Erbgänge können ausgeschlossen werden, da auch die Frauen 6 (XX) und 11 (XX) von dem Erbleiden betroffen sind.

4.2 Die Wahrscheinlichkeit, dass das Kind 12 an Chorea Huntington leidet, beträgt 75 %, da seine beiden Eltern heterozygot erkrankt sind und den Genotyp Aa aufweisen. Als mögliche Genotypen kommen deshalb für ein mögliches Kind AA (25 %), Aa (50 %) oder aa (25 %) in Frage.

4.3 **Auswertung des Diagramms:**
Je mehr CAG-Wiederholungen im Huntington-Gen vorliegen, desto früher bricht die Krankheit aus. Ein gehäuftes erstmaliges Auftreten lässt sich (bei den untersuchten Betroffenen) jedoch im Alter von 40 bis 55 Jahren feststellen.

Erläuterung:
Die meisten Menschen erkranken erst deutlich nach dem Erreichen des fortpflanzungsfähigen Alters. Da sie häufig schon vor der Erkrankung Kinder bekommen, wird das letale Allel an die nächste Generation weitervererbt.

Abitur Biologie (Bayern) 2013
Aufgabe C 2: Verdauung

BE

Zum Verdauungstrakt zählt man alle Organe, die der Aufnahme, Zerkleinerung und dem Weitertransport der Nahrung dienen, um die darin enthaltenen Nährstoffe für den Körper verwertbar zu machen.

1 Der längste Teil des Verdauungstraktes ist der Darm. Über die den Darm auskleidende Zellschicht (Epithel) werden viele vom Körper benötigte Stoffe, z. B. auch die für die Energiegewinnung benötigte Glucose, aufgenommen.

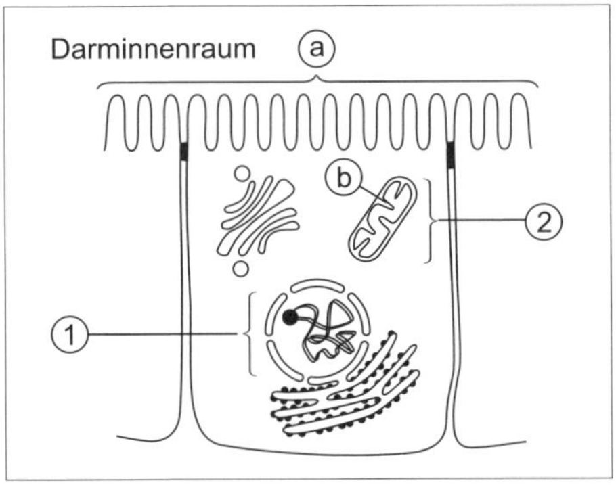

Abb. 1: Schematische Darstellung einer Zelle des Darmepithels (verändert nach: N. A. Campbell (1998): *Biologie*. Spektrum Verlag, Heidelberg, 1. Auflage, S. 885)

1.1 Benennen Sie die in der Abbildung 1 mit Ziffern gekennzeichneten Strukturen der Darmepithelzelle und geben Sie deren Funktion an! Erklären Sie die jeweilige Bedeutung der strukturellen Besonderheit der mit a und b gekennzeichneten Membranabschnitte! 6

1.2 Im Darminnenraum ist die Konzentration an Natriumionen höher als im Zellplasma der Darmepithelzellen. Für Glucose ist das Konzentrationsverhältnis umgekehrt. Die bei der Verdauung entstandene Glucose wird zusammen mit Natriumionen (Na^+-Cotransport) aus dem Darminneren in die Epithelzellen aufgenommen. Auf diese Weise kann Glucose auch gegen das vorhandene Konzentrationsgefälle transportiert werden.

1.2.1 Stellen Sie ausgehend von einer Skizze zum Aufbau einer Biomembran den Glucosetransport in die Zelle graphisch dar! 6

1.2.2 Für den Glucose-Transport wird zwar unmittelbar kein ATP benötigt, er kann aber ohne Vorhandensein von ATP trotzdem nicht beständig ablaufen.
Stellen Sie eine Hypothese auf, wie die ATP-Abhängigkeit des Na^+-Cotransports zustande kommt! 4

2 Der Darminnenraum dient vielen Mikroorganismen als Lebensraum. Den größten Anteil nehmen dabei Bakterien ein.

2.1 Zur Energiegewinnung können gewisse Bakterien Nährstoffe u. a. durch Zellatmung oder Milchsäuregärung abbauen.
Vergleichen Sie anhand der Bruttogleichungen diese beiden Stoffwechselprozesse und erläutern Sie, welchen der beiden Prozesse Darmbakterien im Darminnenraum zur Energiegewinnung nutzen! 6

2.2 Die erste bakterielle Besiedlung des vorher sterilen Darmtraktes erfolgt während des Geburtsprozesses und kurz danach.
Stellen Sie den Entwicklungsverlauf der Bakterienpopulation bei der Neubesiedelung eines Säuglingsdarms dar und erklären sie den Kurvenverlauf! 5

3 Die Verdauung von Stärke beginnt schon im Mundraum. Das im Mundspeichel enthaltene Enzym Amylase spaltet die Stärke in Maltose, einen Zweifachzucker.

3.1 Stellen Sie am oben genannten Beispiel anhand von beschrifteten Skizzen eine Modellvorstellung zur Wirkungsweise von Enzymen dar! 5

3.2 In einer Versuchsreihe wurde die Temperaturabhängigkeit der Amylase-Aktivität untersucht. Dazu wurden Reagenzgläser mit jeweils gleichen Mengen einer Stärke- und einer Amylaselösung bei vier verschiedenen Temperaturen befüllt. Über einen Zeitraum von 12 Minuten wurden jeweils im Abstand von einer Minute nach der unten angegebenen Reihenfolge (1–12) wenige Tropfen des Versuchsgemisches auf eine Tüpfelplatte mit Iod-Kaliumiodidlösung gegeben (siehe Abb. 2). Diese Lösung färbt sich bei Vorhandensein von Stärke intensiv blau.

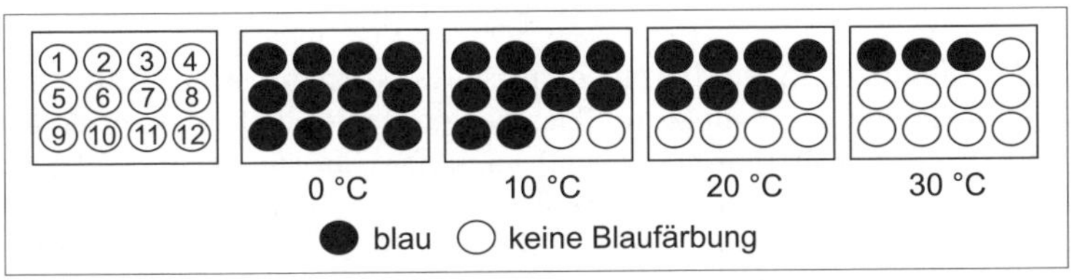

Abb. 2: Ergebnis des Stärkeverdauungsversuchs bei unterschiedlichen Temperaturen (verändert nach: www.livingscience.co.uk/joomla/images/stories/Amylase.JPG, zuletzt aufgerufen am 11. 12. 12)

3.2.1 Erläutern Sie die Ergebnisse der Versuchsreihe! 5

3.2.2 Beschreiben Sie das zu erwartende Versuchsergebnis bei einer Temperatur von 80 °C und begründen Sie Ihr Ergebnis! 3

40

Erwartungshorizont

1.1 1 Zellkern; z. B. Steuerung der Zelle
2 Mitochondrium; z. B. Energiegewinnung durch Zellatmung
a) Die Zellmembran der Epithelzellen ist **stark gefaltet**. Dadurch entsteht eine **größere Oberfläche,** wodurch Nährstoffe **effektiver resorbiert** werden.
b) Die innere Membran des Mitochondriums ist **stark gefaltet.** Dadurch entsteht eine **größere Oberfläche,** die mehr Platz für die Enzyme der Atmungskette bietet. Die **Zellatmung** kann somit **effektiver ablaufen.**

1.2.1

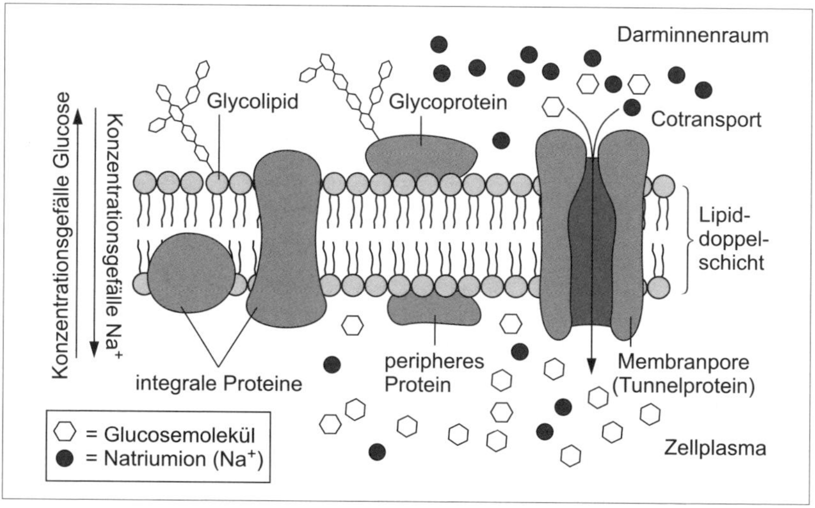

1.2.2 Die Natriumionen **diffundieren** entlang ihres **Konzentrationsgradienten** vom Darminnenraum ins Zellplasma. Daran **gekoppelt** ist der **Glucosetransport**. Damit das Konzentrationsgefälle und somit der Glucosetransport aufrechterhalten werden kann, müssen Natriumionen kontinuierlich in den Darminnenraum zurücktransportiert werden. Dies wird durch die **Natrium-Kalium-Pumpe** ermöglicht, die Natrium- und Kaliumionen unter **ATP-Verbrauch** entgegen ihres Konzentrationsgradienten transportiert.

2.1 Bruttogleichung Zellatmung:

$$C_6H_{12}O_6 + 6\ O_2 + 6\ H_2O + 38\ ADP + 38\ P_i \longrightarrow 6\ CO_2 + 12\ H_2O + 38\ ATP$$

Bruttogleichung Milchsäuregärung:

$$C_6H_{12}O_6 + 2\ ADP + 2\ P_i \longrightarrow 2\ C_3H_6O_3 + 2\ ATP$$

Die Energieausbeute pro Glucosemolekül ist bei der Zellatmung deutlich höher als bei der Milchsäuregärung.
Im Darm befindet sich ausreichend Glucose, aber nur sehr wenig Sauerstoff. Daher wird trotz der geringeren Energieausbeute hauptsächlich die Milchsäuregärung ablaufen, da die Zellatmung nicht möglich ist.

2.2

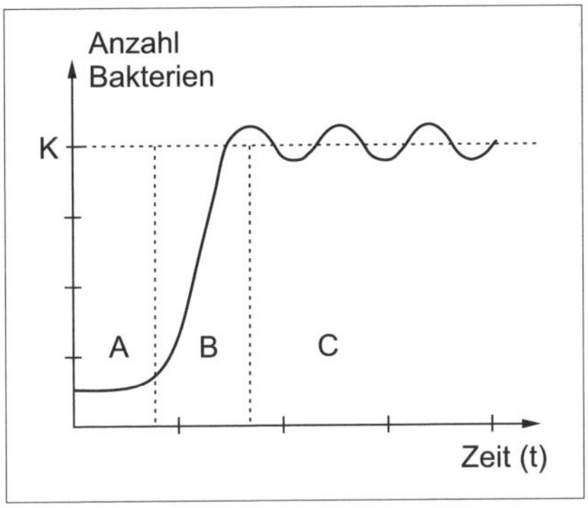

A) Anlaufphase (= lag-Phase): Die Bakterien stellen sich auf die neuen Lebensbedingungen ein und zeigen deshalb nur eine geringe Teilungsrate.
B) Exponentielle Phase (= log-Phase): Bei optimalen Lebensbedingungen weisen die Bakterien die maximale Teilungsrate auf.
C) Stationäre Phase: Verschiedene Einflüsse wie Platz- und Nahrungsmangel führen zu einer geringeren Teilungsrate. Zudem wird ein Teil der Population immer wieder mit dem Stuhlgang ausgeschieden. Dies und die unterschiedliche Versorgung der Bakterien führen in der stationären Phase zu Schwankungen in der Populationsdichte um einen Mittelwert, der als Kapazitätsgrenze K bezeichnet wird.

Es gibt keine Absterbephase. Es werden kontinuierlich Nährstoffe zugeführt. Abfallstoffe und schädliche Stoffwechselprodukte werden mit dem Stuhlgang ausgeschieden.

3.1

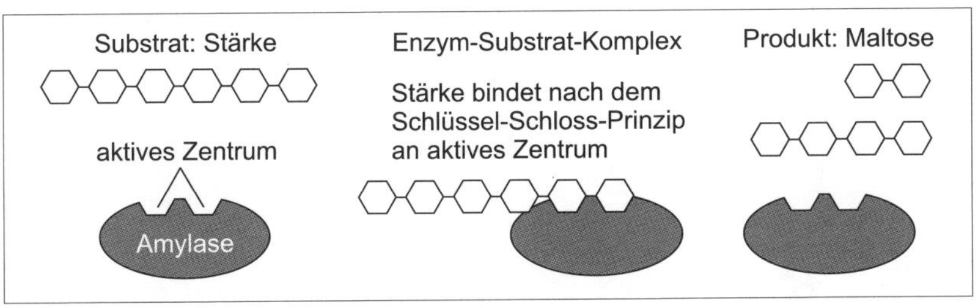

3.2.1 *In dieser Aufgabe wird gefordert, dass Sie die Versuchsergebnisse erläutern. Beschreiben Sie zunächst die Beobachtungen, die gemacht werden können und erklären Sie sie dann.*

Bei 0 °C stellt sich die Blaufärbung während der gesamten Versuchsdauer ein. Bei 10 °C findet nach 11 Minuten keine Blaufärbung mehr statt. Bei 20 °C färbt sich bereits nach 8 Minuten und bei 30 °C nach 4 Minuten die Lösung nicht mehr blau. Mit steigender Temperatur bleibt die Blaufärbung auf der Tüpfelplatte also immer früher aus.
Da die Blaufärbung das Vorhandensein von Stärke anzeigt, bedeutet ein Ausbleiben der Blaufärbung den Abbau der Stärke durch das Enzym Amylase. Mit steigender Temperatur nimmt die Umsetzungsgeschwindigkeit von Stärke zu Maltose zu. Dies lässt sich durch die **RGT-Regel** begründen. Nach dieser Regel **verdoppelt bis verdreifacht** sich bei einem **Temperaturanstieg um 10 °C** die **Reaktionsgeschwindigkeit** bei chemischen Reaktionen.

3.2.2 Bei einer Temperatur von 80 °C wird sich während des gesamten Versuchszeitraums die Blaufärbung einstellen.
Bei der Amylase handelt es sich um ein Enzym, also ein Protein. Proteine liegen bei einer Temperatur von 80 °C sehr wahrscheinlich **denaturiert** vor. Durch den Strukturverlust kann das Substrat nicht mehr am aktiven Zentrum binden und folglich nicht mehr umgesetzt werden.

Abitur Biologie (Bayern) 2014
Aufgabe A 1: Honigbienen

BE

Honigbienen bilden in ihren Staaten eine Tiergemeinschaft aus vielen Einzeltieren, die auch als Superorganismus bezeichnet wird. Die Arbeitsteilung im Bienenstock ist gut untersucht, Königin und Drohnen sind für die Fortpflanzung zuständig, Arbeiterinnen versorgen den Stock.

1 Raps ist eine attraktive Futterpflanze für Bienen. Beim Anbau von Raps als Intensivkultur wird seit einigen Jahren die Düngung mit Borsalzen empfohlen. Bor ist ein u. a. für das Wachstum der Rapspflanzen notwendiges Spurenelement und wird in Form von Blattdüngung auf die Pflanzen ausgebracht.

1.1 Um mögliche Folgen einer Bordüngung für die Bienen abschätzen zu können, die Raps als Nektar- und Pollenquelle nutzen, wurden Versuche unter Laborbedingungen durchgeführt, bei denen die Bienen mit Zuckerwasser unterschiedlichen Borgehalts gefüttert wurden (Abb. 1).

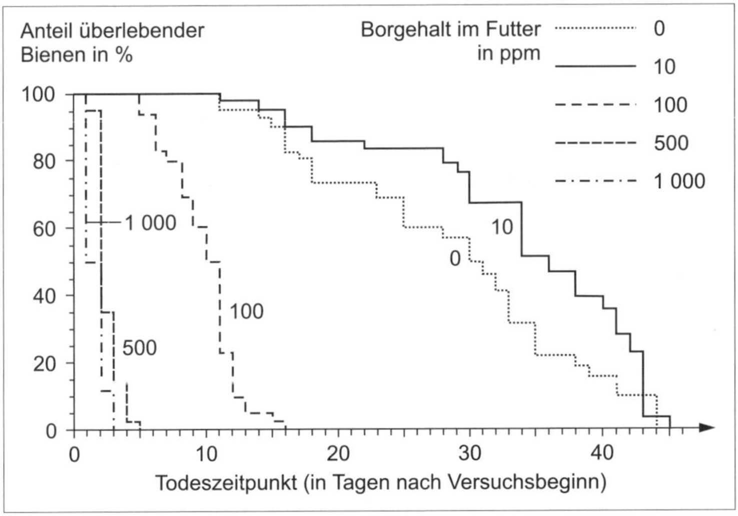

Abb. 1: Anteil der überlebenden Testbienen im Laborversuch in Abhängigkeit vom Borgehalt des Futters (Gehalt in ppm = parts per million)
(verändert nach: R. Siede, W. Dyrba (2013): *Intensivkultur Raps Bordüngung – ein weiteres Risiko für die Honigbiene?* In: Allgemeine Deutsche Imkerzeitung 5, S. 18/19)

Beschreiben Sie die Versuchsergebnisse im Überblick! 4

1.2 Planen Sie auf Basis der Daten in Abbildung 1 die Durchführung einer Freilanduntersuchung, mit der überprüft werden kann, ob Bienenvölker durch eine Bordüngung während der Blütezeit des Rapses beeinträchtigt werden! 6

2 Während ihres Lebens übernehmen Arbeiterinnen unterschiedliche Aufgaben im Stock. Als Sammelbienen besuchen sie Pflanzen und nehmen dort Nektar auf, der in Honig umgewandelt und in Waben gelagert wird. Er enthält neben energiereichen Inhaltsstoffen wie z. B. Glucose auch verschiedene Enzyme, Aromastoffe, Vitamine und Hormone.

2.1 In einer Messreihe wurde der Zuckergehalt des Nektars der u. a. in Südosteuropa und in der Türkei vorkommenden Thymianart *Thymus capitatus* in Abhängigkeit von der Temperatur untersucht. Die Pflanzen wurden in einer Klimakammer 14 Stunden belichtet, anschließend erfolgte die Probenentnahme.

Temperatur in °C	Zuckergehalt in mg pro Blüte
20	0,045
25	0,075
30	0,090
32	0,095
35	0,090
40	0,075
45	0,040

Zuckergehalt des Nektars (Mittelwerte) in den Blüten von *Thymus capitatus* in Abhängigkeit von der Temperatur
(verändert und übersetzt nach: T. Petanidou, E. Smets (1996): *Does temperature stress induce nectar secretion in Mediterranean plants?* In: New Phytologist 133, S. 513–518)

Zeichnen Sie auf Basis der Wertetabelle ein Diagramm und erklären Sie die Messergebnisse unter Berücksichtigung der Fotosyntheserate! 7

2.2 Die Honigbienen nutzen Honig als Wintervorrat.
Beschreiben Sie ausgehend von Glucose die wichtigsten Schritte des aeroben Stoffabbaus und geben Sie an, wo diese in der Zelle lokalisiert sind! 7

3 Bereits 1914 konnte Karl von Frisch mit seinen klassischen Dressurexperimenten nachweisen, dass Bienen bestimmte Farben sehen und voneinander unterscheiden können. Zur Dressur stellte er beispielsweise einen Behälter mit Zuckerwasser auf ein blaues Papier und legte daneben Papiere in verschiedenen Graustufen. Im darauf folgenden Test ohne Zuckerwasser flogen die Bienen ausschließlich auf das blaue Papier, obwohl dieses nun an anderer Stelle lag.

In der folgenden Abbildung ist die Empfindlichkeit von Sinneszellen im Bienenauge in Abhängigkeit von der Wellenlänge dargestellt.

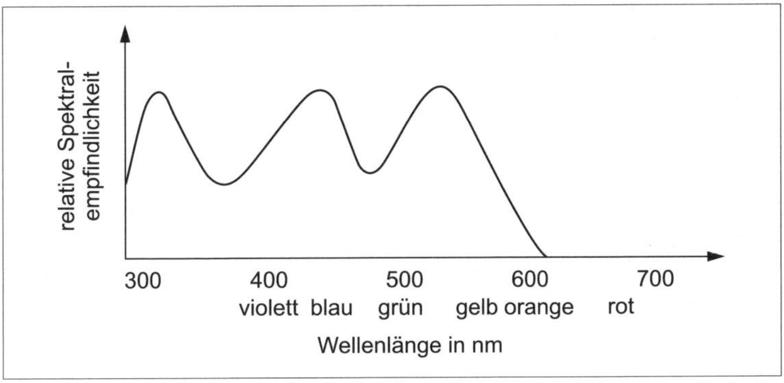

Abb. 2: Spektrale Empfindlichkeit der Lichtrezeptoren des Bienenauges
(H. Penzlin (1991): *Lehrbuch der Tierphysiologie.* Spektrum Akademischer Verlag, Jena, 5. Aufl., S. 499)

Leiten Sie ab, ob der oben beschriebene Versuch auch mit roten und grünen Farbfeldern erfolgreich durchgeführt werden kann! 4

4 Neben dem Sammeln von Nahrung gibt es weitere Aufgaben, die von den Arbeiterinnen übernommen werden. Ammenbienen kümmern sich um die Aufzucht der Jungbienen, Wächterbienen verteidigen den Stock gegen Gefahren von außen. Alle Arbeiterinnen im Bienenstock sind steril und haben keine eigenen Nachkommen.
In der Wissenschaft wird kontrovers diskutiert, ob das Verhalten der Bienen als altruistisch bezeichnet werden kann.

4.1 Die folgende Abbildung zeigt das genetische System bei Bienen:

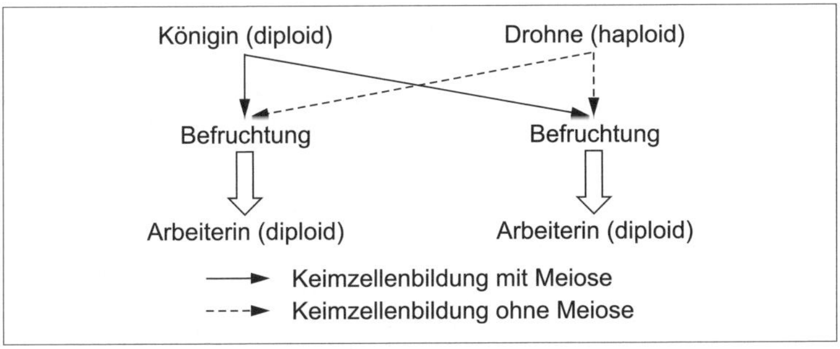

Abb. 3: Haplo-Diploidie im Bienenstaat
(verändert nach: R. Wehner, W. Gehring, A. Kühn (1990): *Zoologie.* Georg Thieme Verlag, Stuttgart, 22. Aufl., S. 488)

Leiten Sie ausgehend von Abbildung 3 den durchschnittlichen Verwandtschaftsgrad r der Arbeiterinnen (Schwestern) eines Stockes unter der Annahme ab, dass alle Arbeiterinnen aus der Paarung mit derselben Drohne hervorgegangen sind, und erklären Sie, warum es auf Grundlage des Verwandtschaftsgrades und aus soziobiologischer Sicht für solche Arbeiterinnen von Nutzen ist, auf eigene Nachkommen zu verzichten! 8

4.2 Anders als in dem in Aufgabe 4.1 angenommenen Modell paart sich eine Königin beim Hochzeitsflug normalerweise mit mehreren genotypisch verschiedenen Drohnen.
Erläutern Sie die Folge dieser Beobachtung für den unter 4.1 gewählten Erklärungsansatz! 4

40

Erwartungshorizont

1.1 *In dieser Teilaufgabe ist lediglich die Beschreibung der Versuchsergebnisse verlangt, eine weiterführende Interpretation wird nicht erwartet. Erklären Sie daher zunächst die Versuchsbedingungen, indem Sie auf die Achsenbeschriftungen eingehen, und beschreiben Sie dann die Kurvenverläufe.*

In den Versuchen in Abb. 1 wurde die Lebenserwartung von Bienen in Abhängigkeit vom Borgehalt des Futters untersucht. Neben einer Kontrollgruppe, die kein Bor zugefüttert bekam, wurden Tests mit vier Versuchsgruppen durchgeführt, die jeweils Futter mit unterschiedlichen Borkonzentrationen erhielten (10 ppm, 100 ppm, 500 ppm und 1 000 ppm).
Bienen der Versuchsgruppe, deren Futter die geringe Borkonzentration von 10 ppm aufwies, lebten durchschnittlich länger als Bienen der Kontrollgruppe. Bei den weiteren Versuchsgruppen sank die Lebenserwartung mit steigender Borkonzentration im Futter deutlich.

1.2 *Bei dieser Aufgabe sind Sie in der Argumentation relativ frei. Wichtig dabei ist, dass das Experiment sinnvoll geplant ist und dass Sie schlüssig argumentieren. Im Folgenden sind stichpunktartig Vorschläge für eine sinnvolle Versuchsdurchführung aufgeführt.*

Durchführung der Freilanduntersuchung:
- Die Untersuchung sollte während der Blütezeit von Raps stattfinden.
- Es müssten ein Kontrollfeld ohne Düngung und ein Testfeld mit Düngung abgesteckt werden, die von zwei Bienengruppen (Kontrolle und Testgruppe) zur Nektar- und Pollenaufnahme angeflogen werden.
- Es müsste gewährleistet sein, dass die zu untersuchenden Bienengruppen (Kontrolle und Versuchsgruppen) ausschließlich das jeweils zugewiesene Feld besuchen.
- Kontroll- und Versuchsfeld müssten sich in ausreichendem Abstand zueinander befinden, um ein Verfälschen der Versuchsergebnisse zu verhindern.
- Das Versuchsfeld sollte mit einer hohen Borsalzkonzentration gedüngt werden.
- Abgesehen vom Testparameter (Düngung) sollten weitgehend vergleichbare Bedingungen zwischen den Testgruppen und -feldern herrschen.
- Die Anzahl der Bienen in den Gruppen müsste während des gesamten Versuchszeitraums dokumentiert werden, damit die Lebensdauer der Bienen bestimmt und verglichen werden kann. Dazu müssten die Bienen u. U. markiert werden.
- Der Versuchszeitraum sollte mindestens 45 Tage betragen. Aus Abb. 1 geht hervor, dass die maximale Lebenserwartung der Bienen bei ca. 45 Tagen liegt.
- Die Anzahl der Bienen in den einzelnen Gruppen müsste groß genug sein, um ein statistisch signifikantes Ergebnis zu garantieren.

2.1 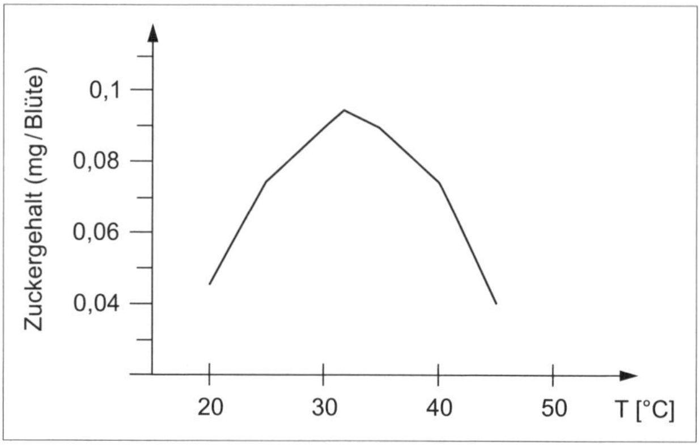

Die Fotosynthese ist in lichtabhängige und lichtunabhängige Prozesse unterteilt. Bei den letzteren, häufig unter dem Begriff Dunkelreaktion zusammengefassten Reaktionen, handelt es sich um **enzymatisch gesteuerte chemische Prozesse,** an deren Ende die Bildung von Traubenzucker steht.
Nach der **RGT-Regel** gilt, dass sich die Reaktionsgeschwindigkeit chemischer Reaktionen bei einer Temperatursteigerung von 10 °C um das zwei- bis dreifache erhöht. Die Bildung von Traubenzucker ist zu einem großen Teil von enzymatisch katalysierten chemischen Reaktionen abhängig, die bei einer Temperaturzunahme schneller ablaufen. Eine Temperaturerhöhung führt demnach zunächst zu einer Steigerung der Traubenzuckerproduktion und damit zu einer Erhöhung des Zuckergehalts des Nektars.
Ab einer Temperatur von ca. 40 °C beginnen Proteine zu **denaturieren**. Dabei verlieren sie ihre Struktur und damit auch ihre Funktion. Bei einer Temperatur von über 40 °C kommt es aufgrund der eingeschränkten Funktionalität der Enzyme zu einer geringeren Produktion von Glucose, sodass auch der Zuckergehalt im Nektar sinkt.

Die Abnahme des Zuckergehalts bei hohen Temperaturen zwischen 32 °C und 40 °C geht auf das Schließen der Spaltöffnungen zur Reduktion der Transpiration zurück. Bei geschlossenen Spaltöffnungen sinkt zwar der Wasserverlust, die Aufnahme von Kohlenstoffdioxid wird jedoch ebenfalls verringert. Da Kohlenstoffdioxid ein Ausgangsstoff für die Synthese von Glucose ist, sinkt bei Kohlenstoffdioxidmangel auch der Zuckergehalt im Nektar.

2.2 Die **Glykolyse** ist der mehrschrittige Abbau des C_6-Körpers Glucose in zwei C_3-Körper Brenztraubensäure. Dabei entstehen 2 Moleküle $NADH/H^+$ und 2 Moleküle ATP.
Zur **oxidativen Decarboxylierung** werden die beiden C_3-Körper Brenztraubensäure in das Mitochondrium transportiert. Dabei erfolgt durch Abspaltung

von 2 Molekülen CO_2 die Umsetzung der C_3-Körper zu 2 C_2-Körpern aktivierter Essigsäure (Acetyl-CoA). Es werden 2 Moleküle $NADH/H^+$ gebildet.
Im **Zitronensäurezyklus** werden in den Mitochondrien die beiden C_2-Körper aktivierte Essigsäure sukzessive zu CO_2 abgebaut. Dabei entstehen 2 Moleküle ATP, 6 Moleküle $NADH/H^+$ und 2 Moleküle $FADH_2$.
In der **Atmungskette** wird der von den Reduktionsäquivalenten aufgenommene Wasserstoff zusammen mit den aufgenommenen Elektronen auf Sauerstoff übertragen. Mithilfe einer Elektronentransportkette in der inneren Membran der Mitochondrien wird Sauerstoff also schrittweise zu Wasser reduziert, wobei pro Molekül $NADH/H^+$ ca. 3 Moleküle ATP und pro Molekül $FADH_2$ ca. 2 Moleküle ATP erzeugt werden können.

3 *Hier sollen Sie ableiten, ob der Versuch auch unter anderen Bedingungen funktionieren kann. Zur Beantwortung der Frage ist es notwendig, dass Sie zunächst die Inhalte des Diagramms zusammenfassen und dann davon ausgehend argumentieren.*

In Abb. 2 ist die spektrale Empfindlichkeit der Lichtrezeptoren von Bienenaugen dargestellt. Das Diagramm zeigt, dass Bienen Wellenlängen von 300 nm bis ca. 610 nm (UV-Strahlung bis oranges Licht) mit unterschiedlicher Empfindlichkeit wahrnehmen können.
Gegenüber rotem Licht sind die Rezeptoren des Bienenauges unempfindlich, d. h. Bienen können rotes Licht nicht wahrnehmen. Eine erfolgreiche Durchführung des Experiments mit einem roten Feld ist daher nicht möglich.
Grünes Licht liegt in dem Bereich, in dem die Rezeptoren des Bienenauges empfindlich sind. Bei einem Versuch mit einem grünen Feld ist daher mit einer erfolgreichen Versuchsdurchführung zu rechnen.

4.1 *Laut Aufgabenstellung sollen Sie den Verwandtschaftsgrad ausgehend von der Abbildung ableiten. Sie müssen daher auf die Informationen in Abb. 3 Bezug nehmen. Es reicht nicht aus, den Verwandtschaftsgrad anzugeben.*

Durchschnittlicher Verwandtschaftsgrad der Arbeiterinnen:

- Da bei der Königin die Keimzellen mittels Meiose aus diploiden Urkeimzellen hervorgehen, sind die einzelnen Keimzellen bezüglich ihres Erbmaterials zu 50 % identisch.
- Bei einer Drohne werden die Keimzellen ohne Meiose aus haploiden Zellen gebildet. Die Keimzellen der jeweiligen Drohnen sind daher genetisch identisch.
- Je 50 % des Erbguts einer Arbeiterin stammen von einer Drohne bzw. Königin. Das bedeutet, dass 50 % des Erbguts zu 100 % identisch sind und 50 % zu 50 %. Dementsprechend beträgt der Verwandtschaftsgrad zwischen den einzelnen Arbeiterinnen 75 %.
  $r = 0{,}5 \cdot 1{,}0 + 0{,}5 \cdot 0{,}5 = 0{,}75$

Würde die Arbeiterin selbst Nachkommen zeugen, wäre sie mit ihnen – wie die Königin mit der Arbeiterin – nur zu 50 % verwandt (r = 0,5). Genetisch gesehen ist es daher für Arbeiterinnen vorteilhafter, sich an der Aufzucht von fortpflanzungsfähigen Schwestern zu beteiligen, als selbst Nachkommen zu zeugen. Durch einen Verzicht auf die **direkte Fitness** und eine Steigerung der **indirekten Fitness** wird somit die Gesamtfitness durch **Verwandtenselektion** erhöht, was das altruistische Verhalten der Arbeiterinnen erklärt.

4.2 Da sich die Königin mit mehreren Drohnen paart, sinkt der Verwandtschaftsgrad zwischen den einzelnen Arbeiterinnen. Der Fitnessgewinn über die indirekte Fitness und damit die Gesamtfitness sinken. Der Erklärungsansatz des altruistischen Verhaltens der Arbeiterinnen mittels einer Steigerung ihrer Gesamtfitness über Verwandtenselektion muss daher infrage gestellt werden.

Abitur Biologie (Bayern) 2014
Aufgabe A 2: Biotreibstoff aus pflanzlichem Abfall

BE

Biotreibstoffe enthalten energiereiche Verbindungen, die u. a. durch Vergärung von Kohlenhydraten (z. B. Haushaltszucker und Stärke) und anschließender Destillation gewonnen werden können. Viele Forschungsgruppen befassen sich damit, Biotreibstoffe künftig auch durch Abbau von pflanzlichen Abfall- oder Reststoffen (z. B. Stroh, Holzreste oder Altpapier) herzustellen. Der hierzu notwendige Abbau von Cellulose ist bei verschiedenen Mikrooganismen bekannt.

1 Forscher der Universität Bielefeld entdeckten, dass die Grünalge *Chlamydomonas reinhardtii* unter bestimmten Bedingungen Cellulose in Glucose umwandeln und Ethanol oder Wasserstoff bilden kann.

1.1 Die folgende Abbildung zeigt schematisch den Abbau von Cellulose zu Glucose bei *Chlamydomonas*:

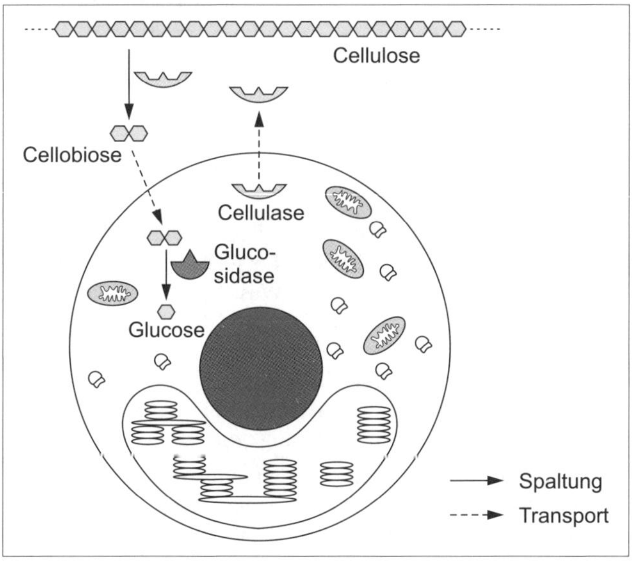

Abb. 1: Cellulose-Abbau bei der einzelligen Alge *Chlamydomonas* (stark vereinfacht)

Beschreiben Sie die dargestellten Vorgänge, die zum Abbau von Cellulose nötig sind, und geben Sie begründet einen Außenfaktor an, der diesen Stoffwechselweg auslösen könnte! 6

1.2 Beschreiben Sie ausgehend von Glucose die wichtigsten Schritte bei der alkoholischen Gärung! 5

1.3 Auch der Stoffwechselweg für die Bildung von Wasserstoff (H_2) ist bereits gut untersucht. Ein wichtiges Enzym hierbei ist die Hydrogenase. Durch Sauerstoff wird sie inaktiviert.

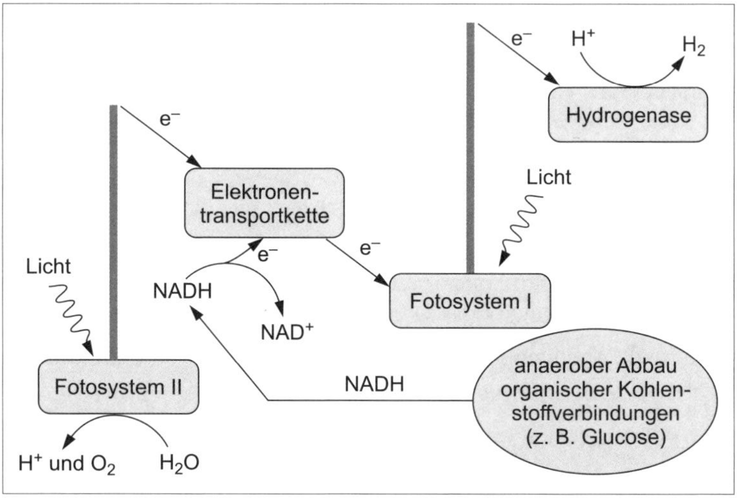

Abb. 2: Schematische Darstellung der für die Wasserstoffproduktion bei *Chlamydomonas* bedeutsamen Strukturen und Vorgänge in und an der Thylakoidmembran (Zahlenverhältnisse sind nicht berücksichtigt.)
(R. Wünschiers, R. Schulz (1998): *Photosynthese und Wasserstoff: Grundlagen und Nutzung.* In: Biologie in unserer Zeit 13/28, Wiley VCH, S. 130–136)

Zur Untersuchung der Wasserstoffproduktion wurden *Chlamydomonas*-Algen unter Belichtung in Wasser kultiviert. Forscher versuchen durch Veränderung der Haltungsbedingungen die Wasserstoffproduktion zu maximieren. Hierzu werden verschiedene Varianten diskutiert:

a) Kultivierung von *Chlamydomonas* im Dunkeln
b) Gabe von organischen Kohlenstoffverbindungen
c) Zugabe eines Hemmstoffes zur Inaktivierung von Fotosystem I
d) Zugabe eines Hemmstoffes zur Inaktivierung von Fotosystem II

Leiten Sie ab, wie sich die jeweils isoliert vorgenommenen Veränderungen auf die Wasserstoffproduktion auswirken, und geben Sie an, bei welcher Kombination an Bedingungen die Wasserstoffproduktion maximal wird! 9

1.4 Vergleichen Sie die beiden in 1.2 und 1.3 genannten Möglichkeiten der Regeneration von NAD^+ und der Gewinnung von ATP! 4

2 An der Universität Rostock wird daran geforscht, mithilfe von heterotrophen Bodenbakterien der Gattung *Clostridium* langfristig Möglichkeiten zu schaffen, aus cellulosehaltigen Reststoffen Biotreibstoff her-

zustellen. Das Bodenbakterium *Clostridium butyricum* kann auf ähnliche Weise wie *Chlamydomonas* bei Bedarf Cellulose bzw. Cellobiose abbauen und produziert dabei neben verschiedenen organischen Endprodukten ein Gasgemisch aus Kohlenstoffdioxid und Wasserstoff.
Zur genaueren Aufklärung wurden Kulturen von *Clostridium butyricum* in einer Versuchsreihe mit Glucose (Kurve A) bzw. mit Cellobiose (Kurve B) versetzt und die Gasproduktion gemessen.

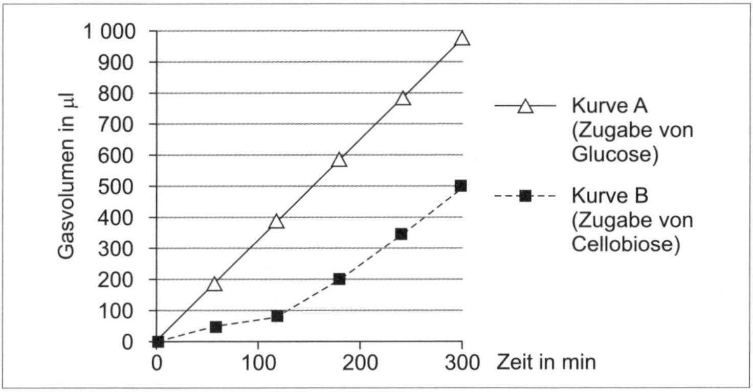

Abb. 3: Gasproduktion bei *Clostridium butyricum*
(A. J. Schocher (1959): *Ein Beitrag zur Kenntnis der Wachstums- und Gärungsphysiologie der Saccharolytischen Clostridien.* Grafisch Bedrijf Avanti, Delft, S. 98)

Erläutern Sie ausgehend von einer Modellvorstellung zur Genregulation die Kurven A und B! 10

3 2012 wurde in Straubing die bundesweit größte Anlage eröffnet, in der Cellulose aus Getreide- oder Maisstroh zu Ethanol abgebaut wird. Hierbei werden aus Pilzen isolierte Enzyme zusammen mit Cellulose erhitzt. In folgender Tabelle sind die wichtigsten Angaben der Produktbeschreibung einer entsprechenden Enzymmischung zusammengestellt.

Anwendung	Abbau cellulosehaltiger Materialien verschiedenster Herkunft
Arbeitstemperatur	50 bis 60 °C
Lagerung	trocken in einem verschlossenen Behälter bei +2 bis +8 °C; Erwärmung auf über 70 °C vermeiden

Produktbeschreibung einer Enzymmischung für den Celluloseabbau

Stellen Sie die Abhängigkeit der Aktivität dieses Enzym-Gemisches von der Temperatur grafisch dar und erklären Sie den Kurvenverlauf! 6

40

Erwartungshorizont

1.1 Beschreibung der dargestellten Vorgänge zum Celluloseabbau:

- Das Enzym Cellulase wird durch die Zellwand aus der Zelle transportiert.
- Die Cellulase katalysiert als Enzym die Spaltung von Cellulose in Cellobiose.
- Cellobiose wird durch die Zellwand in die Zelle transportiert.
- In der Zelle wird Cellobiose durch das Enzym Glucosidase in Glucose gespalten.

Möglicher auslösender Außenfaktor für den dargestellten Stoffwechselweg:
Die Alge betreibt den dargestellten Stoffwechselweg nur, wenn keine Fotosynthese möglich ist. Das bedeutet, dass der Abbau von Cellulose durch Faktoren ausgelöst wird, die Fotosyntheseprozesse verhindern, also beispielsweise durch Dunkelheit, Wasser- oder Kohlenstoffdioxidmangel.

1.2 *Der Arbeitsauftrag „beschreiben" verlangt, dass die Prozesse der alkoholischen Gärung umfassend, zusammenhängend und geordnet dargestellt werden. Dies ist mithilfe einer Reaktionsgleichung möglich, deren Angabe ist aber nicht zwingend notwendig.*

Bei der alkoholischen Gärung wird während der **Glykolyse** 1 mol Glucose in mehreren Schritten zu 2 mol Brenztraubensäure abgebaut. Dabei entstehen 2 mol ATP und 2 mol $NADH/H^+$.
Unter **anaeroben Bedingungen** reagiert die Brenztraubensäure unter Abspaltung von Kohlenstoffdioxid zu Ethanal, das anschließend unter Verbrauch von $NADH/H^+$ und Regeneration von NAD^+ zu Ethanol reduziert wird.

$$\underset{\text{Glucose}}{C_6H_{12}O_6} + 2\,ADP + 2\,ⓟ \longrightarrow 2\,\underset{\text{Ethanol}}{C_2H_5OH} + 2\,CO_2 + 2\,ATP$$

1.3 *Der Begriff „ableiten" fordert Sie dazu auf, auf der Grundlage der Angaben eigene Schlussfolgerungen zu ziehen. Vorsicht vor allem bei Variante b: Hier ist nicht nur die Gabe von organischen Kohlenstoffverbindungen entscheidend, sondern bereits die im einleitenden Text der Aufgabe angegebenen Information „… unter Belichtung in Wasser kultiviert."*

a) Kultivierung der Alge im **Dunkeln**: Ohne Licht findet **kein Elektronentransport** über die Fotosysteme I und II statt und deshalb kann durch die Hydrogenase **kein Wasserstoff produziert werden**.

b) Gabe von **organischen** Kohlenstoffverbindungen: Beim anaeroben Abbau organischer Kohlenstoffverbindungen kann zwar durch die Umwandlung von NADH zu $NADH/H^+$ die Elektronenlücke beim Fotosystem I aufgefüllt werden. Entscheidend aber ist, dass die organischen Kohlenstoffverbindungen bei Belichtung gegeben werden. Am Fotosystem II wird also Wasser gespalten und dabei entsteht Sauerstoff. Der Sauerstoff **inaktiviert** jedoch **die Hydrogenase**, sodass **keine Wasserstoffproduktion** stattfindet.

c) Zugabe eines Hemmstoffes zur Inaktivierung **von Fotosystem I**: Wird das Fotosystem I inaktiviert, findet **kein Elektronentransport** über dieses Fotosystem statt und deshalb kann durch die Hydrogenase **kein Wasserstoff produziert werden**.

d) Zugabe eines Hemmstoffes zur **Inaktivierung von Fotosystem II**: Wird das Fotosystem II inaktiviert, findet **kein Elektronentransport** über das Fotosystem I statt, da Elektronen aus der Wasserspaltung fehlen. Dieser Elektronenmangel bewirkt, dass die Hydrogenase **keinen Wasserstoff produziert**.

Maximale Wasserstoffproduktion: Bei ausreichend Licht, der Gabe von organischen Kohlenstoffverbindungen und gleichzeitiger Inaktivierung des Fotosystems II ist die Wasserstoffproduktion maximal.

1.4 Die **Regeneration von NAD^+** aus $NADH/H^+$ geschieht während der alkoholischen Gärung bei der Reduktion von Brenztraubensäure zu Ethanol. Bei der Wasserstoffproduktion erfolgt sie durch das Einschleusen von $NADH/H^+$ in die Elektronentransportkette zwischen Fotosystem II und I.
Die **ATP-Bildung** findet bei beiden Stoffwechselwegen während der Glykolyse statt. Bei der Wasserstoffproduktion kann ATP außerdem während der Fotosynthese mithilfe des beim Elektronentransport aufgebauten Protonengradienten synthetisiert werden.

Nach der chemiosmotischen Theorie kann die beim Elektronentransport frei werdende Energie zum Aufbau eines Protonengradienten über der Thylakoidmembran genutzt werden. Der Ausgleich des dadurch entstehenden elektrischen Potenzials erfolgt über die ATP-Synthase.

2 *Der Operator „erläutern“ verlangt nicht nur, dass die Modellvorstellung und Zusammenhänge in den wesentlichen Aspekten, evtl. unterstützt durch eine Skizze, deutlich gemacht werden. Zusätzlich wird auch eine Beschreibung zur Skizze erwartet.*

Beschreibung der Kurvenverläufe:

- Kurve A: Das Gasvolumen steigt ab der Zugabe von Glucose innerhalb von 300 Minuten auf ca. 950 µl konstant an.
- Kurve B: Bis etwa 100–120 Minuten nach der Zugabe von Cellobiose erhöht sich das Gasvolumen nur langsam auf ca. 80 µl. Erst danach zeigt sich ein stärkerer linearer Anstieg der Gasproduktion bis auf knapp 500 µl nach 300 Minuten.

Erläuterung der Kurvenverläufe:

Der rasche und kontinuierliche Abbau von Glucose weist darauf hin, dass die nötigen Enzyme bereits in der Zelle vorhanden sind (Kurve A). Der verzögerte Anstieg der Gasproduktion in Kurve B könnte darauf beruhen, dass die für den Cellobioseabbau notwendigen Enzyme erst in größeren Mengen in der Zelle gebildet werden müssen.

Modellvorstellung der Genregulation nach JAKOB-MONOD:

Eine mögliche Genregulation, die den Kurvenverlauf erläutert, lässt sich nach der Operon-Hypothese mit der Substratinduktion erklären.

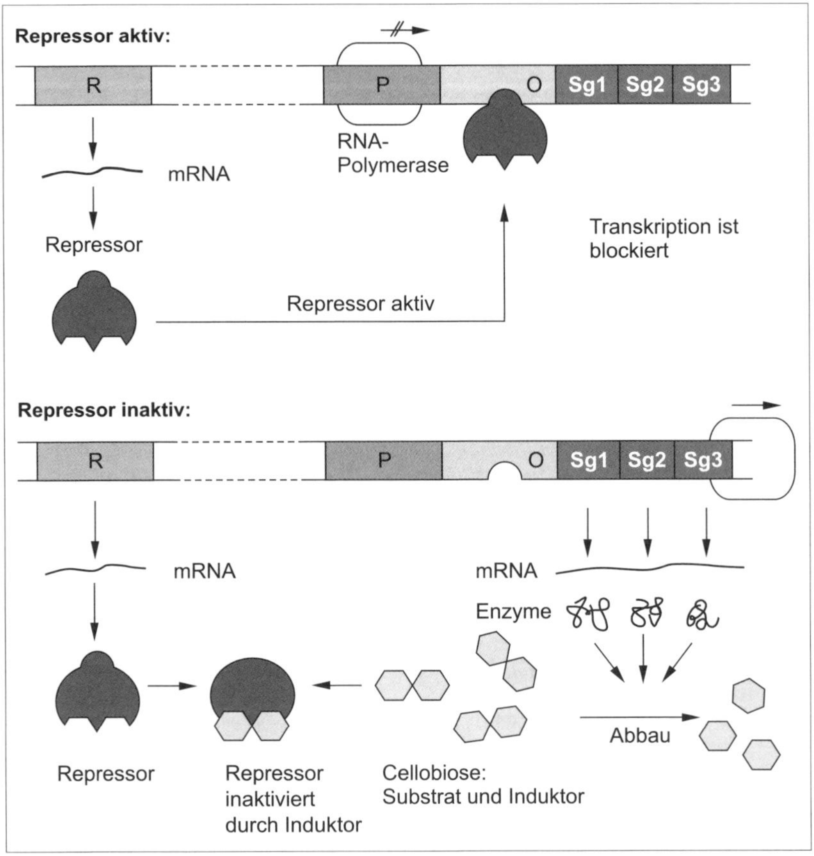

Das Operon ist ein DNA-Abschnitt im Erbgut der Bodenbakterien. Dieser enthält neben einem Promotorgen und dem Operatorgen auch mehrere Strukturgene:

- Das **Promotor**gen dient als Startstelle für die RNA-Polymerase.
- Das **Operator**gen fungiert als Bindestelle für den Repressor.
- Die **Struktur**gene codieren in diesem Fall Enzymproteine für den Abbau von Cellobiose.

Das Operon wird von einem benachbarten DNA-Abschnitt gesteuert, dem **Regulator**gen. Das Genprodukt des Regulatorgens ist der **Repressor**. Dieses allosterische Protein, das vor der Zugabe von Cellobiose in seiner **aktiven Form** vorliegt, bindet an den Operator und verhindert damit die Transkription der Strukturgene durch die RNA-Polymerase.
Nach der Zugabe von Cellobiose verbinden sich Cellobiosemoleküle mit dem aktiven Repressor über dessen zweite Bindestelle. Dies führt zu einer Konformationsänderung des Repressors, und seine Bindung an das Operatorgen wird gelöst. Der Repressor ist nun inaktiv, die RNA-Polymerase heftet sich an den Promotor und beginnt mit der Transkription. Erst jetzt erfolgt die Proteinbiosynthese der Enzyme, die nach etwa 100 bis 120 Minuten vermehrt den Abbau von Cellobiose in organische Endprodukte und die Gase Kohlenstoffdioxid bzw. Wasserstoff katalysieren.
Man bezeichnet die Cellobiose in diesem Fall der Genregulation als **Induktor**, da sie als abzubauender Stoff die Enzymsynthese auslöst.

3

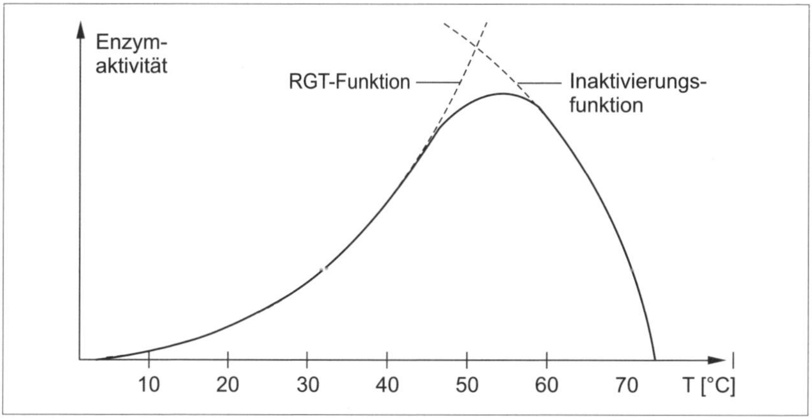

Nach der **RGT-Regel** verdoppelt bis verdreifacht sich bei einem Temperaturanstieg um 10 °C die Reaktionsgeschwindigkeit bei chemischen Reaktionen. Deshalb steigt die Enzymaktivität bei zunehmender Temperatur ab +2 °C bis +8 °C steil an.

Bei einer Temperatur von 50 °C bis 60 °C wird bei diesen enzymatisch katalysierten Reaktionen ein Maximum der Enzymaktivität erreicht, da die Enzyme in diesem Bereich ihre optimale Arbeitstemperatur aufweisen.
Bei einer weiteren Temperaturerhöhung setzt die **Hitzedenaturierung** der Enzymproteine ein. Dabei werden die für die Tertiärstruktur relevanten Wechselwirkungen und Bindungen zerstört. Es kommt zu einer Konformationsänderung und die Bindung des Substrats am aktiven Zentrum ist nicht mehr möglich. Das Enzym ist inaktiv und kann die Reaktion nicht mehr katalysieren. Die Enzymaktivität sinkt steil ab.

Abitur Biologie (Bayern) 2014
Aufgabe B 1: Synapsen in der Muskulatur und im Gehirn

BE

Die Erregungsübertragung an Synapsen erfolgt mithilfe von Transmittern. Als erster Neurotransmitter wurde 1921 das Acetylcholin entdeckt, das unter anderem an Synapsen der Muskulatur und des Gehirns auftritt.

1 Die energiebedürftige Synthese von Acetylcholin (ACh) aus Cholin und Acetyl-CoA („aktivierte Essigsäure“) erfolgt in den synaptischen Endknöpfchen durch das Enzym Cholinacetyltransferase.

$$\text{Cholin} + \text{Acetyl-CoA} \xrightarrow{\textit{Cholinacetyltransferase}} \text{Acetylcholin} + \text{CoA}$$

Cholin wird aus dem extrazellulären Raum aufgenommen, Acetyl-CoA wird in den Mitochondrien der Endknöpfchen hergestellt.

1.1 Stellen Sie die Aktivität der Cholinacetyltransferase in Abhängigkeit von der Cholinkonzentration in einem beschrifteten Diagramm dar! 5

1.2 Die Zellorganellen sind im Neuron ungleich verteilt: So findet man Ribosomen ausschließlich im Zellkörper, während Mitochondrien sowohl im Zellkörper als auch im Endknöpfchen vorkommen.
Legen Sie dar, welche Konsequenzen sich aufgrund der räumlichen Verteilung der Zellorganellen für die Acetylcholin-Synthese ergeben! 4

1.3 Acetylcholin wird nach der Synthese in synaptischen Membran-Bläschen gespeichert.

1.3.1 Erstellen Sie eine beschriftete schematische Skizze einer typischen Biomembran! 5

1.3.2 Der Mechanismus für die Transmitter-Anreicherung in einem synaptischen Membran-Bläschen ist in der folgenden Abbildung dargestellt.

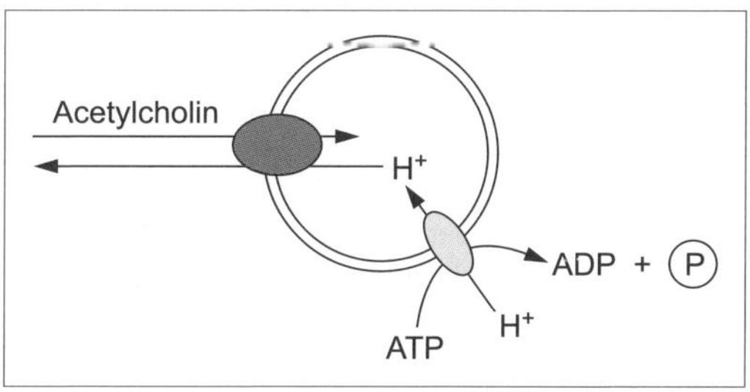

Abb. 1: Transport von Acetylcholin in ein synaptisches Membran-Bläschen

Erläutern Sie anhand von Abbildung 1 die Bedeutung der dargestellten Transportvorgänge zur Anreicherung von Acetylcholin! 5

2 Galantamin wirkt an zwei Stellen im synaptischen Spalt: Als kompetitiver Hemmstoff beeinflusst er die Aktivität der Acetylcholinesterase, einem Enzym, das den Abbau von Acetylcholin in Acetat und Cholin katalysiert. Zudem wirkt er als allosterischer Aktivator an den Acetylcholin-Rezeptoren der postsynaptischen Membran.

2.1 Beschreiben Sie unter Verwendung einer geeigneten Modellvorstellung am Beispiel von Galantamin die Wirkung eines kompetitiven Hemmstoffs und eines allosterischen Aktivators! 7

2.2 Die *Myasthenia gravis* ist eine Autoimmunerkrankung, bei der Antikörper gegen die körpereigenen Acetylcholin-Rezeptoren gebildet werden, sodass deren Zahl deutlich verringert ist. Lähmungen z. B. der Augen- oder der Schluckmuskulatur sind die Folge. Beurteilen Sie, ob eine Behandlung mit Galantamin eine Linderung der Beschwerden erwarten lässt! 6

3 Acetylcholin vermittelt die Erregungsübertragung zwischen Nerv und Muskel, stellt u. a. aber auch einen wichtigen Transmitter im zentralen Nervensystem (ZNS) dar.
Im folgenden Diagramm sind die postsynaptischen Potenziale (PSP) einer Muskelzelle und einer Nervenzelle des ZNS dargestellt.

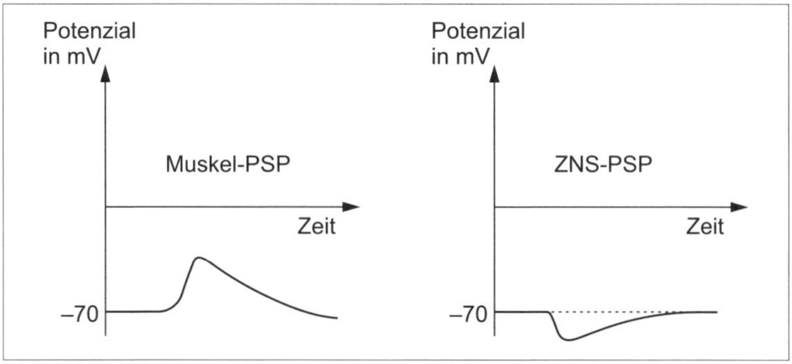

Abb. 2: Potenzialänderungen an postsynaptischen Membranen, ausgelöst durch Acetylcholin (B. Schnitzer, R. Emmerich; http://www.schule-bw.de/unterricht/faecher/biologie/material/zelle/nerven2/synapse_pics/image 102.gif, Landesbildungsserver Baden-Württemberg, zuletzt aufgerufen am 10. 12. 2013)

Geben Sie jeweils die Auswirkung von Acetylcholin auf die Informationsweiterleitung an den postsynaptischen Membranen an und erläutern Sie den Verlauf der beiden postsynaptischen Potenziale unter Bezugnahme auf die Ionenebene! 8

40

Erwartungshorizont

1.1

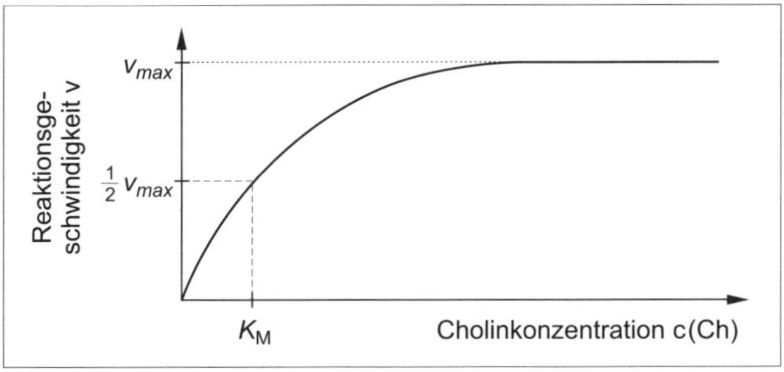

1.2 *Für eine umfassende Beantwortung dieser Teilaufgabe liefert auch der einleitende Text der Aufgabe 1 wesentliche Informationen.*

Zur Produktion von Acetylcholin sind sowohl die Ribosomen, an denen die Translation stattfindet, als auch die Mitochondrien zur Energiebereitstellung notwendig.

Ribosomen: Diese Organellen übersetzen die in der mRNA gespeicherte genetische Information in die Aminosäuresequenz des Enzyms Cholinacetyltransferase. Da die Proteinbiosynthese und damit die Synthese der Cholinacetyltransferase nur im Zellkörper stattfinden, muss das Enzym anschließend entlang des Axons zum Endknöpfchen transportiert werden.

Mitochondrien: Die energiebedürftige Synthese von Acetylcholin aus Cholin und Acetyl-CoA findet in den Endknöpfchen statt. Die dafür benötigte Energie wird von den Mitochondrien in Form von ATP in den Endknöpfchen bereitgestellt.

1.3.1

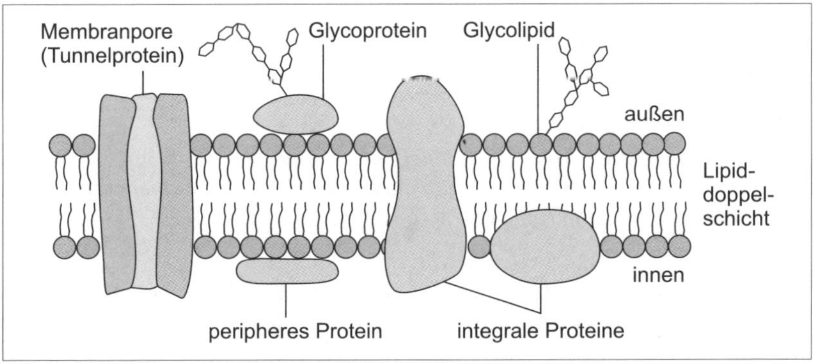

1.3.2 *Der Operator „erläutern“ verlangt nicht nur, dass die in der Abbildung dargestellten Aspekte beschrieben werden, sie müssen auch in einen Zusammenhang gesetzt werden.*

Über ein Protein, das in der Membran des Bläschens lokalisiert ist (ATPase) wird ATP in ADP und anorganisches Phosphat gespalten. Die dabei freigesetzte Energie wird dazu verwendet, Protonen aktiv in das Membran-Bläschen zu transportieren und damit Protonen im Bläschen anzureichen. Der resultierende Protonengradient dient dazu, Acetylcholin im Austausch gegen H^+-Ionen in das Membran-Bläschen zu transportieren. Dieser Austausch geschieht durch ein weiteres Membranprotein.

2.1 *Der Arbeitsauftrag „beschreiben“ erfordert, dass die Modellvorstellung durch umfassende Angaben zusammenhängend und geordnet dargestellt wird. Die Anfertigung einer Skizze ist möglich, aber nicht zwingend notwendig.*

Wirkung als kompetitiver Hemmstoff:
Galantamin besitzt eine **ähnliche räumliche Struktur** wie das Substrat Acetylcholin. Es konkurriert daher mit Acetylcholin um das **aktive Zentrum** der Acetylcholinesterase. Galantamin kann ebenfalls an das aktive Zentrum binden und es so für das eigentliche Substrat **blockieren**. Als Folge wird die **Enzymaktivität** der Acetylcholinesterase **herabgesetzt**; sie spaltet weniger Acetylcholin in Acetat und Cholin. Die Hemmwirkung eines kompetitiven Hemmstoffes ist von dessen Konzentration abhängig.

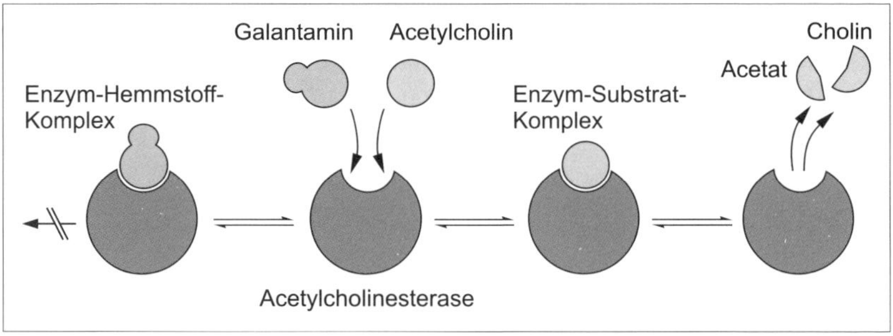

Ein kompetitiver Hemmstoff bindet nicht dauerhaft an das aktive Zentrum und kann verdrängt werden, deshalb handelt es sich bei der kompetitiven Hemmung um eine reversible Hemmung.

Wirkung als allosterischer Aktivator:
Galantamin lagert sich als allosterischer Aktivator an einer speziellen **Bindestelle** des Acetylcholin-Rezeptors an. Er **verändert** so die **räumliche Struktur** des Rezeptors und **steigert** dessen **Bindungsfähigkeit** für Acetylcholin. Die Signalübertragung auf die postsynaptische Membran wird dadurch verbessert.

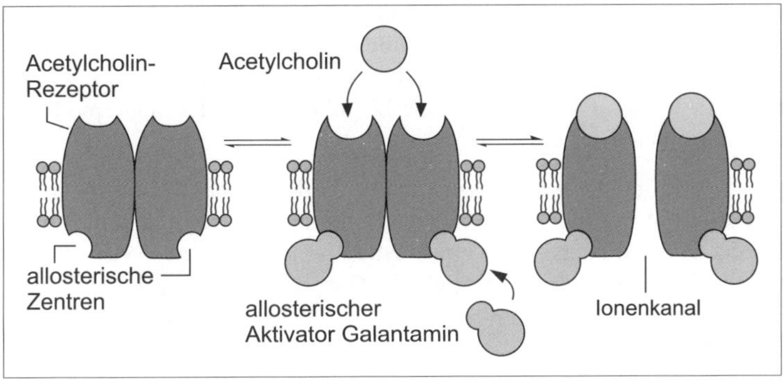

2.2 *Der Operator „beurteilen" fordert Sie dazu auf, ihre eigene Meinung darzulegen. Analysieren Sie dazu den Sachverhalt und begründen Sie ihre Meinung mit fundierten Argumenten logisch.*

Analyse des Krankheitsbildes:
Bei *Myasthenia gravis* zerstören körpereigene Antikörper die körpereigenen Acetylcholin-Rezeptoren. Dadurch existiert eine **geringere Anzahl** an Bindestellen für den Transmitter und an der postsynaptischen Membran wird nach der Freisetzung von Acetylcholin ein deutlich **geringeres PSP** (postsynaptisches Potenzial) ausgelöst. Lähmungserscheinungen sind die Folge.

Wirkung von Galantamin:
- Durch die Hemmung der Acetylcholinesterase wird deren Enzymaktivität reduziert. Dadurch wird Acetylcholin langsamer abgebaut, und die Transmitterkonzentration im synaptischen Spalt erhöht sich. Als Folge davon werden höhere PSPs ausgelöst.
- Als allosterischer Aktivator steigert Galantamin die Bindungsfähigkeit des Rezeptors für Acetylcholin. Dies verstärkt die Transmitterwirkung und führt ebenfalls zu höheren PSPs.

Beurteilung: Die Behandlung mit Galantamin lässt also eine Linderung der Beschwerden erwarten.

3 *Laut Aufgabenstellung ist nur eine Erläuterung des Potenzialverlaufes auf der Ionenebene verlangt, aber keine Zuordnung der beiden Kurven. (Die Kurve rechts entspricht dem Verlauf eines EPSPs, die Kurve links dem eines IPSPs). Die Acetylcholin-Moleküle binden an die Acetylcholin-Rezeptoren der postsynaptischen Membran. Bei der Bindung der Transmitter an die Rezeptoren öffnen sich die Ionenkanäle.*

Muskel: Bei erregenden Synapsen handelt es sich bei den ligandengesteuerten Ionenkanälen um **Natriumionenkanäle**. Bindet Acetylcholin an die Rezeptoren, so öffnen sich diese Kanäle, und es strömen Natriumionen in die postsynaptische Zelle ein. Die Folge ist eine **Depolarisation**. Es liegt ein **EPSP** (erregendes postsynaptisches Potenzial) vor.

ZNS: Bei hemmenden Synapsen steuern die Rezeptoren **Kalium- oder Chloridionenkanäle**. Binden die Acetylcholin-Transmittermoleküle, so strömen entweder Kaliumionen aus der postsynaptischen Zelle aus oder Chloridionen ein. Die Folge ist eine **Hyperpolarisation** der postsynaptischen Zelle. Man spricht von einem **IPSP** (inhibitorisches postsynaptisches Potenzial).

Abitur Biologie (Bayern) 2014
Aufgabe B 2: Schnecken

BE

1 Die Schwarzmündige Bänderschnecke *(Cepaea nemoralis)* besitzt ein großes Verbreitungsgebiet, das sich von Norwegen bis nach Spanien erstreckt und von der Küste bis in die Alpen Höhenunterschiede von 1 200 Metern abdeckt. Man findet sie in so unterschiedlichen Lebensräumen wie Wiesen oder Wäldern. Die Bänderschnecke weist eine große Vielfalt an Gehäusen auf. Die Gehäuse können gelb, rot oder braun und durch bis zu fünf Bänder gemustert sein.

Gehäuse von *Cepaea nemoralis*
(© idw-online.de)

1.1 Stellen Sie den modellhaften Entwicklungsverlauf einer Bänderschnecken-Population bei der Neubesiedlung eines Lebensraumes bis zu einem stabilen Zustand in einem Diagramm dar und erklären Sie den Kurvenverlauf! 8

1.2 Die folgende Abbildung zeigt die Untersuchungsergebnisse der Zusammensetzung des Farb- und Bänderungsspektrums von *Cepaea nemoralis* in unterschiedlichen Lebensräumen.

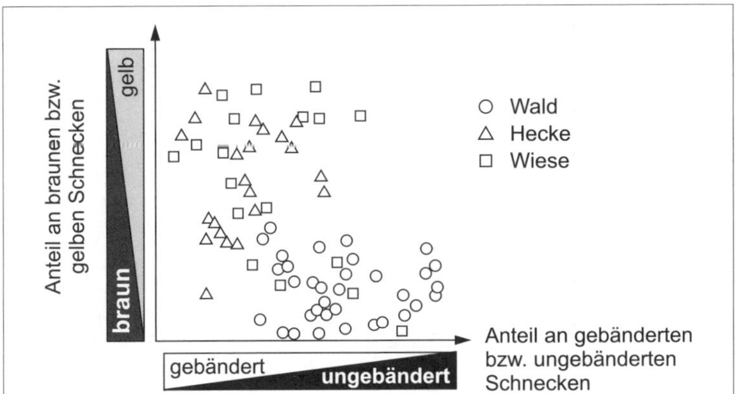

Abb. 1: Zusammensetzung des Farb- und Bänderungsspektrums von *Cepaea nemoralis*
(© R. Nordsieck (2010))

Beschreiben Sie das Verhältnis von gelben zu braunen sowie von gebänderten zu ungebänderten Gehäusevarianten von *Cepaea nemoralis* in Abhängigkeit vom Lebensraum und stellen Sie zwei begründete Hypothesen auf, die diese Verhältnisse erklären! 9

2 Kegelschnecken sind räuberisch lebende Weichtiere der tropischen und subtropischen Meere. Bei den Nervenzellen der Kegelschnecken wurden neben den chemischen Synapsen auch elektrische Synapsen entdeckt.

2.1 Die elektrische Synapse besteht aus kleinen, durch Protein-Moleküle gebildeten Kanälen. Diese Kanäle werden von zwei Zellen gebildet und verbinden diese, indem sie die jeweilige Membran durchdringen und den Zwischenzellraum überbrücken. Dadurch wird ein direkter Kontakt zwischen den Nervenzellen möglich, der eine fast verzögerungsfreie Übertragung, die prinzipiell in beide Richtungen verlaufen kann, ermöglicht.

2.1.1 Stellen Sie ausgehend von einer beschrifteten Skizze einer Biomembran die elektrische Synapse grafisch dar! 6

2.1.2 Stellen Sie wesentliche strukturelle und funktionelle Unterschiede chemischer Synapsen gegenüber elektrischer Synapsen dar! 4

2.2 Neuromuskoläre Synapsen gehören zu den erregenden Synapsen. Als Transmitter fungiert Acetylcholin, welches durch das Enzym Acetylcholinesterase wieder gespalten wird. Jede Kegelschneckenart besitzt für den Beutefang einen Giftcocktail, zu dem u. a. α-Conotoxin gehört, das an die Acetylcholin-Rezeptoren der postsynaptischen Membran bindet und diese reversibel blockiert.

2.2.1 Messungen der Acetylcholin-Konzentration im synaptischen Spalt nach einer Einzelerregung am Axon führten zu den in Abbildung 2 dargestellten Ergebnissen.

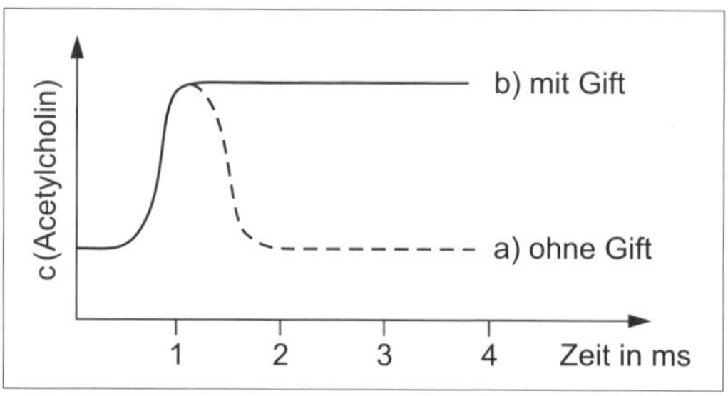

Abb. 2: Acetylcholin-Konzentration im synaptischen Spalt nach einer Einzelerregung

Erläutern Sie, ob die dargestellte Giftwirkung auf α-Conotoxin zurückzuführen ist! 4

2.2.2 Neostigmin ist ein reversibler Acetylcholinesterase-Hemmer, der auch in der Medizin eingesetzt wird.
Beurteilen Sie, ob dieser Wirkstoff als Gegengift für α-Conotoxin geeignet wäre! 4

3 Die Prachtvolle Fadenschnecke *(Hermissenda crassicornis)* bewegt sich bei Lichtreizen auf die Lichtquelle zu. Weiterhin reagiert *Hermissenda crassicornis* im Labor auf kurzzeitig nach hinten einwirkende Zugkräfte mit dem Zusammenziehen des Fußmuskels, um sich am Untergrund besser anheften zu können. Wird der Lichtreiz mehrfach mit der Zugkraft gekoppelt, so löst anschließend Licht allein eine Fußmuskelkontraktion aus.

Hermissenda crassicornis
(Foto: DrKjaergaard; http://commons.wikimedia.org/wiki/File:Hermissenda_crassicornis3.JPG; lizenziert unter CC BY-SA 2.5)

Geben Sie unter Bezug auf den Text an, um welche Form des Lernens es sich bei der beschriebenen Verhaltensänderung handelt, und erklären Sie diesen Lernvorgang unter Einbeziehung der entsprechenden Fachbegriffe! 5

40

Erwartungshorizont

1.1

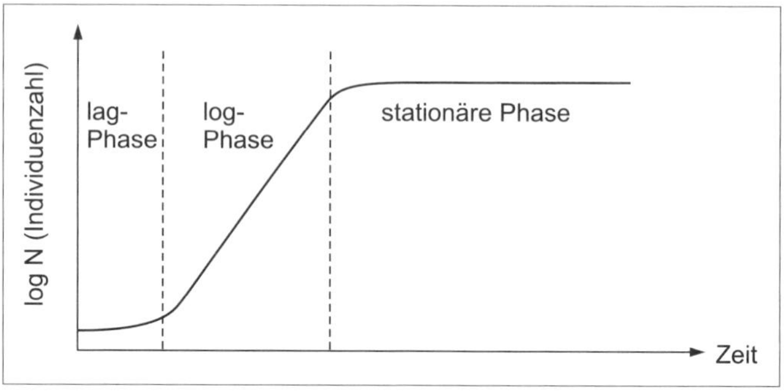

Anlaufphase (= lag-Phase): Die Schnecken stellen sich auf die neuen Umweltbedingungen ein und zeigen deshalb nur eine geringe Vermehrungsrate. Die Geburtenrate ist nur geringfügig höher als die Sterberate.

Exponentielle Phase (= log-Phase): Aufgrund der Neubesiedelung ist in dem Gebiet kaum Konkurrenz zu erwarten. Da die Lebensbedingungen für die Bänderschnecken optimal sind, werden die Tiere vermutlich eine sehr starke Vermehrungsrate aufweisen. Die Geburtenrate übersteigt die Sterberate deutlich.

Stationäre Phase: Ab einer gewissen Populationsdichte kommt es zur zwischenartlichen Konkurrenz, da es an Ressourcen wie beispielsweise an Nahrung mangelt. Dies führt dazu, dass sich Geburtenrate und Sterberate in etwa ausgleichen. Die Wachstumsrate nimmt ab und nähert sich 0 an.

Zu einer Absterbephase wird es in einem offenen System in der Regel nicht kommen, da sich die Populationsdichte auf einem bestimmtem Niveau einpendelt.

1.2 *Beschreiben Sie zunächst die Inhalte des Diagramms, bevor Sie an dessen Auswertung gehen. Versuchen Sie eine Aufgabe diesen Umfangs möglichst gut zu strukturieren, um zu verhindern, dass Sie sich bei einigen Aussagen wiederholen, während Sie andere Aspekte unberücksichtigt lassen.*

Abb. 1 zeigt, dass gelbe ungebänderte Schnecken sowie braune gebänderte Schnecken fast überhaupt nicht anzutreffen sind.
Im Lebensraum Wald kommen überwiegend braune ungebänderte Schnecken der Art *Cepaea nemoralis* vor. In Hecken finden sich hauptsächlich gelbe gebänderte Schnecken. Die Variationsbreite im Lebensraum Wiese ist deutlich größer, sodass eine eindeutige Zuordnung nicht möglich ist. Gelbe gebänderte Schnecken sind jedoch auch hier etwas häufiger vertreten als andere Varianten.

Hypothese 1: In Hecken stellt eine Bänderung des Gehäuses eine mögliche Tarnung dar, da die Linienstruktur derjenigen von Ästen und Blättern ähnelt. Sie tritt auf gelben Gehäusen besonders deutlich hervor, sodass die Schnecken für Fressfeinde schwierig zu entdecken sind. Dass in der Variationsbreite kaum braune gebänderte Schnecken auftauchen, könnte damit zusammenhängen, dass eine Bänderung auf dunkleren Gehäusen wenig auffällt.

Hypothese 2: Dunkle Gehäuse könnten im Lebensraum Wald von Vorteil sein, da sie mehr Licht absorbieren als helle. Je dunkler die Färbung ist, desto höher ist damit auch die Temperatur im Schneckengehäuse. Für die wechselwarmen Lebewesen kann das im Lebensraum Wald entscheidende Vorteile mit sich bringen. Des Weiteren können dunkle Schneckengehäuse im Wald ebenfalls der Tarnung dienen, indem sie eine Anpassung an den überwiegend dunklen Waldboden darstellen.

Gelb-ungebänderte Schnecken kommen vermutlich deshalb so selten vor, da diese Schnecken weder einen Vorteil durch Tarnung noch durch Lichtabsorption besitzen.

2.1.1

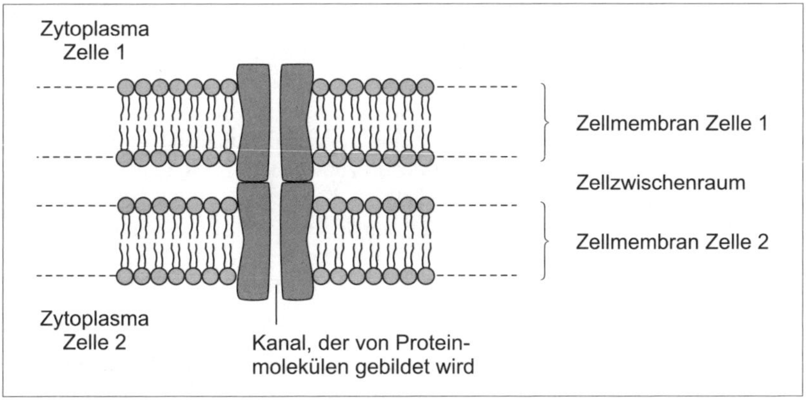

2.1.2 Unterschiede zwischen elektrischen und chemischen Synapsen:

- Bei der elektrischen Synapse sind die beiden Zellen direkt über einen Proteinkanal miteinander verbunden. Bei der chemischen Synapse befindet sich zwischen den kommunizierenden Zellen der synaptische Spalt.
- Impulse können bei elektrischen Synapsen direkt über Ionenströme von einer zur nächsten Zelle ohne Zeitverlust übertragen werden. Bei chemischen Synapsen muss das elektrische Signal erst in ein chemisches Signal umgewandelt werden. Es kann in der Zielzelle zeitverzögert einen neuen Impuls auslösen.

– Bei einer elektrischen Synapse ist eine Reizweiterleitung in beide Richtungen möglich, während die Signalübertragung bei einer chemischen Synapse unidirektional ist.

2.2.1 *Conotoxin-α bindet nach dem Schlüssel-Schloss-Prinzip an Acetylcholin-Rezeptoren und blockiert sie. Es wirkt als Acetylcholin-Antagonist.*

Abb. 2 zeigt, dass bei einem am Endknöpfchen ankommenden Reiz sowohl unter Gifteinwirkung als auch ohne Gift Acetylcholin ausgeschüttet wird.
Ohne Gift wird Acetylcholin nach kurzer Zeit von der Acetylcholinesterase gespalten und ins Endknöpfchen aufgenommen. Im Diagramm ist die abfallende Acetylcholin-Konzentration ca. 1 ms nach deren Anstieg zu erkennen.
Aus der Kurve unter Gifteinwirkung geht hervor, dass die Acytylcholin-Konzentration nach einer Ausschüttung konstant hoch bleibt. Das Gift wirkt demnach als *(irreversibler)* Acetylcholinesterase-Hemmer.
Da Conotoxin-α als Acetylcholin-Antagonist an die Rezeptoren der postsynaptischen Membran bindet, kann die Giftwirkung nicht auf Conotoxin-α zurückgeführt werden.

2.2.2 Da Neostigmin ein reversibler Acetylcholinesterase-Hemmer ist, wird Acetylcholin im synaptischen Spalt nur langsam abgebaut. Conotoxin-α wirkt als reversibler Acetylcholin-Antagonist, es blockiert also die Acetylcholin-Rezeptoren an der postsynaptischen Membran. Acetylcholin und Conotoxin-α konkurrieren um die Bindungsstellen der Rezeptoren. Wird die Acetylcholin-Konzentration durch Hemmung der Acetylcholinesterase erhöht, verdrängt der Transmitter kompetitiv das Toxin an den Rezeptoren. Eine Signalweiterleitung ist dann wieder möglich. Neostigmin ist demnach gegen Conotoxin-α als Gegengift wirksam.

3 Es handelt sich um eine **reizbedingte (klassische) Konditionierung**.
„Licht" stellt in diesem Beispiel den **neutralen Reiz** dar. In der Lernphase wird dieser Reiz durch häufige Wiederholung und **Kontiguität** mit dem **unbedingten Reiz** „nach hinten wirkende Zugkraft" verknüpft. Die Zugkraft löst bei der Schnecke den **unbedingten Reflex** des Zusammenziehens des Fußmuskels aus.
Nach der Konditionierung wird der ehemals neutrale Reiz „Licht" zum **bedingten Reiz,** der bereits ohne die Zugkraft das Zusammenziehen des Fußmuskels als **bedingten Reflex** auslöst.

Abitur Biologie (Bayern) 2014
Aufgabe C1: Malaria

BE

Bei Malaria handelt es sich um eine der häufigsten Infektionskrankheiten des Menschen. Sie wird z. B. durch den einzelligen eukaryotischen Parasiten *Plasmodium falciparum* hervorgerufen. Wird der Parasit bei einem Stich der Stechmücke *Anopheles gambiae* übertragen, befällt er zunächst menschliche Leberzellen, um sich anschließend im Blut innerhalb der roten Blutkörperchen zu vermehren.

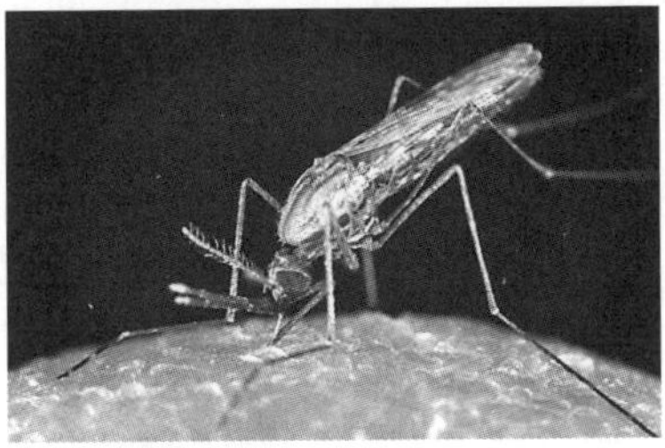

Anopheles gambiae
(CDC/James Gathany, PHIL No. 7861; via Wikimedia Commons)

1 Die *Anopheles*-Mücke erkennt Menschen an spezifischen Geruchskomponenten des Schweißes. Unzählige feinste Sinneshärchen auf den Fühlern enthalten Neuronen mit Rezeptormolekülen, an die die Geruchsmoleküle binden und Aktionspotenziale auslösen.

1.1 Fertigen Sie eine beschriftete schematische Skizze eines Neurons mit nicht-myelinisierter Nervenfaser an! 5

1.2 Beschreiben Sie die beiden biologischen Grundprinzipien, die durch den dichten Besatz an Sinneshärchen und die Duftstofferkennung verwirklicht sind! 4

2 Zur Bekämpfung der Malaria gibt es Methoden, die beim Überträger, der Stechmücke, wirken, sowie solche, die den Erreger selbst zum Ziel haben.

2.1 DDT ist ein Insektizid, das seit Anfang der 1940er Jahre als Kontaktgift eingesetzt wird. Es lagert sich an die Natriumkanäle der Nervenfasermembran an und verhindert deren Schließen.
Stellen Sie in einem beschrifteten Diagramm den Verlauf eines Aktionspotenzials unter dem Einfluss von DDT dar und erläutern Sie die unmittelbaren Auswirkungen von DDT auf die Übertragung von Aktionspotenzialen an der Synapse sowie die Folgen für die Stechmücke! 9

2.2 Plasmodien enthalten besondere Zellorganellen, die sogenannten Apicoplasten. Untersuchungen ergaben, dass Apicoplasten von vier Membranen umgeben sind, von denen die drei äußeren strukturelle Ähnlichkeiten aufweisen.

Stellen Sie eine begründete Hypothese zur Entstehung der Hüllen der Apicoplasten auf! 6

3 Die Sichelzellanämie bewirkt eine Unempfindlichkeit beim Menschen gegenüber Malaria. Sie ist eine Erbkrankheit, bei der eine Mutation im β-Globin-Gen vorliegt. Diese Mutation bewirkt einen veränderten Blutfarbstoff Hämoglobin und in der Folge sichelförmige rote Blutkörperchen. Die genannte Mutation lässt sich mit gentechnischen Methoden nachweisen. Das β-Globin-Gen wird mit Restriktionsenzymen geschnitten und die Fragmente werden anschließend mithilfe der Gelelektrophorese aufgetrennt. Die folgende Abbildung 1 zeigt die Schnittstellen und Gelausschnitte nach der Gelelektrophorese.

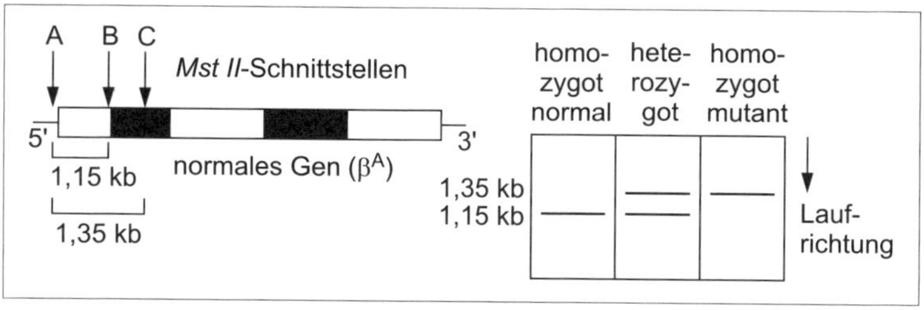

Abb. 1: β-Globin-Gen mit Schnittstellen für das Restriktionsenzym *Mst II* (links) und zugehörige Gelelektrophorese-Ergebnisse (Gel-Ausschnitt) entsprechender Personen (rechts)
(verändert nach: E. Passarge, J. Wirth (2004): *Taschenatlas der Genetik.* Thieme Verlag, Stuttgart, 2. Auflage, S. 333)

Leiten Sie ab, an welcher Stelle im β-Globin-Gen die Sichelzellmutation liegt! 4

4 Eine weitere Unempfindlichkeit beim Menschen gegenüber Malaria beruht auf genetischen Varianten im Gen für das Enzym G6PD im X-Chromosom. Folgende Abbildung zeigt den Stammbaum einer Familie, in der diese Unempfindlichkeit auftritt.

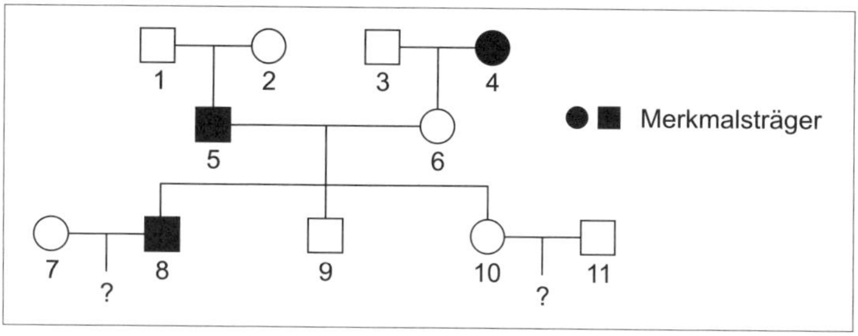

Abb. 2: Stammbaum einer Familie, in der genetische Varianten im Gen für das Enzym G6PD auftreten

Ermitteln Sie den zugrunde liegenden Erbgang und geben Sie die Genotypen aller Personen an! Leiten Sie die Wahrscheinlichkeit des phänotypischen Auftretens der Resistenz bei einem Sohn des Ehepaares 7 und 8 und einer Tochter des Paares 10 und 11 ab! Gehen Sie davon aus, dass die Personen 7 und 11 auf den X-Chromosomen kein Allel für das mutierte Gen besitzen. 7

5 Kaum eine Krankheit verdeutlicht den Ablauf und die Konsequenzen einer Koevolution besser als die Malaria. *Plasmodium falciparum* ist humanspezifisch und deshalb in seiner Evolution ausschließlich an den Menschen gebunden. Neben dem Immunsystem helfen heute auch Medikamente gegen den Erreger.
Stellen Sie unter dem Aspekt der Koevolution eine Hypothese zur Veränderung des Genpools beim Menschen durch Malaria und eine Hypothese zur Auswirkung des Medikamenten-Einsatzes auf den Erreger auf! 5

40

Erwartungshorizont

1.1

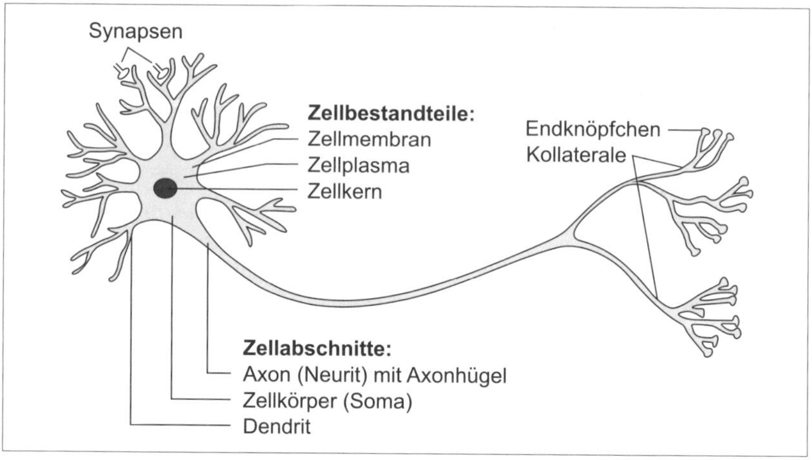

1.2 *Zur umfassenden Beantwortung dieser Teilaufgabe liefert bereits der einleitende Text der Aufgabe 1 die wesentlichen Informationen. Laut Aufgabenstellung ist nur eine Beschreibung verlangt und keine Erläuterung.*

Dichter Besatz an Sinneshärchen:
Die unzähligen feinen Sinneshärchen auf den Fühlern der *Anopheles*-Mücke dienen der **Oberflächenvergrößerung**. Dadurch entsteht Raum für besonders viele Geruchsrezeptoren.

Biologische Bedeutung: Durch die Oberflächenvergrößerung wird die Möglichkeit, Duftstoffmoleküle zu binden und so Reize aufzunehmen um ein Vielfaches gesteigert.

Duftstofferkennung:
Die Sinneshärchen enthalten Rezeptoren. Durch das **Schlüssel-Schloss-Prinzip** ist gewährleistet, dass nur Duftstoffmoleküle mit einem speziellen räumlichen Bau (Schlüssel) an die Rezeptoren (Schloss) binden können.

Biologische Bedeutung: Das Prinzip stellt sicher, dass nur für Anopheles-Mücken relevante Reize aufgenommen werden.

2.1 DDT lagert sich an die Natriumionenkanäle an und verhindert deren Schließen. Dadurch bleiben diese ständig geöffnet und der **Na^+-Einstrom** findet kontinuierlich und andauernd statt. Es kommt zu einer **dauerhaften Depolarisation** und damit zu einer anhaltenden **Ausschüttung des Transmitters** an der Synapse. Daraus resultiert eine **Dauerdepolarisation** an der postsynaptischen Membran und dies bewirkt eine **Dauererregung** u. a. von Muskelzellen. Diese starre **Lähmung der Muskulatur** führt zum **Tod** der *Anopheles*-Mücke.

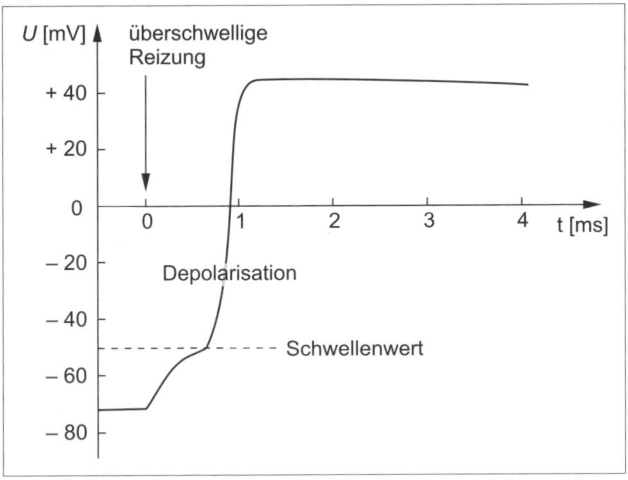

2.2 *Nach der Endosymbiontenhypothese stammen die Mitochondrien und Plastiden der Eukaryoten von ehemals frei lebenden prokaryotischen Einzellern ab. Diese wurden von größeren Einzellern durch Endozytose aufgenommen und haben sich im Verlauf der Evolution zu echten Zellorganellen entwickelt. Neben vielen weiteren Befunden (eigenständige ringförmige Erbinformation, prokaryotische Ribosomen vom 70S-Typ) ist vor allem wichtig, dass diese Organellen von einer Doppelmembran umgeben sind: Die innere, vom Symbionten stammende Membran ähnelt im Aufbau der Membran heutiger Bakterien. Sie unterscheidet sich in der chemischen Zusammensetzung von der äußeren Membran, die von der Wirtszelle stammt.*

Es kann angenommen werden, dass die Apicoplasten auf einen **Prokaryoten** zurückgehen, der von einem ursprünglichen **eukaryotischen Einzeller** durch Endozytose **aufgenommen**, aber nicht verdaut wurde. Diese Zelle wurde offenbar von einem größeren eukaryotischen Einzeller **noch einmal aufgenommen**. Die Apicoplasten wurden vermutlich als **Endosymbionten** in die Zelle integriert und entwickelten sich zu einem Zellkompartiment.

Die nachfolgende Skizze ist zur vollständigen Beantwortung der Frage nicht erforderlich.

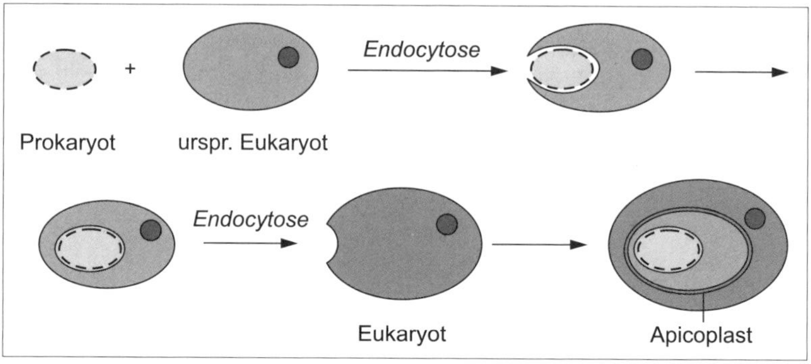

3 *Die DNA-Gelelektrophorese ist eine analytische Methode, um DNA-Moleküle unter Einfluss eines elektrischen Felds zu trennen. Je nach Größe und Ladung der DNA-Moleküle bewegen sich diese unterschiedlich schnell durch das Gel. Zur anschließenden Auswertung stehen unterschiedliche Methoden der Markierung und Visualisierung der Banden zur Verfügung. Die Länge der Fragmente wird dabei in Basenabständen (Einheit 1 kb = 1 000 Basenpaare) angegeben.*

Das normale β-Globin-Gen besitzt an den Positionen A, B und C drei verschiedene Schnittstellen für das Restriktionsenzym Mst II.
Bei **homozygot normalen** Personen enthalten beide Allele bezüglich des Genorts alle drei Schnittstellen. Das Restriktionsenzym schneidet an Stelle A und an Schnittstelle B, sodass DNA-Fragmente mit einer Länge von 1,15 kb entstehen.

Wird an der Stelle C geschnitten, entsteht ein zusätzliches DNA-Fragment mit einer Länge von 0,2 kb. Dieses wird in der Angabe jedoch nicht berücksichtigt und nicht dargestellt.

Heterozygote Personen besitzen ein Allel mit allen drei Schnittstellen (DNA-Fragmente der Länge 1,15 kb) und ein mutiertes Allel, das Fragmente der Länge 1,35 kb erzeugt. Das Restriktionsenzym schneidet hier offensichtlich nur an den Stellen A und C. So entstehen DNA-Fragmente mit einer Länge von 1,35 kb und 1,15 kb.
Bei Personen, die **homozygot** das **mutierte** Allel aufweisen, liegen nur DNA-Fragmente der Länge 1,35 kb vor. Beide Allele enthalten also nur die Schnittstellen A und C.
Da das mutierte Allel die **Schnittstelle B** nicht mehr enthält, muss die **Mutation** in diesem Bereich liegen.

4 *Zur Ableitung von Erbgangtypen können Hinweise dienlich sein, allerdings erfolgt eine eindeutige Begründung nur über die Angabe konkreter Genotypen.*

- *In der Angabe steht, dass das Gen auf dem X-Chromosom liegt. Also handelt es sich um einen gonosomalen Erbgang.*
- *Gegenüber Malaria empfindliche Eltern haben ein unempfindliches Kind. Das schließt einen dominanten Erbgang aus.*

Bei rezessiven Erbgängen steht der Kleinbuchstabe für das mutierte Allel und der Großbuchstabe für das normale Allel.

Es handelt sich um einen **X-chromosomal-rezessiven** Erbgang. Dieser Erbgang liegt vor, da die beiden Personen 1 (X_AY) und 2 (X_AX_a) keine Merkmalsträger sind, aber einen gemeinsamen Sohn 5 (X_aY) haben, der das Merkmal der Unempfindlichkeit gegenüber Malaria phänotypisch zeigt.
Die Wahrscheinlichkeit, dass der **Sohn** von Elternpaar 7 und 8 Merkmalsträger ist, beträgt 0 %. Seine Vater 8 (X_aY) trägt zwar hemizgot das mutierte Allel, vererbt jedoch an seinen Sohn das Y-Chromosom. Laut Angabe besitzt die Mutter 7 kein mutiertes Allel (X_AX_A) und gibt deshalb an ihren Sohn ein normales Allel des Gens weiter. Der Sohn besitzt daher **mit 100 %iger Wahrscheinlichkeit keine Unempfindlichkeit** gegenüber Malaria.

Der Hinweis in der Aufgabenstellung, dass Person 11 auf dem X-Chromosom kein Allel für das mutierte Gen besitzt, ist eigentlich überflüssig, da der Mann andernfalls Merkmalsträger wäre.

Da der Vater 11 (X_AY) kein Merkmalsträger ist, vererbt er seiner **Tochter** ein normales Allel X_A. Damit beträgt hier die Wahrscheinlichkeit des Auftretens **keiner Unempfindlichkeit** gegenüber Malaria unabhängig vom Genotyp der Mutter **100 %**.

Der Genotyp der Mutter 10 ist X_AX_a. Sie vererbt mit einer Wahrscheinlichkeit von je 50 % das mutierte oder das normale Allel an ihre Tochter. Die Tochter kann daher entweder den Genotyp X_AX_A oder X_AX_a aufweisen und zeigt in beiden Fällen keine Unempfindlichkeit gegenüber Malaria.

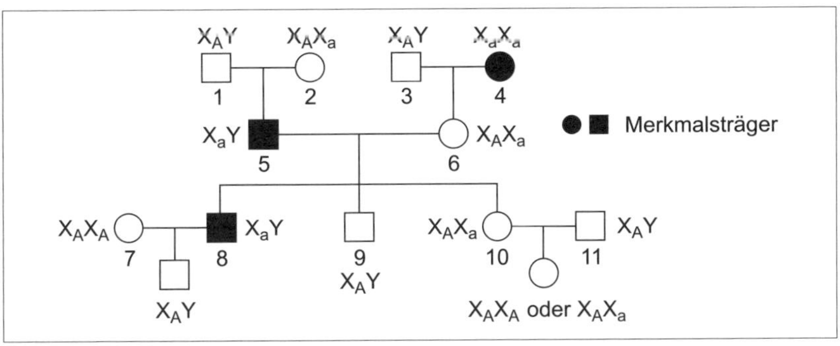

5 Unter **Koevolution** versteht man die wechselseitige Anpassung unterschiedlicher Arten aneinander, die darauf beruht, dass diese Arten über einen längeren Zeitraum der Stammesgeschichte einen starken Selektionsdruck aufeinander ausgeübt haben. Im beschriebenen Fall handelt es sich um eine **Wirt-Parasit-Wechselbeziehung:** Im Laufe der Evolution bildet sich aufgrund des **Selektionsdruckes** (durch Individuen) einer Art ein passender **Abwehrmechanismus** bei (Individuen) der anderen Art aus.

Zur umfassenden Beantwortung müssen sowohl Informationen aus dem einleitenden Text als auch Angaben aus den restlichen Aufgaben herangezogen werden.

Mensch als Wirt:
Sowohl die Sichelzellanämie als auch eine genetische Variante des Enzyms G6PD können eine Unempfindlichkeit gegenüber den Malaria auslösenden Parasiten *Plasmodium falciparum* bewirken. Diese eher **seltenen Mutationen**, die einen **Schutz** vor Malaria bieten, unterliegen in von Malaria betroffenen Gebieten einem **positiven Selektionsdruck** und werden sich deshalb im **Genpool** menschlicher Populationen in Malariagebieten **anreichern**.

Plasmodium als Parasit:
Der Selektionsdruck durch **Medikamenten-Einsatz** könnte dazu führen, dass sich bei einzelnen Parasiten **Medikamentenresistenzen** ausbilden. Diese Parasiten werden sich aufgrund dieses Selektionsvorteiles rasch verbreiten. Damit werden sich auch die **Resistenzgene weit verbreiten**.

Abitur Biologie (Bayern) 2014
Aufgabe C2: Chemischer Fraßschutz bei Pflanzen

BE

Neben der Ausbildung von Dornen und Stacheln können sich Pflanzen auch durch die Produktion von giftigen bzw. bitter schmeckenden Substanzen vor Tierfraß schützen.

1 Lupinen werden landwirtschaftlich als Futterpflanzen genutzt. Vor allem ihre Samen weisen einen hohen Protein- und Ölgehalt auf. Möglich wurde die Nutzung jedoch erst, als es gelang, ihren Gehalt an giftigen Alkaloiden durch Züchtung zu reduzieren.

1.1 Die wichtigsten Alkaloide der Lupinen sind Lupanin und Spartein. Sie werden in den Chloroplasten auf folgendem Stoffwechselweg hergestellt:

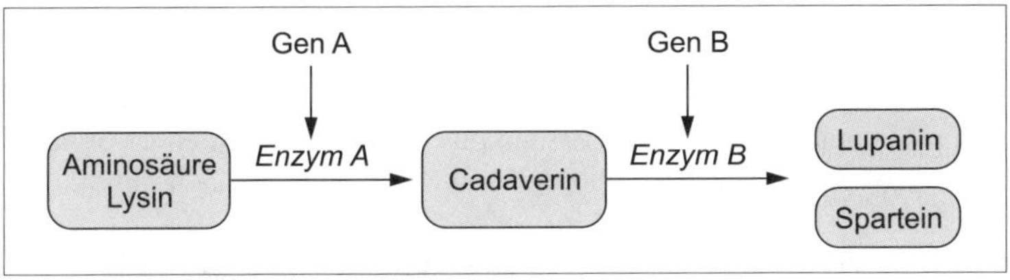

Abb. 1: Schematische Darstellung der Lupanin- und Spartein-Synthese
(vereinfacht nach: M. Wink, T. Hartmann (1982): *Localization oft the enzymes of quinolizidine alkaloid biosynthesis in leaf chloroplasts of Lupinus polyphyllus.* In: Plant Physiology 70 (1), S. 74–77; public domain)

1.1.1 Fertigen Sie eine beschriftete Skizze des elektronenmikroskopischen Aufbaus eines Chloroplasten an! 5

1.1.2 Um den Stoffwechselweg aufzuklären, wurde eine Suspension mit Chloroplasten hergestellt, die in der Lage sind, Lysinmoleküle aufzunehmen. Beschreiben Sie ausgehend von der Lysin-Aufnahme durch die Chloroplasten ein Verfahren, mit dem nachgewiesen werden kann, dass das Zwischenprodukt Cadaverin aus Lysin hergestellt wird! 5

1.2 Alkaloidfreie Süßlupinen treten durch zufällige Mutationen immer wieder auf. Züchter nutzten dies, indem sie zwei unterschiedliche Mutanten reinerbiger Süßlupinen miteinander kreuzten. Dabei entstanden in der F1-Generation nur alkaloidhaltige Nachkommen.
Erklären Sie diesen Befund auf der Basis des heute bekannten Stoffwechselweges (Abb. 1) und erstellen Sie ein Schema für den vorliegenden Erbgang! Geben Sie das zu erwartende Zahlenverhältnis von alkaloidhaltigen Lupinen und Süßlupinen in der F2-Generation an! 8

1.3 Die Ergebnisse einer Untersuchung zur Bedeutung der Alkaloide für die Lupinenarten 1–4 sind im folgenden Diagramm dargestellt.

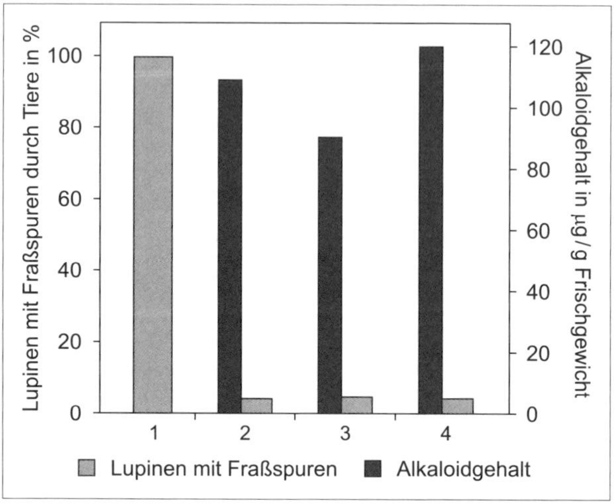

Abb. 2: Fraßspuren an Lupinen verschiedener Arten 1–4 und deren Alkaloidgehalt (M. Wink (1985): *Chemische Verteidigung der Lupinen: Zur biologischen Bedeutung der Chinolizidinalkaloide.* In: Plant Systematics and Evolution 150 (1–2), S. 65–81)

Führen Sie anhand der Informationen aus dem Diagramm eine vergleichende Kosten-Nutzen-Betrachtung für die Lupinenarten 2–4 durch! 5

2 Seidenpflanzengewächse synthetisieren giftige Herzglykoside. Die Giftwirkung der Herzglykoside beruht auf der Blockade einer lebenswichtigen ATPase. Die Raupen des nordamerikanischen Monarchfalters *Danaus plexippus* sind unempfindlich gegenüber diesem Gift. Sie ernähren sich von Seidenpflanzengewächsen und reichern die Herzglykoside in ihrem Körper an.

Raupe von *Danaus plexippus* (Foto: Hectonichus; http://commons.wikimedia.org/wiki/Danaus_plexippus?uselang=de#mediaviewer/-File:Nymphalidae_-_Danaus_plexippus_Caterpillar.JPG; lizenziert unter CC BY-SA 3.0)

2.1 Vögel, die die auffällig gelb-schwarz gestreiften Raupen des Monarchfalters fressen, müssen sich sofort übergeben.
Stellen Sie theoriegeleitet eine Hypothese zum Verhalten auf, das die Vögel als Folge dieser Erfahrung zeigen könnten! 3

2.2 Erklären Sie mithilfe der erweiterten Evolutionstheorie, wie die auffällige Färbung der Raupen entstanden sein könnte! 7

2.3 Die folgende Tabelle zeigt Aminosäuresequenzen der herzglykosid-unempfindlichen ATPase beim Monarchfalter bzw. herzglykosid-empfindlichen ATPase bei Mensch und Fruchtfliege. Die Bindungsstelle für die Herzglykoside liegt bei der ATPase in dem angegebenen Ausschnitt der Aminosäuresequenz.

Position der Aminosäure	111	112	113	114	115	116	117	118	119	120	121	122
Mensch	Gln	Ala	Ala	Thr	Glu	Glu	Glu	Pro	Gln	Asn	Asp	Asn
Fruchtfliege	Gln	Ala	Ser	Thr	Ser	Glu	Glu	Pro	Ala	Asp	Asp	Asn
Monarchfalter	Gln	Ala	Ser	Thr	Val	Glu	Glu	Pro	Ser	Asp	Asp	His

Aminosäuresequenzen der herzglykosid-unempfindlichen ATPase bzw. der herzglykosid-empfindlichen ATPasen bei verschiedenen Lebewesen
(V. Storch, U. Welsch, M. Wink (2007): *Evolutionsbiologie.* Springer, S. 392–393)

2.3.1 Diskutieren Sie anhand der Ausschnitte aus den Aminosäuresequenzen der ATPase bei diesen drei Lebewesen, welche Aminosäurepositionen für die Unempfindlichkeit der ATPase der Monachfalter-Raupe verantwortlich sein könnten! 4

2.3.2 Leiten Sie unter Zuhilfenahme der Code-Sonne eine mögliche DNA-Sequenz aus der Aminosäuresequenz 111–113 beim Monarchfalter ab!

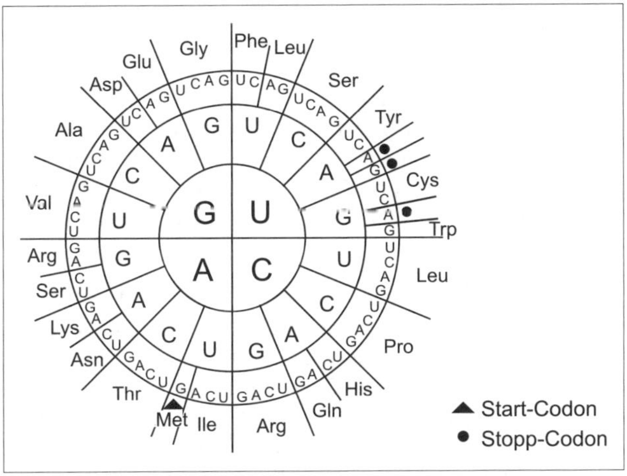

Abb. 3: Code-Sonne 3

40

Erwartungshorizont

1.1.1

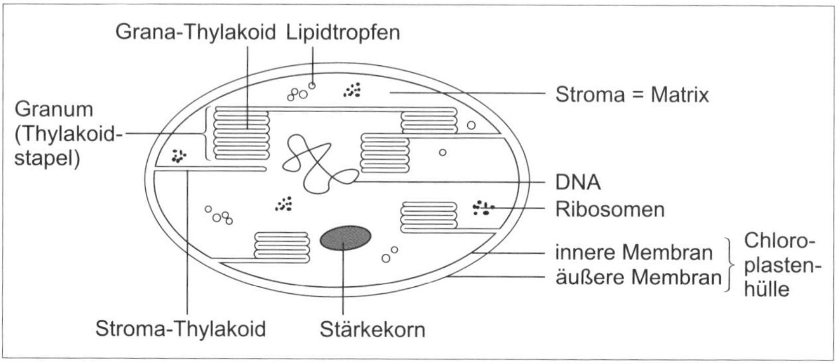

1.1.2 Um Stoffwechselwege aufzuklären, ist die **Tracer-Methode** ideal geeignet. Dabei werden z. B. bestimmte Isotope an Substanzen gekoppelt, deren Reaktionen in Stoffwechselwegen untersucht werden sollen. Die verwendeten Isotope unterscheiden sich hinsichtlich ihrer Masse von den unter natürlichen Bedingungen am häufigsten auftretenden Isotopen. Oft sind sie radioaktiv.
Im vorliegenden Fall würde es sich anbieten, das Stickstoffisotop ^{15}N in eine Aminogruppe des Lysins einzubringen. Die so veränderten Aminosäuren werden dann von den Chloroplasten aufgenommen. Nach einer gewissen Zeit wird Cadaverin aus den Chloroplasten isoliert. Anschließend bestimmt man beispielsweise durch Dichtegradientenzentrifugation die Dichte von Cadaverin und vergleicht sie mit der Dichte des „normalen" ^{14}N-Cadaverins. Ist letztere geringer, lässt sich daraus schließen, dass Lysin Ausgangsstoff für die Cadaverin-Bildung ist.

Prinzipiell wäre es auch möglich, die Carboxygruppe der Aminosäure zu markieren, indem man radioaktiven Kohlenstoff (^{14}C) oder das Sauerstoffisotop ^{18}O einbringt. Die Carboxygruppe wird allerdings bei der Bildung von Cadaverin aus Lysin abgespalten, sodass kein direkter Nachweis möglich ist. Da der Abbildung diese Details nicht zu entnehmen sind, werden auch diese Lösungen bewertet.

1.2 Da bei der Kreuzung zweier reinerbiger Süßlupinen, die keine Alkaloide enthielten, in der F1-Generation nur alkaloidhaltige Nachkommen vorkommen, muss eine Genwirkkette vorliegen. Wie aus Abb. 1 hervorgeht, sind zwei Enzyme an der Bildung der Alkaloide Lupanin und Spartein beteiligt. Bei der einen Süßlupinenart liegt aufgrund einer Mutation ein funktionsloses Enzym A, bei der anderen Art ein funktionsloses Enzym B vor.

Da in der F1-Generation alle Lupinen alkaloidhaltig sind, müssen die mutierten Allele rezessiv gegenüber den Allelen sein, die ein intaktes Enzym codieren.

A = intaktes Enzym A B = intaktes Enzym B
a = funktionsloses Enzym A b = funktionsloses Enzym B

Kreuzung der Parental-Generation:

Phänotyp	Süßlupine – funktionsloses Enzym A	×	Süßlupine – funktionsloses Enzym B
Genotyp	aaBB		AAbb
Keimzellen	aB		Ab

Kombinationsquadrat für die Parentalgeneration:

Keimzellen	aB
Ab	AaBb

Alle Lupinen der F1-Generation sind alkaloidhaltig.

Kreuzung der F1-Generation:

Phänotyp	Lupine – alkaloidhaltig	×	Lupine – alkaloidhaltig
Genotyp	AaBb		AaBb
Keimzellen	AB Ab aB ab		AB Ab aB ab

Kombinationsquadrat der F1-Generation:

Keimzellen	AB	Ab	aB	ab
AB	AABB	AABb	AaBB	AaBb
Ab	AABb	AAbb	AaBb	Aabb
aB	AaBB	AaBb	aaBB	aaBb
ab	AaBb	Aabb	aaBb	aabb

Phänotypenverhältnis:
9 alkoloidhaltige Lupinen : 7 Süßlupinen

1.3 *In der Fragestellung wird nur eine Betrachtung der Arten 2–4 verlangt. Die Daten zu Art 1 dienen lediglich dazu, die Bedeutung der Alkaloide für Pflanzen zu verdeutlichen.*

Vergleicht man die Fraßspuren bei alkaloidhaltigen Pflanzen und alkaloidfreien Lupinen, wird deutlich, dass Alkaloide einen deutlichen Fraßschutz darstellen: Süßlupinen weisen zu 100 % Fraßspuren auf, während nur ca. 5 % der alkaloid-

haltigen Pflanzen von Tieren angefressen werden. Die Bildung von Alkaloiden erfordert allerdings Energie, die die Pflanze bereitstellen muss.
Vor diesem Hintergrund hat Art 3 die beste Kosten-Nutzen-Bilanz, da sie mit ca. 90 µg/g einen deutlich geringeren Alkaloidgehalt als die Arten 2 und 4 (>100 µg/g) besitzt und die Verluste durch Tierfraß nur unwesentlich höher liegen als bei den anderen Arten (ca. 6 %).
Art 4 hat die schlechteste Kosten-Nutzen-Bilanz der alkaloidhaltigen Arten, da sie trotz vermehrter Alkaloid-Synthese (120 µg/g) nicht weniger Fraßspuren als Art 2 aufweist (ca. 5 %). Art 2 ist mit einem Alkaloidgehalt von etwa 110 µg/g in der Kosten-Nutzen-Bilanz zwischen den Arten 3 und 4 einzuordnen.

2.1 Es handelt sich um eine **reizbedingte (klassische) Konditionierung**, und dabei um eine **bedingte Aversion**:
Das gelb-schwarze Muster ist in diesem Beispiel der **neutrale Reiz**. Das Beutetier Raupe stellt einen **unbedingten Reiz** dar, der als **unbedingte Reaktion** das Appetenzverhalten „Fressen" auslöst. In der Lernphase wird der neutrale Reiz mit dem **unbedingten Reiz** verknüpft. Hierbei ist eine enge zeitliche Verknüpfung, die **Kontiguität**, wichtig. Da durch das Fressen der gelb-schwarzen Raupe Erbrechen verursacht wird, wird der ehemals neutrale Reiz „gelb-schwarzes Muster" zum **bedingten Reiz,** der ein **Meideverhalten** auslöst und die Wahrscheinlichkeit für das Appetenzverhalten verringert.

Bei guter Begründung kann der Lernvorgang durchaus auch als operante Konditionierung beschrieben werden. Das gezeigte Verhalten ist das Fressen eines gelb-schwarz gemusterten Tieres. Erst nach dieser Aktion erfolgt dann der Reiz „Übelkeit", der zum Erbrechen führt und somit eine Bestrafung darstellt. Man spricht in diesem Fall von einer bedingten Hemmung, die zu einem Meideverhalten führt.

2.2 *Beachten Sie, dass in der Fragestellung die erweiterte Evolutionstheorie verlangt ist. Ein Anwenden der Evolutionstheorie von DARWIN ist hier nicht ausreichend. Entscheidend ist, dass Sie geeignete Faktoren präsentieren, die den Genpool einer Population beeinflussen (wie z. B. Mutation, Rekombination, Gendrift, Genfluss, Selektion).*

Entstehung der Färbung nach der **erweiterten Evolutionstheorie**:
- Monarchfalter produzieren mehr Nachkommen als für den Erhalt der Art erforderlich sind. Da die Individuenzahl der Falter in etwa konstant bleibt und die Ressourcen begrenzt sind, kommt es zwischen den einzelnen Individuen zur Konkurrenz.
- Aufgrund der **genetischen Variabilität** unterscheiden sich die Individuen einer Art in ihrer Färbung. Ursache für die genetische Variabilität sind zum einen zufällige, ungerichtete **Mutationen** in der DNA und zum anderen **Re-**

kombinationsereignisse, die ebenfalls zufällig und ungerichtet neue Allelkombinationen und damit unterschiedliche Phänotypen hervorbringen.
- Auf die Raupen wirkt der **biotische Selektionsfaktor** „Fressfeind“ ein. Entstehen durch Mutation und/oder Rekombination Raupen mit der **erblichen Eigenschaft** „auffällige Färbung“, besitzen diese einen hohen Wiedererkennungswert. Diese Raupen werden mit geringerer Wahrscheinlichkeit von Vögeln gefressen, die bereits schlechte Erfahrungen mit diesen gelb-schwarz gemusterten Raupen gemacht haben. Sie besitzen einen **Selektionsvorteil** gegenüber den weniger auffällig gefärbten Individuen. Daher überleben im Kampf ums Dasein *(struggle for life)* gelb-schwarz gemusterte Tiere eher *(survival of the fittest)* und können sich mit höherer Wahrscheinlichkeit fortpflanzen. Somit können auffällig gefärbte Individuen ihre Erbanlagen häufiger an die nächste Generation weitergeben.
- Es kommt zu einer **gerichteten Verschiebung** der Gen- bzw. Allelhäufigkeit im Genpool der Art in Richtung Warntracht und somit im Laufe der Zeit zu einer Artumwandlung. Im Genpool der Art kommen schließlich nur noch Allele vor, die phänotypisch ein gelb-schwarzes Muster hervorbringen.

2.3.1 *Im Zusammenhang mit der Aufgabenstellung liefert Ihnen die Anzahl der Bewertungseinheiten einen Hinweis auf die Gliederung und den Umfang Ihrer Lösung. Vier Bewertungseinheiten deuten auf die Notwendigkeit hin, vier Positionen innerhalb der Aminosäuresequenzen zu diskutieren. Sie können einleitend einen kurzen Abschnitt formulieren, der Ihnen die Argumentation im weiteren Verlauf erleichtert. Versuchen Sie aber, die einzelnen Positionen relativ konkret abzuhandeln.*

Ursache für die Unempfindlichkeit der ATPase des Monarchfalters muss eine Mutation in der DNA sein, die dazu führt, dass eine oder mehrere Aminosäure/n im Protein verändert ist/sind. Um diese zu identifizieren, ist zu ermitteln, an welcher Position der Aminosäuresequenz des Monarchfalters eine gegenüber den Sequenzen von Mensch und Fruchtfliege veränderte Aminosäure vorliegt.

Mögliche Aminosäurepositionen:
- **Position 113:** Sowohl beim Monarchfalter als auch bei der Fruchtfliege ist die Aminosäure Serin (Ser) vorhanden, während beim Mensch Alanin (Ala) vorliegt. Da die Fruchtfliege aber empfindlich gegenüber Herzglykosiden ist, ist die Aminosäure an dieser Position vermutlich nicht für die Unempfindlichkeit verantwortlich.
- **Positionen 115 und 119:** Hier liegen bei allen drei Arten jeweils unterschiedliche Aminosäuren vor. Es ist zwar möglich, dass Valin (Val, Position 115) und/oder Serin (Ser, Position 119) beim Monarchfalter die Empfindlichkeit beeinflussen, eine konkrete Aussage ist jedoch nicht zu treffen.

- **Position 122:** Die Aminosäure Histidin (His) könnte für die Unempfindlichkeit beim Monarchfalter verantwortlich sein, da sowohl der Mensch als auch die Fruchtfliege an dieser Position die Aminosäure Asparagin (Asn) besitzen.

2.3.2 *In der folgenden Tabelle ist lediglich eine mögliche DNA-/mRNA-Sequenz dargestellt. Selbstverständlich gibt es alternative Lösungen.*

Aminosäure-Sequenz	Gln	Ala	Ser
mRNA (5'→3')	CAA	GCG	AGC
DNA (3'→5')	GTT	CGC	TCG

Abitur Biologie (Bayern) 2015
Aufgabe A 1: Der menschliche Darm

BE

Der Darm des Menschen setzt sich aus dem etwa 3 m langen Dünndarm und dem kürzeren Dickdarm zusammen. Der Darm ist Lebensraum für zahlreiche Bakterien, die an den lebenswichtigen Aufgaben Verdauung und Immunabwehr beteiligt sind.
Eine wichtige Funktion des Dünndarms ist es, im Anschluss an die Verdauung den Übertritt von Molekülen aus dem Darminnenraum in die Darmwandzellen und anschließend ins Blut zu ermöglichen.

1 In der folgenden Abbildung ist der Transport von Glucose und Fructose aus dem Darminnenraum in die Darmwandzellen dargestellt.

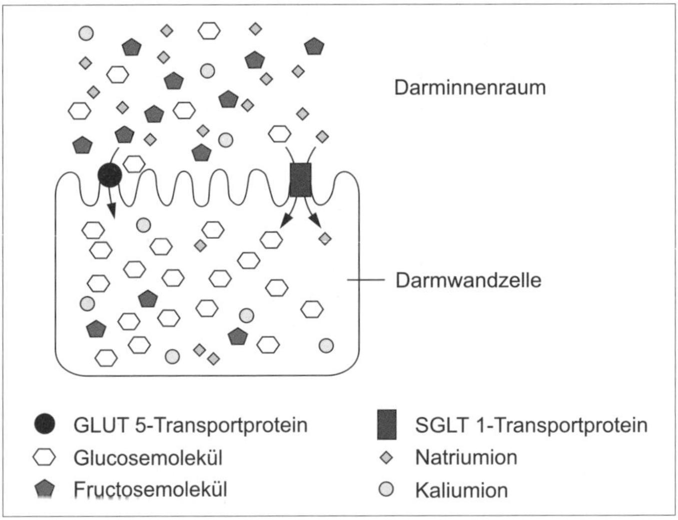

Abb. 1: Modell für den Glucose- und Fructosetransport
(verändert nach: R. Eckert, Übers.: R. Apfelbach, U. Ganslosser (2000): *Tierphysiologie*. Thieme Verlag, Stuttgart, 3. Auflage, S. 758)

1.1 Beschreiben Sie den in Abbildung 1 dargestellten Transport von Glucose und Fructose aus dem Darminnenraum in die Darmwandzellen! 6

1.2 Legen Sie dar, wie eine Aufrechterhaltung des Natriumionen-Konzentrationsgradienten an der Darmwandmembran gewährleistet werden kann! 3

1.3 Bei Patienten, die an erblicher Fructoseintoleranz leiden, kann die aufgenommene Fructose in verschiedenen Organen nicht abgebaut werden.

Die Abbildung 2 zeigt einen Stammbaum einer Familie, in der erbliche Fructoseintoleranz auftritt:

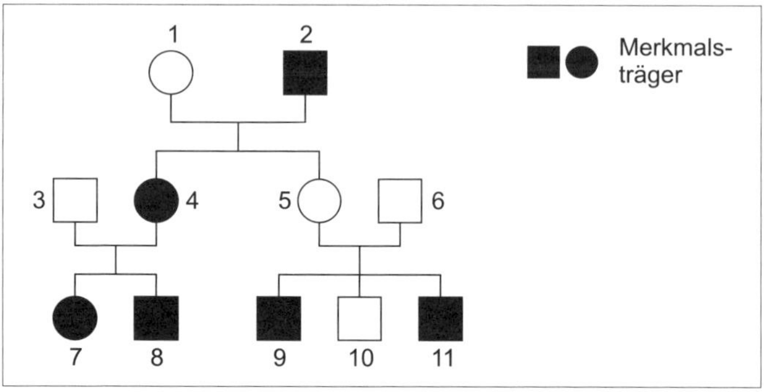

Abb. 2: Stammbaum einer Familie, in der erbliche Fructoseintoleranz auftritt

1.3.1 Leiten Sie anhand des Stammbaums den Erbgang der erblichen Fructoseintoleranz ab, indem Sie begründet nicht zutreffende Erbgänge ausschließen! Geben Sie alle möglichen Genotypen der Personen 1–6 und 10 an und ermitteln Sie, mit welcher Wahrscheinlichkeit die Eltern 3 und 4 ein phänotypisch gesundes Kind bekommen! 7

1.3.2 Ähnliche Symptome wie bei der erblichen Fructoseintoleranz zeigen auch Menschen mit Fructosemalabsorption. Bei diesen ist die Aufnahme von Fructose in die Dünndarmzellen gestört. Deshalb gelangt dieser Zucker in größerer Menge in den Dickdarm, wo er anaerob von verschiedenen Bakterien, z. B. von *E. coli*, abgebaut wird. Dies führt zu vielseitigen Beschwerden, wie z. B. Blähungen, für die Betroffenen.
Ein möglicher Stoffwechselweg zum bakteriellen Abbau der Fructose durch *E. coli* ist in folgender Abbildung dargestellt:

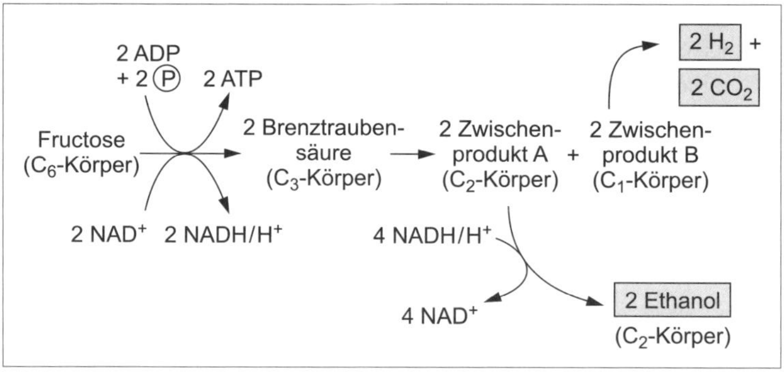

Abb. 3: Anaerober Abbauweg der Fructose in *E. coli*-Bakterien
(vereinfacht nach: S. C. Bischoff (2009): *Probiotika, Präbiotika und Synbiotika.* Thieme Verlag, Stuttgart, S. 8)

Vergleichen Sie den in Abbildung 3 dargestellten anaeroben Abbauweg mit der alkoholischen Gärung durch Hefepilze bezüglich der Energie- und Stoffbilanz! 6

1.3.3 Um diese Fructose-Aufnahmestörung (Fructosemalabsorption) zu diagnostizieren, gibt man Patienten, die mindestens 12 Stunden nichts gegessen haben, einmalig eine Lösung mit einer definierten Fructosemenge zu trinken. Der im Dickdarm entstehende Wasserstoff wird über das Blut zur Lunge transportiert und ausgeatmet. Nach der Fructosegabe wird kontinuierlich die Wasserstoffkonzentration in der Ausatemluft gemessen. In dieser Zeit darf der Patient keine weitere Nahrung zu sich nehmen.
Skizzieren Sie die bei diesem Test zu erwartende Wasserstoffkonzentration in der Ausatemluft in Abhängigkeit von der Zeit bei einem Patienten mit Fructosemalabsorption! 4

2 Morbus Crohn ist eine chronische Entzündung, die den ganzen Verdauungstrakt betreffen kann. Die Ursachen für die Entwicklung dieser Krankheit sind noch nicht geklärt. Als sicher gilt aber, dass neben bestimmten Umweltfaktoren wie Rauchen und Stress auch genetische Faktoren das Risiko für das Auftreten von Morbus Crohn erhöhen.
Im Jahr 2001 konnte gezeigt werden, dass Mutationen im NOD2-Gen im Zusammenhang stehen mit einem erhöhten Risiko, an Morbus Crohn zu erkranken.
Folgende Abbildung zeigt einen Ausschnitt der DNA-Sequenz des nichtmutierten Allels des codogenen Stranges im NOD2-Gen:

Basennummer:	1	2	3	4	5	6	7	8	9	10	11	12	13	14	15	16	17	18
Codogener DNA-Strang:	3'...G	A	C	G	T	C	C	G	G	G	A	A	C	T	T	T	C	C...5'

Abb. 4: Codogener Strang

Erste Base	Zweite Base				Dritte Base
5'	U	C	A	G	3'
U	Phe Phe Leu Leu	Ser Ser Ser Ser	Tyr Tyr Stopp Stopp	Cys Cys Stopp Trp	U C A G
C	Leu Leu Leu Leu	Pro Pro Pro Pro	His His Gln Gln	Arg Arg Arg Arg	U C A G
A	Ile Ile Ile Met (Start)	Thr Thr Thr Thr	Asn Asn Lys Lys	Ser Ser Arg Arg	U C A G
G	Val Val Val Val	Ala Ala Ala Ala	Asp Asp Glu Glu	Gly Gly Gly Gly	U C A G

Der genetische Code

2.1 Leiten Sie mithilfe der Tabelle die Aminosäuresequenz für den angegebenen DNA-Ausschnitt ab! 5

2.2 Eine Reihe von chemischen Substanzen (Mutagene) können Mutationen in der DNA auslösen. Das Mutagen Hydroxylamin bewirkt in der DNA eine Strukturveränderung der Base Cytosin. Das so veränderte Cytosin paart sich jetzt komplementär mit der Base Adenin. Das Mutagen Acridinorange dagegen bewirkt eine Rastermutation durch Einschub eines Nukleotids mit einer beliebigen Base in den codogenen DNA-Strang.
Eine **einzige** Mutation (Änderung der Basensequenz) in der DNA-Sequenz (codogener Strang) aus Aufgabe 2.1 (Basennummer 1–18) bewirkt, dass die Aminosäuresequenz des entstehenden Proteins folgendermaßen verändert ist:

… – Leu – Gln – Ala – Pro

Geben Sie an, welches der beiden genannten Mutagene diese Veränderungen der Aminosäuresequenz bewirkt hat, und begründen Sie Ihre Aussage! 9

40

Erwartungshorizont

1.1 *Bevor Sie die Aufgabe beantworten, betrachten Sie die Abbildung und versuchen Sie die einzelnen Prozesse zu verstehen. Verfassen Sie dann eine möglichst gut gegliederte Antwort. Achten Sie darauf, dass Sie die Transportmechanismen laut Aufgabenstellung lediglich beschreiben sollen.*

Die Glucosemoleküle werden zusammen mit Natriumionen aus dem Darminnenraum in die Darmzellen transportiert. Die Natriumionen werden dabei entlang ihres Konzentrationsgradienten, die Glucosemoleküle entgegen ihrem Konzentrationsgradienten transportiert. Für den Glucosetransport und den Natriumionentransport wird als Transportprotein (Carrier) das SGLT 1-Transportprotein benötigt.
Die Fructosemoleküle werden entlang ihres Konzentrationsgradienten transportiert. Sie diffundieren aus dem Darminnenraum in die Darmwandzellen. Für den Fructosetransport wird ebenfalls ein Transportprotein, das GLUT 5-Transportprotein, benötigt.

Der Glucosetransport erfolgt als Symport, eine Form des Co-Transports. Beim Fructosetransport handelt es sich um einen passiven Transport in Form einer erleichterten Diffusion, da hier ein Transportprotein, das GLUT 5-Transportprotein, eingesetzt wird.

1.2 Die Natriumionen müssen entgegen ihrem Konzentrationsgradienten aus der Darmwandzelle in den Darminnenraum gepumpt werden, damit der Glucosetransport aufrechterhalten werden kann. Demnach handelt es sich um einen aktiven Transport, der Energie erfordert. Möglich wäre ein Carrier für Natriumionen, der für den Transport von Natriumionen ATP benötigt.

1.3.1 *Nicht alle Eltern von Merkmalsträgern sind betroffen – es handelt sich also um einen rezessiven Erbgang. Frauen und Männer sind etwa gleichermaßen von dem Erbleiden betroffen – dies deutet auf eine autosomale Vererbung hin.*

Es handelt sich um einen **autosomal-rezessiven** Erbgang.

Folgende Erbgänge können ausgeschlossen werden:
- Autosomal-dominanter Erbgang, da sonst die Eltern 5 und/oder 6 der Personen 9 und 11 betroffen sein müssten.
- Gonosomal (X-cromosomal)-dominanter Erbgang, da sonst die Tochter 5 des Vaters 2 an Fructoseintoleranz leiden müsste.
- Gonosomal (X-chromosomal)-rezessiver Erbgang, da sonst die Tochter 7 von Vater 3 gesund sein müsste.
- Gonosomaler (Y-chromosomaler) Erbgang, da auch Frauen betroffen sind.

Mögliche Genotypen:

Person 1	Aa
Person 2	aa
Person 3	Aa
Person 4	aa
Person 5	Aa
Person 6	Aa
Person 10	AA oder Aa

Die Kinder des Paares 3 und 4 sind mit einer Wahrscheinlichkeit von 50 % phänotypisch gesund.

1.3.2 *Der Aufgabentext gibt vor, die alkoholische Gärung mit dem in Abb. 3 dargestellten Stoffwechselweg zu vergleichen. Dies bedeutet, dass Sie Gemeinsamkeiten und Unterschiede herausarbeiten sollen.*

Sowohl beim anaeroben Fructoseabbau durch *E. coli* als auch bei der alkoholischen Gärung werden pro mol Zucker 2 mol ATP gewonnen. Bei beiden Stoffwechselwegen entstehen außerdem 2 mol Ethanol und 2 mol Kohlenstoffdioxid.
Beim dargestellten bakteriellen Abbauweg wird im Gegensatz zur alkoholischen Gärung der Hefe nicht Glucose, sondern Fructose als Substrat benötigt. Zudem entstehen als zusätzliches Produkt 2 mol Wasserstoff. Ein weiterer Unterschied zur alkoholischen Gärung liegt in der Regeneration von 4 mol NAD^+ aus 4 mol $NADH/H^+$ statt von 2 mol NAD^+.

1.3.3

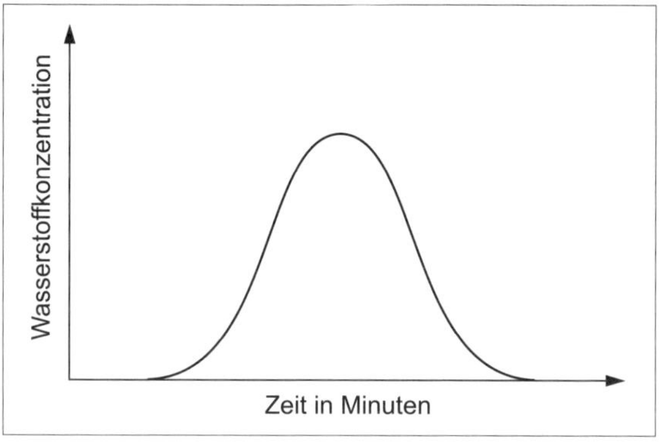

2.1

mRNA:	5' … CUG CAG GCC CUU GAA AGG … 3'
Aminosäuresequenz:	… Leu – Gln – Ala – Leu – Glu – Arg – …

2.2 Die Veränderung der Aminosäuresequenz betrifft die vierte Aminosäure. Aufgrund der Mutation wurde Leucin (Leu) durch Prolin (Pro) ausgetauscht. Das DNA-Triplett GAA codiert für die Aminosäure Leucin. Das Mutagen Hydroxylamin kann daher im vierten Triplett des codogenen DNA-Strangs keine Mutation hervorrufen, da hier keine Base Cytosin vorhanden ist.
Folglich muss das Mutagen Acridinorange eine Rastermutation durch einen Einschub eines Nukleotids (Insertion) hervorgerufen haben. Beispielsweise könnte das Nukleotid mit der Base Guanin zwischen den Basen 9 und 10 in den codogenen Strang eingeschoben worden sein. An der Codierung für die ersten drei Aminosäuren würde sich nichts ändern. Das vierte Triplett würde dann allerdings GGA statt GAA lauten, weshalb es zum Einbau von Prolin käme. Durch die Rasterverschiebung würde das so entstandene fünfte Triplett ACT (mRNA: UGA) als Stopp-Codon fungieren. Ein Abbruch der Aminosäuresequenz wäre die Folge (Nonsense-Mutation).

Alternativ kommt auch ein Einschub eines Nukleotids mit der Base Guanin zwischen den Basen 10 und 11 infrage. Ebenso könnte ein Einschub eines beliebigen Nukleotids zwischen den Basen 8 und 9 die Ursache für die angegebene Aminosäuresequenz sein: Die Veränderung der dritten Base des dritten Tripletts bewirkt keine Veränderung, sodass die Codierung für Alanin bestehen bleibt (DNA: CGG entspricht CGX; mRNA: GCC entspricht GCX). Durch die Rasterverschiebung kommt es dann zu GGA und ACT im vierten und fünften Triplett mit den oben beschriebenen Folgen.

Abitur Biologie (Bayern) 2015
Aufgabe A 2: Zellschädigung

BE

Zellschädigungen werden zum Beispiel durch schädliche Stoffwechselprodukte verursacht oder durch Veränderungen der DNA ausgelöst.

1 Das Enzym Katalase erfüllt eine wichtige Funktion für viele ein- und mehrzellige Organismen, da es das als Zellgift wirkende Wasserstoffperoxid zu den Endprodukten Wasser und Sauerstoff umwandelt. In der mikrobiologischen Diagnostik ist eine schnelle und eindeutige Unterscheidung von mikrobiellen Keimen, z. B. Streptokokken (besitzen keine Katalase) und Staphylokokken (besitzen Katalase), eine wichtige Aufgabe. Zur Unterscheidung dieser beiden Bakteriengattungen stehen im Labor folgende Materialien zur Verfügung:
- je eine Brutplatte mit Kolonien von *Streptococcus faecalis* bzw. *Staphylococcus aureus*
- Wasserstoffperoxid-Lösung
- Glas-Objektträger (steril)
- Impföse (steriles Hilfsmittel, um Bakterien aufzunehmen und zu übertragen)

Entwickeln Sie eine mögliche Vorgehensweise, wie unter Zuhilfenahme der angegebenen Materialien die beiden genannten Bakteriengattungen möglichst einfach unterschieden werden können! 5

2 Der Wasserstoffperoxid-Abbau erfolgt in eukaryotischen Zellen in speziellen Zellorganellen, den Peroxisomen.

2.1 Erklären Sie allgemein, warum das Vorhandensein von Zellorganellen für eine Zelle vorteilhaft ist! 3

2.2 Das so genannte Refsum-Syndrom ist eine rezessiv vererbte Erkrankung, die den Stoffwechsel in den Peroxisomen des Menschen betrifft und Schädigungen des Nervensystems hervorruft. Aufgrund eines genetischen Defekts kann Phytansäure, ein Stoff, der ausschließlich mit der Nahrung aufgenommen wird, nicht mehr abgebaut werden. Entsprechende Anreicherungen dieses Stoffes sind z. B. in Blutplasma oder Urin nachweisbar.

2.2.1 Die folgende Abbildung zeigt einen Stammbaum-Ausschnitt einer Familie, in der das Refsum-Syndrom auftritt.

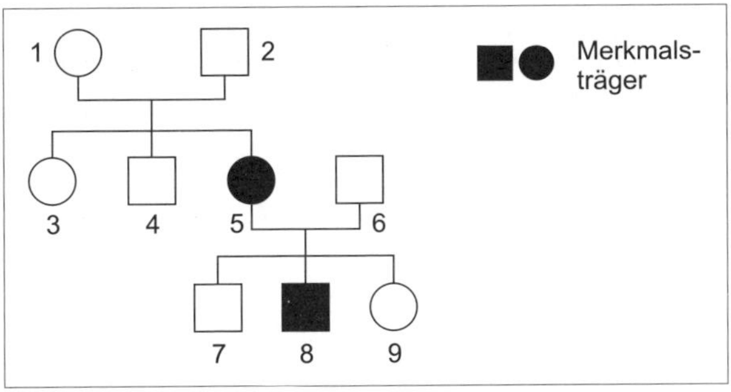

Abb. 1: Stammbaum einer Familie, in der das Refsum-Syndrom auftritt

Leiten Sie ab, ob das Refsum-Syndrom autosomal oder gonosomal vererbt wird! Geben Sie die Nummern der Personen im Stammbaum an, die sicher heterozygot sind, und beschreiben Sie eine mögliche Vorgehensweise, durch die diese Personen diagnostiziert werden können! 8

2.2.2 Beim Refsum-Syndrom wird das Nervensystem in Mitleidenschaft gezogen. Schädigungen treten dabei nicht primär an den Neuronen selbst, sondern an den Myelinscheiden auf, die abgebaut werden.
Fertigen Sie eine beschriftete Zeichnung eines Neurons mit myelinisierter Nervenfaser an und erklären Sie, wieso beim Refsum-Syndrom Auswirkungen auf die Funktion der Nervenzellen zu erwarten sind! 8

3 Beim Hutchinson-Gilford-Progerie-Syndrom (HGPS) führt eine Mutation im LMNA-Gen zu einer Zellschädigung und als Folge zu einer Vergreisung bereits im Kindesalter. Das Gen LMNA codiert für zwei Proteine, Lamin A und Lamin C.

3.1 Die Abbildung 2 zeigt schematisch einen Ausschnitt aus dem LMNA-Gen im Bereich der Exons 9 bis 12 sowie den Aufbau der für die beiden Proteine Lamin A bzw. C codierenden mRNAs.

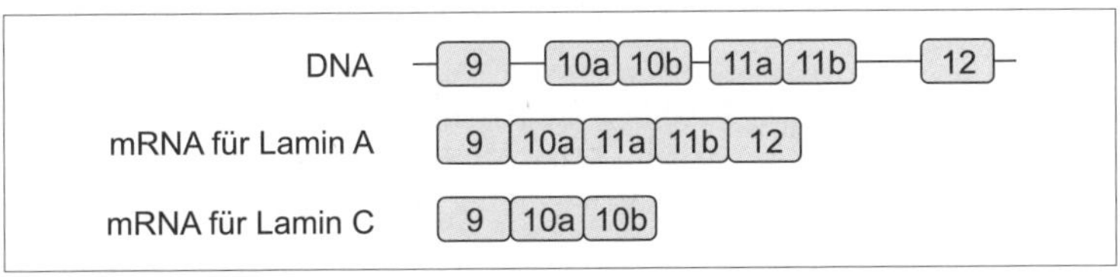

Abb. 2: Ausschnitt aus dem LMNA-Gen und Aufbau der mRNAs von Lamin A bzw. C (verändert nach: S. Rodriguez, F. Coppedè, H. Sagelius, M. Eriksson (2009): *Increased expression of the Hutchinson-Gilford progeria syndrome truncated lamin A transcript during cell aging.* In: European Journal of Human Genetics 17, S. 928–937)

Benennen Sie den Vorgang, der zur Bildung der prä-mRNA führt!
Erklären Sie die Entstehung der beiden unterschiedlichen mRNAs aus der prä-mRNA für die beiden Proteine Lamin A und C! 7

3.2 Von Lamin A treten zwei Varianten auf. Tabelle 1 zeigt den Ausschnitt aus dem Exon 11 (nicht-codogener Strang, Codestrang) des LMNA-Gens dieser beiden Varianten.

Protein	**Ausschnitt aus dem Exon 11 des LMNA-Gens**
Lamin A (Variante 1)	5' CAG GTG GGC GGA CCC 3'
Lamin A (Variante 2)	5' CAG GTG GGT GGA CCC 3'

Tab. 1: Ausschnitt aus dem Exon 11 (Codestrang) des LMNA-Gens
(Sino Biological Inc: Human LMNA Gene cDNA clone plasmid/Catalog Number: HG12058-G)

Erste Base		**Zweite Base**			**Dritte Base**
5'	U	C	A	G	3'
U	Phe Phe Leu Leu	Ser Ser Ser Ser	Tyr Tyr Stopp Stopp	Cys Cys Stopp Trp	U C A G
C	Leu Leu Leu Leu	Pro Pro Pro Pro	His His Gln Gln	Arg Arg Arg Arg	U C A G
A	Ile Ile Ile Met (Start)	Thr Thr Thr Thr	Asn Asn Lys Lys	Ser Ser Arg Arg	U C A G
G	Val Val Val Val	Ala Ala Ala Ala	Asp Asp Glu Glu	Gly Gly Gly Gly	U C A G

Tab. 2: Der genetische Code

3.2.1 Leiten Sie ausgehend von Tabelle 1 die Aminosäuresequenz der entsprechenden Ausschnitte von Variante 1 und Variante 2 des Lamin A ab und begründen Sie, um welchen Typ von Genmutation es sich handelt! 5

3.2.2 Bei HGPS-Patienten findet man die Variante 2 des Lamin A. Dieses ist funktionsgestört und beruht auf folgender mRNA:

Abb. 3: Ausschnitt aus der mRNA des funktionsgestörten Lamin A (verändert nach: S. Rodriguez, F. Coppedè, H. Sagelius, M. Eriksson (2009): *Increased expression of the Hutchinson-Gilford progeria syndrome truncated lamin A transcript during cell aging.* In: European Journal of Human Genetics 17, S. 928–937)

Entwickeln Sie eine Hypothese über die Folgen der Genmutation aus Aufgabe 3.2.1 auf molekularer Ebene, die die Bildung des funktionsgestörten Lamin A erklärt! 4

40

Erwartungshorizont

1 *Der Arbeitsauftrag „Entwickeln Sie eine mögliche …" lässt verschiedene Varianten der im Folgenden beschriebenen Vorgehensweise zu. Allerdings sollten in allen weiteren Varianten die laut Angabe zur Verfügung stehenden Materialien verwendet werden.*

Vorüberlegung zur Unterscheidungsmöglichkeit:
Unter den gegebenen Bedingungen bildet sich Sauerstoff nur bei Anwesenheit von Katalase und lässt sich in Form von Gasblasen beobachten.

Beschreibung der Vorgehensweise:
- Streptokokken *(Streptococcus faecalis)* werden von der Brutplatte mit einer Impföse auf einen sterilen Objektträger übertragen.
- Staphylokokken *(Staphylococcus aureus)* werden ebenfalls von der Brutplatte mit einer anderen Impföse auf einen weiteren sterilen Objektträger überführt.
  Auf beide Objektträger wird Wasserstoffperoxid-Lösung getropft.

Beobachtung:
- Auf dem Objektträger mit den Staphylokokken lassen sich Gasbläschen beobachten, da diese Bakterien das Enzym Katalase besitzen.
- Auf dem Objektträger mit den Streptokokken bilden sich keine Gasbläschen, da diese Bakterien keine Katalase besitzen.

2.1 Die meisten Zellorganellen werden durch eine einfache oder doppelte Membran vom Zytoplasma abgegrenzt. Durch diese **Kompartimentierung** entstehen viele unterschiedliche Reaktionsräume, in denen z. T. unterschiedliche Bedingungen herrschen. Dadurch können in der Zelle gleichzeitig verschiedene Stoffwechselreaktionen ohne gegenseitige Behinderung ablaufen.

2.2.1 *Zur Ableitung von Erbgangtypen können Hinweise dienlich sein, allerdings erfolgt eine eindeutige Begründung nur über die Angabe konkreter Genotypen.*
- *Laut Angabe handelt es sich um einen rezessiven Erbgang.*
- *Es sind je ein Mann und eine Frau von der Krankheit betroffen. Das deutet auf einen autosomalen Erbgang hin.*

Es handelt sich um einen **autosomal**-rezessiven Erbgang (a = krank machendes Allel, A = normales Allel). Dieser Erbgang liegt vor, da die Person 5 (aa) erkrankt ist, aber gesunde Eltern 1 und 2 (Aa) hat.

Folgende gonosomale Erbgänge können ausgeschlossen werden:
- Gonosomal (X-chromosomal)-rezessiver Erbgang, da in diesem Fall der Sohn 7 (X_aY) des Paares 5 (X_aX_a) und 6 (XY) krank sein müsste und auch der Vater 2 (X_aY) der Tochter 5 (X_aX_a).

Der Lehrplan schließt gonosomal Y-chromosomale Erbgänge nicht eindeutig aus, allerdings liegen nur sehr wenige Erbinformationen auf diesem Gonosom und es wird auch nicht zwischen dominant und rezessiv unterschieden.

- Gonosomale (Y-chromosomale) Erbgänge können ausgeschlossen werden, da auch die Frau 5 (XX) von dem Erbleiden betroffen ist.

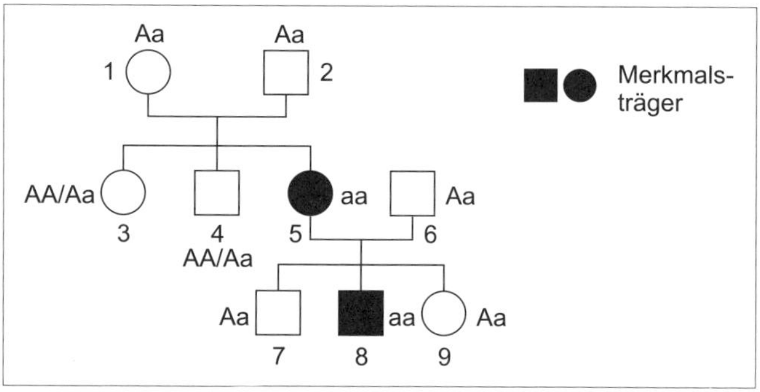

Sicher heterozygot sind die Personen 1, 2, 6, 7 und 9.

Die Aufgabenstellung verlangt die Beschreibung einer Diagnosemöglichkeit. U. a. wäre hier der Nachweis des Gendefektes durch Gendiagnose möglich. Auch durch den Heterozygotentest kann untersucht werden, ob eine phänotypisch merkmalsfreie Person Trägerin eines rezessiven Allels ist. Bei Heterozygoten kann beispielsweise die Funktionalität eines Enzyms eingeschränkt sein, wodurch Stoffwechselreaktionen nur noch in geringerem Maße als bei Gesunden katalysiert werden.

Die sichere Diagnostik heterozygoter Träger bei rezessiven Erbkrankheiten erfolgt z. B. über den **Heterozygotentest**. Dabei wird den zu untersuchenden Personen eine identische Menge Phytansäure verabreicht. Nach einem genau festgelegten Zeitpunkt wird dann der Phytansäuregehalt im Blut bzw. Urin ermittelt. Aufgrund einer eingeschränkten Enzymfunktion oder verringerten Enzymmenge kann die Phytansäure bei Heterozygoten nur verlangsamt abgebaut werden. Der Phytansäuregehalt ist deshalb zum festgelegten Zeitpunkt höher als der Vergleichswert bei homozygot gesunden Personen.

2.2.2

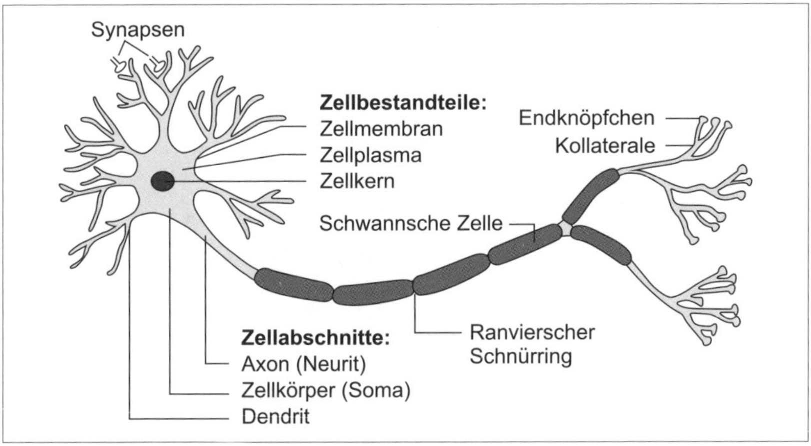

Der Abbau der isolierenden Myelinscheiden kann zu einer Beeinträchtigung der **saltatorischen Erregungsleitung** führen und damit die Geschwindigkeit oder Effizienz der Weiterleitung von Aktionspotenzialen im Axon herabsetzen.

3.1 Die prä-mRNA wird im Laufe der Proteinbiosynthese durch die **Transkription** gebildet.

Die mRNA für Lamin A enthält die Exons 9, 10a, 11a, 11b und 12. In der mRNA für Lamin C fehlen die Exons 11a, 11b und 12, dafür ist aber neben den Exons 9 und 10a auch Exon 10b enthalten.

Die reife mRNA wird durch nukleäre **Prozessierung** aus der prä-mRNA gebildet. Durch den Vorgang des **Spleißens** werden dabei neben den Introns in diesem Fall auch unterschiedliche Exons herausgeschnitten. Die verbliebenen Exons werden zur mRNA verknüpft. Durch die hier angegebene Form der Prozessierung entstehen aus einem Mosaikgen unterschiedliche mRNAs und damit auch unterschiedliche Proteine.

Noch während der Transkription entsteht durch nukleäre Prozessierung am 5'-Ende der mRNA eine Kappe aus einem methylierten Guanin-Nukleosid. Im Anschluss an die Transkription werden an das 3'-Ende der mRNA Adenosinnukleo-

tide angehängt, sodass ein sogenannter Poly-A-Schwanz aus 150–200 Nukleotiden entsteht. Sowohl die Kappe als auch der Poly-A-Schwanz schützen die prä-mRNA vor einem vorzeitigen enzymatischen Abbau.

3.2.1 *Nach der Transkription wird bei der Translation die Basensequenz des mRNA-Strangs in eine Aminosäuresequenz übersetzt.*

	Lamin A (Variante 1)
Code-Strang der DNA:	5' … CAG GTG GGC GGA CCC … 3'
mRNA:	5' … CAG GUG GGC GGA CCC … 3'
Aminosäuresequenz:	–Gln–Val–Gly – Gly – Pro–

	Lamin A (Variante 2)
Code-Strang der DNA:	5' … CAG GTG GG**T** GGA CCC … 3'
mRNA:	5' … CAG GUG GG**U** GGA CCC … 3'
Aminosäuresequenz:	–Gln–Val–Gly – Gly – Pro–

Bei der DNA-Sequenz in Variante 2 ist im Vergleich zu Variante 1 eine Base aus dem Exon 11 verändert, anstelle von C befindet sich T. Da jedoch trotz der Basensubstitution (Punktmutation) die gleiche Aminosäure codiert wird, handelt es sich in diesem Fall um eine **stumme Mutation**.

3.3.2 Bei der mRNA des funktionsgestörten Lamin A fehlt der Exonabschnitt 11 b. Es wird folglich ein kürzeres Protein gebildet. Dies lässt sich z. B. dadurch erklären, dass durch die Basensubstitution eine neue Schnittstelle für das Spleißen während der nukleären Prozessierung entstanden ist.

Abitur Biologie (Bayern) 2015
Aufgabe B 1: Präriehunde und Erdmännchen

BE

Sowohl in den Savannen des südlichen Afrikas als auch in der Prärie Nordamerikas trifft man auf Kolonien in Familienverbänden zusammenlebender, höhlenbewohnender Säugetiere. Beide Tiergruppen zeigen einen auffällig ähnlichen Körperbau und ein vergleichbares Verhaltensrepertoire. So halten sowohl die afrikanischen Erdmännchen *(Suricata suricatta)* als auch die amerikanischen Präriehunde *(Cynomis sp.)* Wache, indem sich einzelne Individuen aufrecht stehend an Höhleneingängen positionieren und ihre Artgenossen durch schrille Alarmlaute vor eventuellen Gefahren wie Räubern warnen.

Abb. 1: Erdmännchen (links) und Präriehund (Charlesjsharp, https://commons.wikimedia.org/wiki/File:Meerkat_%28Suricata_suricatta%29_Tswalu_crop.jpg; Robert Otto; https://commons.wikimedia.org/wiki/File:Pr%C3%A4riehund_%28 Cynomys%29.jpg, lizenziert jeweils unter CC BY-SA 4.0)

1 Erdmännchen und Präriehunde sind nicht näher miteinander verwandt. Beschreiben Sie eine molekularbiologische Methode Ihrer Wahl, mit der dies nachgewiesen werden kann, und erklären Sie unter Bezug auf den oben angefügten Text, inwieweit das ähnliche Verhalten und Aussehen der beiden Tiergruppen wissenschaftlich erklärt werden kann! 8

2 Im Gegensatz zu den pflanzenfressenden Präriehunden sind die Erdmännchen Fleischfresser, die auch in der Lage sind, Skorpione zu erbeuten und zu verspeisen. Da das Gift mancher Skorpione neurotoxisch ist, kommt es ab und zu zur Tötung eines Erdmännchens durch einen Skorpionstich. Das im Skorpiongift enthaltene Protein Bestoxin bindet an die spannungsabhängigen Natriumionenkanäle der Axonmembran der Motoneurone. Das Gift bewirkt bei den Erdmännchen schwere Krämpfe, die zum Tod führen.

2.1 Entwickeln Sie eine begründete Hypothese, welche die Wirkung des Bestoxins auf Erdmännchen erklärt! 4

2.2 Um die giftigen Skorpione zu fangen, wenden Erdmännchen eine besondere Jagdtechnik an:
Entdeckt ein hungriges Erdmännchen auf seinen Streifzügen einen Skorpion, so nähert es sich ihm und stellt sich dabei auf seine Hinterbeine.

Der Skorpion bemerkt den Jäger und geht in Abwehrhaltung. Daraufhin bewegt sich das Erdmännchen noch näher heran, greift sich den Skorpion mit den Vorderpfoten und beißt den Giftstachel ab. Die somit wehrlose Beute wird noch mehrfach im Sand gewälzt und mit weiteren Bissen getötet, bevor sie gefressen wird.
Interpretieren Sie das beschriebene Beutefangverhalten des Erdmännchens unter Verwendung ethologischer Fachbegriffe! Gehen Sie bei Ihren Überlegungen von einer erbkoordinierten Verhaltensweise des Erdmännchens aus. 5

2.3 Im Jahr 2006 wiesen zwei Biologen darauf hin, dass es sich bei dem Beutefangverhalten der Erdmännchen wohl doch nicht – wie bis dahin angenommen – um ein erbkoordiniertes Verhalten handelt.
Beschreiben Sie einen Versuch, mit dem diese neue Hypothese belegt bzw. geprüft werden kann! 4

3 In einer Studie der Northern Arizona University wurden die Warnlaute von Präriehunden aufgezeichnet und ausgewertet. Die dabei entstandenen zwei Spektrogramme (Abb. 2) stellen einen Ausschnitt aus dem Warnlaut eines Präriehundes bei der Annäherung eines angeleinten Haushundes bzw. eines Kojoten grafisch dar.

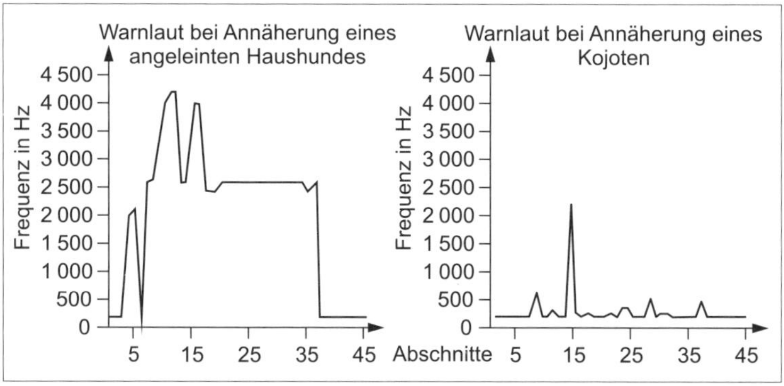

Abb. 2: Spektrogramme der Warnlaute von Präriehunden. Die Dauer des Warnlauts wurde jeweils in 45 gleich lange Abschnitte unterteilt. (Reprinted from Behavioural Processes 67(1), J. Placer, C. N. Slobodchikoff (2004): *A method for identifying sounds used in the classification of alarm calls*. S. 87-98; © 2004, with permission from Elsevier)

3.1 Erklären Sie, welche Schlussfolgerung man anhand der beiden Spektrogramme über die Kommunikation zwischen Präriehunden ziehen kann, und entwickeln Sie eine Hypothese zu der ultimaten Ursache der Unterschiede der beiden Warnlaute! 5

3.2 Im Gegensatz zur Alarmierung erfolgt die Abgrenzung des Territoriums von den Revieren fremder Artgenossen sowohl bei Präriehunden wie auch bei Erdmännchen nur selten durch akustische Signale.

Geben Sie drei Nachteile einer Reviermarkierung durch akustische Signale an! Nennen Sie zwei geeignete Signale, mit denen die Territoriumsmarkierung alternativ erfolgen könnte! 5

4 In seinen umfangreichen Forschungen hat HOOGLAND das Sozialverhalten der Präriehunde erforscht. Diese pflanzenfressenden Tiere leben in Kolonien zusammen, wobei alle Tiere der Kolonie mehr oder weniger miteinander verwandt sind. Die Weibchen gebären ihre Jungen jeweils in ihren eigenen Bruthöhlen. Nur während der Jungenaufzucht vertreibt das Weibchen Artgenossen, die sich in dem Gebiet um ihre Höhle aufhalten. Während sie ihre Jungen säugen, verbringen die Mütter viel Zeit in ihren Höhlen und können so nur wenig zum Bewachen der Kolonie beitragen.
HOOGLAND hat jüngst beobachtet, dass Weibchen, die selber Junge säugen, häufig in die Höhlen von anderen Müttern eindringen und deren Junge töten.
Der Zusammenhang zwischen Anzahl der säugenden Weibchen innerhalb der Kolonie und der Infantizidrate ist im folgenden Diagramm dargestellt.

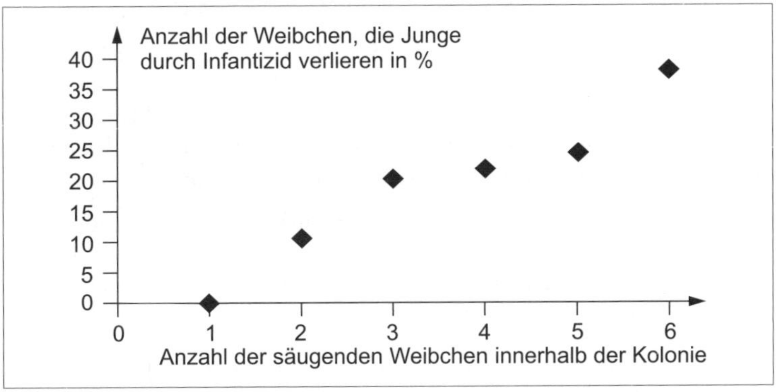

Abb. 3: Abhängigkeit der Infantizidrate von der Anzahl der säugenden Weibchen in einer Kolonie (Daten nach: J. L. Hoogland (2013): *Why do female prairie dogs copulate with more than one male.* In: Journal of Mammalogy 94 (4))

4.1 Erklären Sie, warum es auf den ersten Blick kontraproduktiv erscheint, verwandte Jungtiere zu töten! 3

4.2 HOOGLAND vermutete, dass es dennoch einen ultimaten Nutzen für säugende Weibchen hat, die Jungen von anderen Müttern zu töten. Leiten Sie aus den Angaben im Text und dem Diagramm drei Vorteile ab, die die tötenden Weibchen durch den Infantizid erlangen! 6

40

Erwartungshorizont

1 Ein mögliches Verfahren zur Bestimmung von Verwandtschaftsverhältnissen ist eine **DNA-Hybridisierung**.
Dabei werden zunächst die isolierten DNA-Doppelstränge von Präriehund und Erdmännchen zum Schmelzen gebracht. Unter diesem Vorgang versteht man die Aufspaltung der DNA-Doppelhelix in ihre Einzelstränge, indem die Wasserstoffbrückenbindungen durch Erhitzen getrennt werden. Durch das Schmelzen der DNA verändert sich ihre Viskosität.
Einzelstränge der DNA von Präriehund und Erdmännchen werden vermischt. Beim Abkühlen entsteht zwischen diesen Einzelsträngen durch komplementäre Basenpaarung eine Hybrid-DNA. Wird diese erneut erhitzt, so schmilzt sie früher als die DNA von Präriehund oder Erdmännchen, da nicht an allen Stellen eine komplementäre Basenpaarung vorliegt. Es sind weniger Wasserstoffbrückenbindungen vorhanden, sodass sich der Hybrid-DNA-Doppelstrang leichter auftrennt. Je niedriger die Schmelztemperatur der Hybrid-DNA gegenüber der Schmelztemperatur der DNA von Präriehund oder Erdmännchen liegt, desto geringer ist der Verwandtschaftsgrad beider Arten. Da die beiden Arten nicht sehr nah miteinander verwandt sind, dürfte die Schmelztemperatur der Hybrid-DNA deutlich unter derjenigen der Ursprungs-DNA liegen.

Um exakte Aussagen über die Verwandtschaftsverhältnisse zu treffen, müsste zusätzlich eine dritte Tierart untersucht werden, von der bekannt ist, dass sie entweder mit den Erdmännchen oder den Präriehunden nahe verwandt ist. Da jedoch hierzu keine Angaben im Aufgabentext zu finden sind, können Sie Ihre Antwort bezüglich des Verwandtschaftsgrades relativ vage halten.

Die Ähnlichkeiten im Aussehen und Verhalten können mithilfe der **konvergenten Entwicklung** erklärt werden. Beide Tierarten bewohnen auf unterschiedlichen Kontinenten ähnliche Lebensräume. Sie besetzten eine sehr ähnliche ökologische Nische.

Eine weitere molekularbiologische Methode zur Klärung der Verwandtschaftsverhältnisse ist z. B. die DNA-Sequenzierung.

2.1 Bestoxin bindet an die spannungsabhängigen Natriumionenkanäle der Axonmembran von Motoneuronen. Da die gestochenen Erdmännchen an Krämpfen sterben, bleiben durch das Gift vermutlich die spannungsabhängigen Natriumionenkanäle **länger geöffnet**. Dies hat zur Folge, dass dauerhaft Natriumionen ins Innere des Axons strömen, wodurch eine dauerhafte Depolarisation und vermehrt Aktionspotenziale ausgelöst werden. Es kommt zur **Dauererregung.** Da es sich bei den postsynaptischen Zellen um Muskelzellen handelt, werden diese lange anhaltend depolarisiert, was zu **Krämpfen** führt. Sind Herz- bzw. Atemmuskulatur betroffen, sind diese Krämpfe tödlich.

2.2 Falls die Jagdtechnik des Erdmännchens erbkoordiniert ist, stellt dieses Verhalten eine **Instinkthandlung** dar und lässt sich in die folgenden Phasen gliedern:

- Die **Handlungsbereitschaft** beim Erdmännchen wird durch Hunger hervorgerufen.
- Das **ungerichtete Appetenzverhalten** äußert sich durch Jagdstreifzüge.
- Der entdeckte Skorpion stellt einen **spezifischen Reiz** dar.
- Dieser Reiz löst die **gerichtete Appetenz (Taxis)** aus. Das Erdmännchen nähert sich dem Skorpion und stellt sich auf die Hinterbeine.
- Die Beute in der passenden Entfernung und gegebenenfalls in Abwehrhaltung fungiert als **Schlüsselreiz**.
- Dadurch wird die **Endhandlung (Erbkoordination)** ausgelöst. Das Erdmännchen bewegt sich noch näher heran, greift den Skorpion mit den Vorderpfoten und beißt ihm den Giftstachel ab. Anschließend wird die Beute im Sand gewälzt und mit Bissen getötet.

Da der spezifische Reiz und der Schlüsselreiz annähernd identisch sind, muss eine Unterscheidung nicht zwangsweise erfolgen.

2.3 Zur Überprüfung der Hypothese kann ein **Kaspar-Hauser-Experiment** durchgeführt werden. Dazu werden Erdmännchen **direkt nach der Geburt** aus dem Bau entfernt. Die Jungen müssen anschließend bis zur Geschlechtsreife **isoliert** aufgezogen werden, also ohne Kontakt mit Artgenossen oder Materialien, mit deren Hilfe sie spielerisch das Jagdverhalten erlernen könnten.
Anschließend werden die erwachsenen Kaspar-Hauser-Tiere mit Skorpionen konfrontiert. Ist das gezeigte Verhalten abweichend vom beschriebenen, handelt es sich bei dem typischen Beutefangverhalten um erlerntes Verhalten.

3.1 *Die Aufgabenstellung gibt vor, die Spektrogramme zu erklären und daraus eine Hypothese zu entwickeln. Es ist nicht verlangt, die Kurven zu beschreiben. Dennoch sollten Sie sich vor der Beantwortung der Aufgabe im Klaren über die Kurvenverläufe und damit über die Aussagekraft der Diagramme sein.*

Die beiden Warnlaute der Präriehunde als Reaktion auf Haushund und Kojote unterscheiden sich in Dauer, Verlauf und Spektrum der Frequenzen. Zudem sind die verwendeten Tonhöhen unterschiedlich. Die Warnlaute differieren also in mehreren Parametern, abhängig von der Art der Bedrohung. Präriehunde verfügen auf dieser Ebene offenbar über eine durchaus differenzierte Kommunikation.

Unter den ultimaten Ursachen versteht man die Zweckursachen von Verhaltensweisen.

Als ultimate Ursache für die unterschiedlichen Warnrufe kommen die verschiedenen, an die Situation angepassten Reaktionen der Gewarnten infrage. Je nach

Feind muss eine adäquate Reaktion erfolgen. Bei angeleinten Hunden werden die Tiere eher abwarten, bei sich annähenden Kojoten fliehen.

3.2 *Hier ist es ausreichend, drei Nachteile zu nennen. Sie müssen diese nicht ausführlich erklären.*

Akustische Signale zur Reviermarkierung können **Fressfeinde** anlocken. Zudem sind sie **zeitlich** und **räumlich** begrenzt.
Geeigneter wären beispielsweise **chemische Signale** wie die Markierung durch Urin oder Drüsensekrete. Auch **optische Signale** wie Markierungen durch Fraßspuren an Baumstämmen wären alternativ denkbar.

4.1 Die Präriehunde einer Kolonie sind relativ nah miteinander verwandt. Dies hat zur Folge, dass das tötende Weibchen mit dem getöteten Jungtier gemeinsame Gene besitzt. Durch den Infantizid verringert sich somit die **indirekte Fitness**, wodurch die **Gesamtfitness** des tötenden Weibchens **sinkt**.

4.2 *Gehen Sie bei ihrer Überlegung davon aus, dass die Gesamtfitness der tötenden Individuen steigen muss, obwohl die indirekte Fitness sinkt. Dies ist nur über eine Steigerung der direkten Fitness möglich.*

Damit die tötenden Weibchen ihre **Gesamtfitness** trotz des Verlustes der **indirekten Fitness** steigern können, muss sich deren **direkte Fitness erhöhen**, d. h., ihr eigener Nachwuchs muss größere Überlebenschancen erreichen.

Mögliche Gründe zur Steigerung der Überlebenschancen des eigenen Nachwuchses:

- Je mehr säugende Weibchen in einer Kolonie vorhanden sind, desto höher ist die Wahrscheinlichkeit, dass das eigene Junge getötet wird. Werden die Jungen anderer Weibchen getötet, so töten deren Mütter nicht mehr, da sie nicht mehr säugen.
- Nicht säugende Weibchen verbringen mehr Zeit mit dem Bewachen der Kolonie. Die Überlebenschancen für die Jungtiere der verbleibenden säugenden Weibchen werden durch den Zugewinn an Sicherheit erhöht.
- Artgenossen aus der Kolonie werden in Gebieten der Weibchen ohne Junge bzw. mit getöteten Jungtieren nicht mehr vertrieben. Sie können in diesen Gebieten fressen, wodurch ihnen mehr Nahrung zur Verfügung steht. Dies steigert ebenfalls die Überlebenschancen der eigenen Jungtiere.

Abitur Biologie (Bayern) 2015
Aufgabe B 2: Elefanten

BE

Der Afrikanische Elefant *(Loxodonta africana)* ist das größte Landsäugetier der Gegenwart. Seine Nahrung besteht hauptsächlich aus Gräsern, Blättern, Wurzeln, Rinde, Holz und Früchten. Erwachsene Tiere benötigen etwa 200 bis 300 kg pflanzliche Nahrung pro Tag. Die Lebenserwartung Afrikanischer Elefanten beträgt 50 bis 60 Jahre. Eine Elefantenkuh bringt während ihres Lebens durchschnittlich sieben Junge zur Welt. Die Tragzeit beträgt 20 bis 22 Monate.

1 In vielen Bereichen Afrikas erlebten die Elefantenpopulationen in Teilen des 19. und 20. Jahrhunderts einen dramatischen Rückgang. Ursachen waren vor allem Elfenbeinjäger sowie der starke Zuwachs der afrikanischen Bevölkerung und die damit verbundene Ausweitung von Weideflächen für Nutztiere. Zum Schutz der Elefanten wurden vielerorts Nationalparks gegründet. Die folgende Abbildung zeigt die Vegetationsbedeckung im Gebiet des Chobe-Nationalparks.

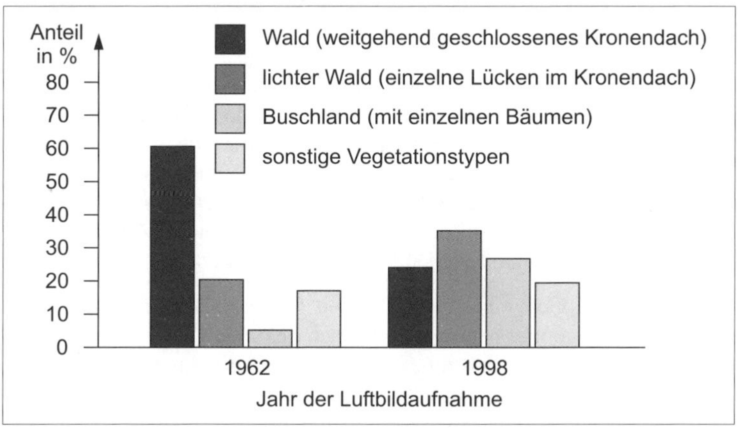

Abb. 1: Vegetationsbedeckung im Gebiet des Chobe-Nationalparks (gegründet 1967)
(Reprinted from African Journal of Ecology 40; D. K. Mosugelo, S. R. Moe, S. Ringrose, C. Nellemann (2002): *Vegetation changes during a 36-year period in northern Chobe National Park, Botswana*. S. 232-240; © 2002, with permission from John Wiley and Sons)

Beschreiben Sie die Aussagen des Diagramms und leiten sie eine begründete Hypothese zur Veränderung der Vegetation im Chobe-Nationalpark durch Elefanten ab! 6

2 Die Ergebnisse von Untersuchungen zur Fortpflanzung verschiedener Elefantenpopulationen sind in Tabelle 1 dargestellt:

Region	**Populations dichte (Elefanten/km^2)**	**Alter der Elefantenkühe beim Erreichen der Geschlechtsreife (Jahre)**	**Geburtenabstand einer Elefantenkuh (Jahre)**
Kenia (Tsavo)	7	15	7
Uganda (N. Murchison)	7–16	16	9
Uganda (Budongo-Wald)	15–25	22	nicht bekannt

Tab. 1: Untersuchungen zur Fortpflanzung weiblicher Afrikanischer Elefanten in verschiedenen Regionen Afrikas (Daten nach: C. R. Austin, R. V. Short (1981): *Fortpflanzungsbiologie der Säugetiere.* Pareys Studientexte 9, Parey Verlag, Berlin u. Hamburg)

Leiten Sie aus den Werten der Tabelle 1 ab, wie sich bei Elefanten in Kenia das Alter beim Erreichen der Geschlechtsreife und der Geburtenabstand bei einer Verringerung der Populationsdichte ändern würden, und begründen Sie anhand der Fortpflanzungsstrategie, weshalb sich diese Mechanismen bei Elefanten nur langsam auf die Bestandsregulierung auswirken! 6

3 Manche Nationalparks sind unmittelbar von Farmland umgeben. In den Grenzgebieten zwischen Nationalparks und Farmland kommt es immer wieder zu Konflikten zwischen Bauern und Elefanten. Die auf die Schutzgebiete zurückgedrängten Elefanten fallen auf den umliegenden Feldern ein. Sie zerstören die Ernte und nehmen den Nutztieren und den Menschen die Nahrung. Es wird deshalb ständig nach neuen Methoden geforscht, um die Elefanten von den Feldern fernzuhalten.

3.1 Bei Elefantengruppen, die in Gebieten mit größeren Bienenvorkommen leben, wurde Folgendes beobachtet: Binnen Sekunden verließen die Elefanten ihre Standorte, wenn ihnen lediglich Tonaufnahmen summender Bienen vorgespielt wurden. Auf andere dargebotene Geräusche gleicher Lautstärke reagierten die Tiere dagegen nicht.

3.1.1 Interpretieren Sie das Verhalten der Elefanten, das dazu führte, dass die Tiere bereits beim Summen von Bienen flüchteten, mit ethologischen Fachbegriffen! 7

3.1.2 Begründen Sie, weshalb Aufnahmen von Bienensummen nur dann über längere Zeit zur Abschreckung von Elefantenherden genutzt werden können, wenn es in dem Gebiet größere Bienenvorkommen gibt! 3

3.2 In Simbabwe gelang es den Farmern, die Elefanten durch einen Ring von Chilisträuchern, den sie um ihre Felder pflanzten, abzuwehren. Der in Chilischoten enthaltene Stoff Capsaicin entfaltet bei Elefanten eine ähnliche Wirkung wie beim Menschen. Er aktiviert Nozizeptoren, Endigungen spezifischer in der Haut und Mundschleimhaut vorkommender Nervenzellen, indem er an Calciumionenkanäle in der Membran der Nozizeptoren bindet und so die Öffnung dieser Ionenkanäle bewirkt. Das infolgedessen in den Nozizeptoren ausgelöste Aktionspotential wird über Nervenbahnen zum Gehirn geleitet und dort als schmerzartige Empfindung wahrgenommen.

	intrazellulär	**extrazellulär**
Calciumionenkonzentration in mmol/l	10^{-4}	2

Tab. 2: Calciumionenkonzentration im Zellplasma von Nozizeptoren und extrazellulär vor der Bindung von Capsaicin (Daten nach: D. E. Clapham (1997): *Some like it hot: spicing up ion channels.* In: Nature, Macmillan Publishers 389, S. 783–784)

3.2.1 Skizzieren Sie unter Einbeziehung der Werte aus Tabelle 2 einen vollständig beschrifteten Ausschnitt der Zellmembran eines Nozizeptors bei Anwesenheit von Capsaicin! 8

3.2.2 Vergleichen Sie den Mechanismus, der zur Öffnung der Calciumionenkanäle in der Membran der Nozizeptoren führt, mit dem Mechanismus, der die Ionenkanäle öffnet, die an der Weiterleitung eines Aktionspotenzials innerhalb einer Nervenzelle maßgeblich beteiligt sind! 5

4 Häufig weicht bei der Darstellung von Elefanten in Comics das Aussehen der Comicfigur deutlich vom naturgetreuen Abbild eines Elefanten ab, wie auch in Abbildung 2:

Abb. 2: Elefant als Comicfigur

Stellen Sie eine Hypothese auf, welche Wirkung der Zeichner mit dieser Darstellung beim Betrachter erzielen möchte, und erläutern Sie, welche Erkenntnisse aus der Verhaltensforschung er zur Erreichung dieser Ziele einsetzt! 5

40

Erwartungshorizont

1 **Beschreibung** der Vegetationsbedeckung:

- Im erfassten Zeitraum von 1962 bis 1998 nahm der Waldanteil mit weitgehend geschlossenem Kronendach von 60 % auf ca. 24 % um fast 2/3 ab.
- Der prozentuale Anteil an lichtem Wald nahm von ca. 20 % auf etwa 35 % zu. Beim Buschland war ebenfalls ein flächenmäßiger Zuwachs von ca. 5 % auf knapp 30 % zu beobachten.
- Der Anteil der sonstigen Vegetationstypen blieb nahezu unverändert.

Erst nach der reinen Beschreibung der Aussagen des Diagrammes erfolgt die Ableitung der Hypothese unter Angabe von Begründungen.

Mögliche Hypothese:
Da die Elefanten im Nationalpark geschützt waren, vergrößerte sich vermutlich infolge des Jagdverbotes und des höheren Fortpflanzungserfolges die Elefantenpopulation. Im Zuge dessen erhöhte sich der tägliche Nahrungsbedarf der Population. Die vermehrte Nahrungsaufnahme von Rinde, Blättern und Wurzeln dezimierte die Bäume stark, sodass der Waldanteil mit geschlossenem Kronendach zurückging. Es entstand mehr lichter Wald. Weitere Ausdünnung durch Beweidung verbesserte das Lichtangebot und damit die Wachstumsbedingungen für Gräser und Sträucher. Dies erklärt die Zunahme an Buschland.

2 Würde in Kenia die Populationsdichte verringert, würde sich sowohl das Alter der Elefantenkühe beim Erreichen der Geschlechtsreife als auch der Geburtenabstand einer Elefantenkuh verringern. Dies lässt sich aus den Tabellendaten zu anderen Regionen ableiten: Je höher die Populationsdichte, desto später erreichen die Tiere die Geschlechtsreife und desto größer ist der Geburtenabstand.

Die im Vortext gegebenen Informationen über die Lebenserwartung und die Tragezeit liefern wichtige Hinweise zur Fortpflanzungsstrategie der Elefanten.

Elefanten sind **K-Strategen**. Anhand der Daten (relativ hohes Alter beim Erreichen der Geschlechtsreife, großer Geburtenabstand, lange Tragezeit) ist ersichtlich, dass Elefanten eine lange Generationszeit haben. Die Regulierungsmechanismen wirken sich deshalb nur langsam auf den Bestand aus.

3.1.1 Es handelt sich um eine **reizbedingte (klassische) Konditionierung**, und dabei um eine **bedingte Aversion:**
Das Summen ist in diesem Beispiel der **neutrale Reiz**. Die schmerzhaften Stiche stellen einen **unbedingten Reiz** dar, der als **unbedingte Reaktion** das „Verlassen der Standorte“ auslöst. In der Lernphase wird der zunächst neutrale Reiz mit dem unbedingten Reiz verknüpft und zum **bedingten** Reiz, der ein Meideverhalten auslöst. Dabei ist eine enge zeitliche Verknüpfung, die **Kontiguität**, wichtig.

3.1.2 Solange Elefanten immer wieder von im Gebiet vorkommenden Bienen gestochen werden, wird das bedingte Verhalten weiterhin ausgeführt. Bleibt jedoch nach der Darbietung des bedingten Reizes der unbedingte Reiz zum wiederholten Male aus, so erfolgt die **Extinktion** des Erlernten und das bedingte Verhalten wird nicht mehr gezeigt. In diesem Fall wird die Abschreckung unwirksam.

3.2.1

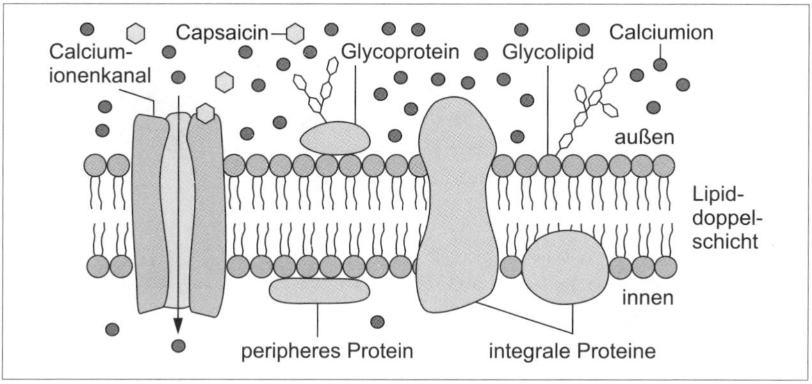

3.2.2 Bei den **Calciumionenkanälen** in der Membran der Nozizeptoren handelt es sich um **ligandenabhängige** Ionenkanäle, d. h., diese verändern nach der Bindung von Capsaicin ihre Raumstruktur und werden dadurch geöffnet.
Die an der Weiterleitung eines Aktionspotenzials beteiligten **Natrium- und Kaliumionenkanäle** einer Nervenzelle funktionieren hingegen **spannungsabhängig**. Diese Kanäle in der Membran des Axons sind im Ruhezustand geschlossen. Die Verringerung des Membranpotenzials bewirkt eine Konformationsänderung der Proteine und dadurch die kurzzeitige Öffnung zunächst der Natriumionen- und zeitlich verzögert der Kaliumionenkanäle.

4 *Beim Kindchenschema handelt es sich um einen angeborenen Auslösemechanismus beim Menschen, der Brutpflegeverhalten induziert.*

Der Comic-Zeichner möchte durch die Umsetzung des **Kindchenschemas** positive Gefühle beim Leser erzeugen. Indem dieser die Darstellung „süß“ oder „niedlich“ findet, wird sein Kaufverhalten beeinflusst.
Zum Erreichen dieses Zieles wird die Wirkung verschiedener Schlüsselreize eingesetzt. Dazu zählen ein großer Kopf, große Augen, Pausbacken, ein kurzer und rundlicher Rüssel als Andeutung einer Stupsnase und eines freundlichen Lachens sowie ein rundlicher Körper mit kurzen Gliedmaßen.

Abitur Biologie (Bayern) 2015
Aufgabe C 1: Mais, eine Nutzpflanze und ihre Schädlinge

BE

Die vielfältig nutzbare und weltweit angebaute Maispflanze erlangte gerade in den vergangenen Jahren auch in Deutschland eine immer größere Bedeutung als Energiepflanze. Wie viele andere Nutzpflanzen wird auch der Mais von Insekten befallen. Um den Ernteverlust gering zu halten, werden in der Landwirtschaft Schädlingsbekämpfungsmaßnahmen eingesetzt.

Abb. 1: Mais (Spiritia, https://commons.wikimedia.org/wiki/File:Corn-raw-boiled-and-dry.jpg, lizenz. unter CC BY-SA 3.0)

1 Die Fotosynthese ist der zentrale Stoffwechselvorgang, der dem Wachstum von Mais zugrunde liegt. Eines der wichtigsten Enzyme der Fotosynthese ist RubisCO, das für den Einbau von Kohlenstoffdioxid in der Fixierungsphase der lichtunabhängigen Reaktionen verantwortlich ist.
Erläutern Sie mithilfe eines beschrifteten Diagramms, wie sich eine Zunahme des Kohlenstoffdioxidgehaltes auf die Reaktionsgeschwindigkeit der Kohlenstoffdioxid-Fixierung auswirkt! 5

2 In einem Experiment werden Maispflanzen mit violetten Körnern, die beim Trocknen nicht schrumpfen (beide Merkmale dominant), mit Maispflanzen mit gelben Körnern, die beim Trocknen schrumpfen, gekreuzt. In der nächsten Generation erhält man die Phänotypen der Eltern im Verhältnis 1 : 1.
Geben Sie die Genotypen der Ausgangspflanzen und der Folgegeneration an und charakterisieren Sie den Erbgang! 7

3 Einer der gefürchtetsten Maisschädlinge ist der Maiszünsler *(Ostrinia nubilalis)*, ein Kleinschmetterling, der seine Eier auf der Blattunterseite von Maispflanzen ablegt. Die geschlüpften Raupen fressen dann neben den Blüten auch das Mark der Maispflanzenstängel.

Abb. 2: Maiszünsler (Donald Hobern, https://commons.wikimedia.org/wiki/File:Ostrinia_nubilalis_%2814699419091%29.jpg, lizenziert unter CC BY 2.0)

3.1 Stellen Sie den Zusammenhang zwischen der Populationsgröße des Maiszünslers, der Anzahl seiner Fressfeinde und der Maisanbaufläche in einem Pfeildiagramm (je-desto-Beziehung) dar und erläutern Sie die von Ihnen dargestellten Zusammenhänge! 8

3.2 Zur Bekämpfung des Maiszünslers stehen verschiedene Verfahren zur Verfügung.

3.2.1 Das seit 2004 in Deutschland zugelassene Clothianidin ist ein Insektizid, das wie ein Transmitter an den Rezeptoren der erregenden Nervenzellen der Insekten wirkt, jedoch vom Transmitter spaltenden Enzym im synaptischen Spalt nicht abgebaut werden kann.
Erläutern Sie die Wirkungsweise des Insektizids auf die Raupen des Maiszünslers! 6

3.2.2 Ein US-Hersteller entwickelte eine transgene Maissorte mit zwei artfremden Genen.
Eines der Fremdgene ist aus dem Bakterium *Bacillus thuringiensis* (Bt) entnommen und für die Bildung eines Proteins zuständig, das für die Schädlinge tödlich ist. Als Vektor für den Gentransfer in die Pflanze wird ein Hybridplasmid erzeugt.
Stellen Sie mithilfe beschrifteter Skizzen das Prinzip der Gewinnung eines Hybridplasmids dar und beschreiben Sie eine Methode zum Nachweis des erfolgreichen Einbaus einer Fremd-DNA in die Pflanzenzellen! 8

4 Unkrautvernichtungsmittel (Herbizide), z. B. auf Maisfeldern, sollen zum einen in geringen Dosierungen wirken und zum anderen hochspezifisch nur in pflanzliche Prozesse eingreifen.
In der folgenden Tabelle sind drei Herbizide mit ihrer entsprechenden Wirkung angegeben:

Herbizid	**Strukturmerkmal bzw. Eigenschaft**
Triazine	Hemmung des Elektronentransports in der Thylakoidmembran
Diphenylether	strukturell dem ADP-Molekül sehr ähnlich
Pyridazinone	Zerstörung von Farbstoffen

Herbizide mit entsprechenden Strukturmerkmalen bzw. Eigenschaften
(P. Böger (1983): *Die photosynthetische Membran als Angriffsort für Herbizide.* In: Biologie in unserer Zeit. 13. Jahrg., Nr. 6, S. 170–177)

Erläutern Sie die Auswirkungen der jeweiligen Herbizide auf die Fotosynthese! 6

40

Erwartungshorizont

1 *Erstellen Sie hier ein beschriftetes Diagramm, aus der die Abhängigkeit der Reaktionsgeschwindigkeit von der Kohlenstoffdioxidkonzentration hervorgeht. Zudem sollen Sie dieses Diagramm erläutern.*

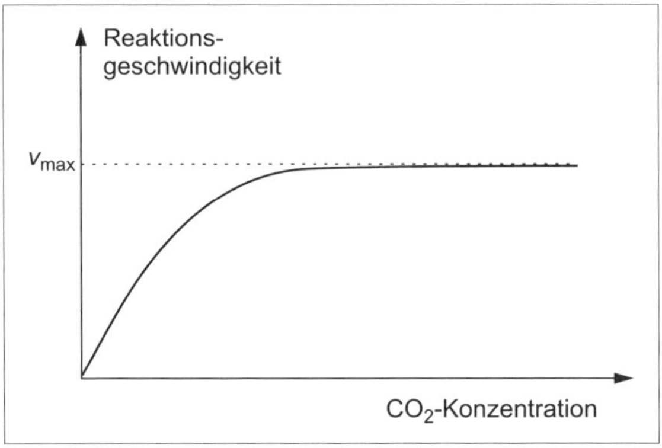

Mit zunehmender Kohlenstoffdioxidkonzentration nimmt die Reaktionsgeschwindigkeit erst rasch und dann langsamer zu und nähert sich bei höheren Konzentrationen einem Sättigungswert an, der Maximalgeschwindigkeit v_{max}. Sind alle Enzymmoleküle (RubisCO) mit der Fixierung des vorhandenen Kohlenstoffdioxids voll ausgelastet, so führt eine Steigerung der Kohlenstoffdioxidkonzentration nicht zu einer weiteren Steigerung der Reaktionsgeschwindigkeit.

2 *Da die Pflanzen in der F1-Generation phänotypisch nicht uniform sind, muss die Maispflanze mit den dominant ausgeprägten Merkmalen heterozygot vorliegen. Da das Phänotypenverhältnis 1 : 1 ist, liegt ein gekoppelter Erbgang vor. Gekoppelte Gene werden im Genotyp speziell gekennzeichnet. Eine Möglichkeit besteht darin, die gekoppelten Allele durch einen Bindestrich zu verbinden. Statt „Aa Bb" schreibt man „A–B a–b" bzw. „A–b a–B", je nachdem, welche Allele gekoppelt vorliegen.*

Alleldefinitionen:

V = dominantes Allel für violette Körnerfärbung
v = rezessives Allel für gelbe Körnerfärbung
N = dominantes Allel für nicht schrumpfende Körner
n = rezessives Allel für schrumpfende Körner

Es handelt sich um einen **dihybriden** Erbgang, bei dem beide Merkmale **dominant-rezessiv** vererbt werden. Die Gene der beiden Merkmale liegen **gekoppelt** vor.

Genotypen der Parentalgeneration:
Maispflanze mit violetten, nicht schrumpfenden Körnern: V–N v–n
Maispflanze mit gelben, schrumpfenden Körnern: v–n v–n

In der Aufgabenstellung wird nicht verlangt abzuleiten, wie Sie auf die Genotypen kommen. Um die Aufgabenstellung bearbeiten zu können, müssen Sie aber ggf. auf einem Notizzettel ein Kombinationsquadrat erstellen.

Kreuzung der Parentalgeneration:

Phänotyp	*violette, nicht schrumpfende Körner*	*x*	*gelbe, schrumpfende Körner*
Genotyp	*V–N v–n*		*v–n v–n*
Keimzellen	*V–N; v–n*		*v–n*

Kombinationsquadrat für gekoppelte Gene:

Keimzellen	*V–N*	*v–n*
v–n	*V–N v–n*	*v–n v–n*

Es ergibt sich ein Phänotypenverhältnis von 1 : 1.

Genotypen der F1-Generation:
Maispflanze mit violetten, nicht schrumpfenden Körnern: V–N v–n
Maispflanze mit gelben, schrumpfenden Körnern: v–n v–n

3.1 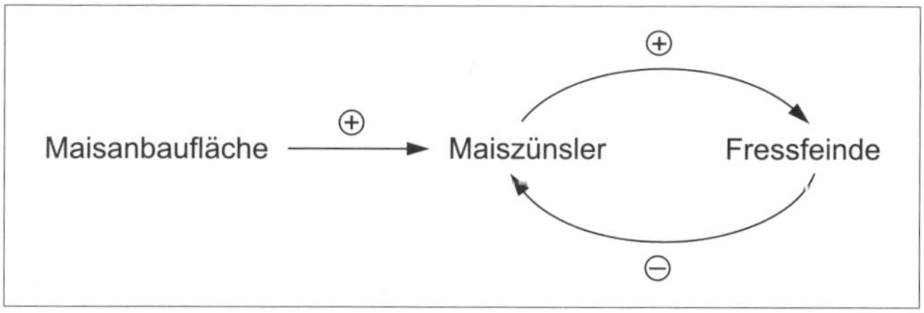

Je größer die Maisanbaufläche ist, desto mehr Nahrung steht für die Raupen der Maiszünsler zur Verfügung, wodurch die Populationsdichte der Maiszünsler steigt.
Je mehr Maiszünsler vorhanden sind, desto mehr Nahrung finden deren Fressfeinde. Die Populationsdichten der Fressfeinde steigen.
Je mehr Fressfeinde es gibt, desto mehr Maiszünsler werden erbeutet. Ihre Populationsdichte sinkt somit.

Auch die Maisanbaufläche soll in das Pfeilschema einbezogen werden. Eine Rückkopplung auf die Fläche ist allerdings nicht möglich. Falls hingegen statt der Anbaufläche die Maispflanzen selbst im Pfeilschema ergänzt würden, so ergäbe sich eine typische Fressfeind-Beute-Wechselbeziehung, wie sie schon zwischen Maiszünsler und dessen Fressfeinden dargestellt ist.

3.2.1 *Laut Angabentext wirkt das Insektizid Clothianidin als Agonist zu dem Transmitter im synaptischen Spalt von erregenden Nervenzellen der Insekten.*

Clothianidin bindet im synaptischen Spalt an die Rezeptoren der postsynaptischen Membran einer erregenden Nervenzelle. Die transmittergesteuerten Natriumionenkanäle öffnen sich, wodurch Natriumionen ins Innere der postsynaptischen Zelle einströmen. Da das Insektizid nicht von transmitterspaltenden Enzymen abgebaut wird, verbleibt es im synaptischen Spalt. Die Clothianidin-Moleküle binden daher dauerhaft an die Rezeptoren. Durch den verstärkten Natriumioneneinstrom in die postsynaptische Zelle kommt es dort zur Dauerdepolarisation und somit zur Dauererregung. Wird diese Erregung an die Muskelzellen weitergeleitet, verkrampfen diese (starre Lähmung) und es kommt zum Tod des Insekts.

3.2.2

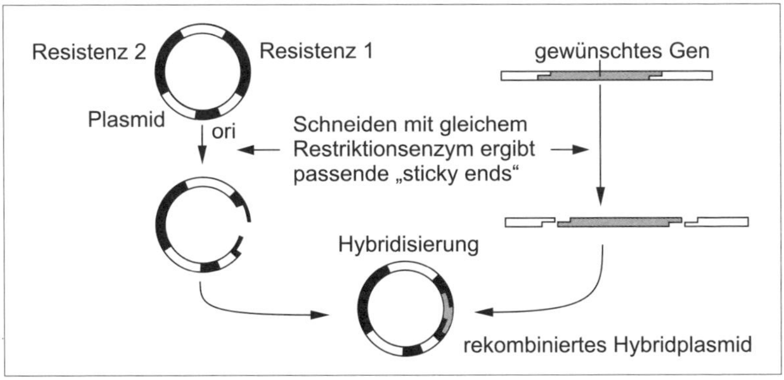

Herstellung eines **Hybridplasmids:**

- **Isolierung** des Gens aus der DNA des Spenderorganismus (hier *B. thuringiensis*): Die DNA aus dem Spenderorganismus wird mit **Restriktionsenzymen** in definierte Stücke geschnitten. Die Schnittstellen sind in der Regel nicht „glatt“, sondern erzeugen sogenannte **„sticky ends“**, überhängende Einzelstränge. Das gewünschte Gen wird dann **identifiziert** und **isoliert.**
- Gewinnung eines geeigneten Plasmids als **Vektor:** Aus Bakterien wird ein Plasmid isoliert und mit dem **gleichen Restriktionsenzym** geschnitten, das zum Zerschneiden der Spendergens verwendet wurde. Die Schnittstelle des Plasmids hat dann die **gleichen „sticky ends“** wie das Spendergen.

- **Hybridisierung**, Einbau der Spender-DNA: Die gewünschte Spender-DNA und die geöffneten Plasmide werden zusammengebracht und durchmischt. Die „sticky ends“ fügen sich komplementär zusammen. Ein Enzym, die **DNA-Ligase**, wird hinzugefügt und verknüpft die Enden miteinander. Gelingt dieser Vorgang, so ist ein **rekombiniertes Hybridplasmid** entstanden.

Selektive Identifizierung von Bakterien mit aufgenommenem Hybridplasmid: Eigenschaften eines geeigneten Plasmids als Vektor:
- Das Plasmid muss mindestens zwei Gene als **Marker** besitzen (z. B. zwei Antibiotikaresistenzen gegen Ampicillin und Tetrazyklin).
- In einem der beiden Resistenzgene muss die **Schnittstelle** für das verwendete Restriktionsenzym liegen, sodass die entsprechende Antibiotikumresistenz durch den Einbau der Spender-DNA in den Vektor verloren geht.

Das Bakteriengemisch (Bakterien ohne Plasmid, mit unverändertem Plasmid oder mit Hybridplasmid) wird z. B. auf einem ampicillinhaltigen Nährboden kultiviert. Bakterien ohne Antibiotikumresistenz sterben darauf ab. Mithilfe der Stempeltechnik überträgt man nun einzelne angewachsene Zellen aus den Kolonien auf einen zweiten Nährboden, z. B. mit Tetrazyklin. Hier werden nur Bakterien wachsen, die ein unverändertes Plasmid aufgenommen haben. Aus einem Vergleich der Koloniemuster beider Nährböden kann man diejenigen Bakterien identifizieren, die zwar eine Ampicillin-, aber keine Tetrazyklinresistenz besitzen.

Der erfolgreiche Einbau von Fremd-DNA könnte auch mittels Gensonden nachgewiesen werden.

4 **Auswirkungen der Herbizide:**
- Triazine hemmen den Elektronentransport in der Thylakoidmembran. Durch die fehlenden Elektronen wird die Reduktion von $NADP^+$ zu $NADPH/H^+$ unterbunden. Es werden keine Redoxäquivalente für die Dunkelreaktion gebildet.

  Außerdem wird der Protonentransport durch die Thylakoidmembran unterbunden. Dies hat zur Folge, dass der Protonengradient zwischen Lumen und Stroma nicht aufrechterhalten werden kann. Somit wird nur noch wenig oder kein ATP mehr gebildet, das für die Dunkelreaktion benötigt wird.

- Diphenylether ähnelt strukturell dem ADP. Es wirkt somit als kompetitiver Hemmstoff für die ATP-Synthase und verringert damit die Synthese von ATP, das für die Dunkelreaktion benötigt wird.
- Pyridazinone zerstören Farbstoffe und somit auch die Pigmente, die für die Fotosynthese wichtig sind. Eine Anregung von Elektronen in Chlorophyllmolekülen ist nicht mehr möglich und die Lichtreaktion kommt zum Erliegen.

Abitur Biologie (Bayern) 2015
Aufgabe C 2: Cyanobakterien

BE

1 Sowohl Cyanobakterien als auch Grünalgen kommen als Einzelzellen und Zellkolonien in zahlreichen Lebensräumen vor. Auch die Fotosynthese läuft bei beiden Organismengruppen gleich ab. Zudem besteht bei den Fotosynthesepigmenten große Übereinstimmung, wobei Cyanobakterien anders als Grünalgen zusätzlich das blaue Pigment Phycocyanin besitzen.

1.1 Die folgende Abbildung zeigt den schematischen Aufbau einer Cyanobakterienzelle:

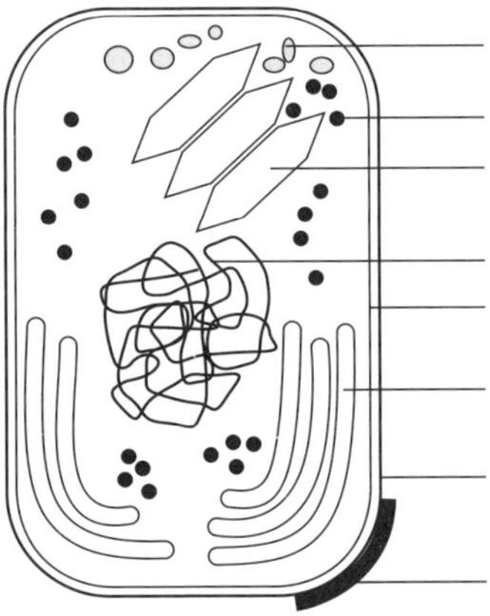

Abb. 1: Schematischer Aufbau einer Cyanobakterienzelle
(verändert nach: V. Wolff (1996): *Giftgrün.* In: Unterricht Biologie. 215, Friedrich Verlag GmbH, Seelze, S. 52–53)

Früher nannte man die Cyanobakterien Blaualgen wegen der genannten Ähnlichkeiten mit den Grünalgen. Erörtern Sie anhand von Abbildung 1, weshalb man heute auf den Begriff Blaualgen verzichten sollte und die Bezeichnung Cyanobakterien gerechtfertigt ist. 5

1.2 Neben fotoautotrophen Organismen kennt man seit dem 19. Jahrhundert auch chemoautotrophe Lebewesen. Im folgenden Schema ist die Chemosynthese farbloser Schwefelbakterien vereinfacht dargestellt:

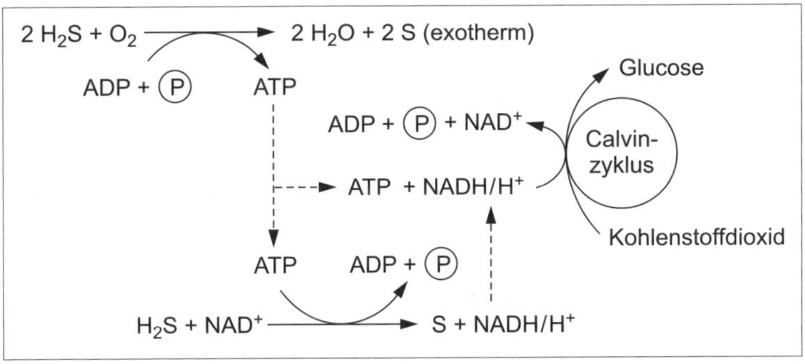

Abb. 2: Vereinfachte, schematische Darstellung der Chemosynthese farbloser Schwefelbakterien
Anmerkung: Calvinzyklus entspricht den lichtunabhängigen Reaktionen
(verändert nach: R. W. Meyer (1990): *Die Chemosynthese*. In: Unterricht Biologie. 153, S. 34)

Vergleichen Sie unter Berücksichtigung von Abbildung 2 die Stoffwechselwege der Chemosynthese und der Fotosynthese im Hinblick auf grundlegende Gemeinsamkeiten und Unterschiede! 8

2 Erstes Leben trat auf der Erde vor ca. 3,5–4 Mrd. Jahren auf. Tabelle 1 zeigt verschiedene in der Erdgeschichte auftretende Organismengruppen. In Abbildung 3 ist vereinfacht die Entwicklung des Sauerstoffgehalts in der Atmosphäre im Verlauf der letzten 4,5 Milliarden Jahre dargestellt.

A	**B**	**C**	**D**
aerobe heterotrophe Prokaryoten	anaerobe, heterotrophe Prokaryoten	mehrzellige Pflanzen	Cyanobakterien mit Fotosynthese

Tab. 1: Verschiedene in der Erdgeschichte auftretende Organismengruppen

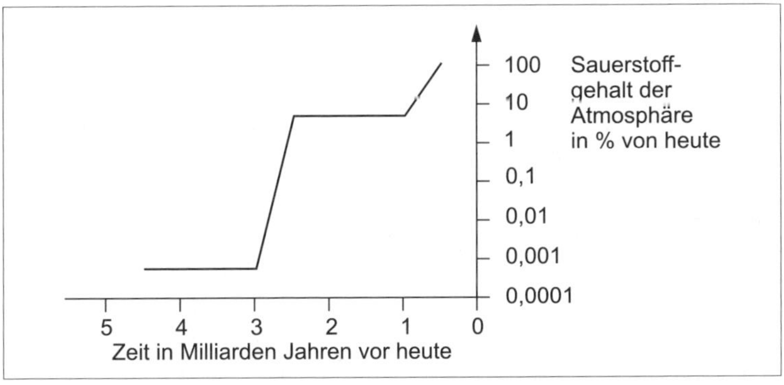

Abb. 3: Entwicklung des Sauerstoffgehalts in der Atmosphäre im Verlauf der letzten 4,5 Milliarden Jahre (verändert nach: J. Markl (2010): Markl Biologie – Oberstufe. Ernst Klett Verlag, Stuttgart, S. 287)

2.1 Schätzen Sie den Zeitpunkt des erstmöglichen Auftretens der angegebenen Organismengruppen A bis D ab und begründen Sie Ihre Angabe! 8

2.2 Auf aerobe Lebewesen wirkt Sauerstoff als begünstigender Selektionsfaktor.
Legen Sie den Selektionsvorteil unter Mitverwendung geeigneter Stoffbilanzgleichungen des Energiestoffwechsels dar! 6

3 Viele Cyanobakterien, z. B. *Anabaena*, haben eine wichtige ökologische Bedeutung im globalen Kohlenstoff- und Stickstoffkreislauf. In den fadenartigen Zellkolonien von *Anabaena* kommen spezielle Zellen vor, die Heterocysten. Diese können aus elementarem Stickstoff mithilfe des Enzyms Nitrogenase Verbindungen herstellen, die für alle Lebewesen unverzichtbar sind.
In einer Versuchsreihe wurde die Aktivität der Nitrogenase untersucht. Es wurde bei allen Experimenten die gleiche Menge des Enzyms eingesetzt. Außerdem fanden die Versuche in Stickstoffatmosphäre statt. Die Ergebnisse sind in Tabelle 2 zusammengefasst.

Ansatz	**Temp.**	**O_2**	**ATP**	**Nitrogenase**	**Kupfer(II)-sulfat**	**Enzymaktivität**
1	20 °C	–	+	+	–	hoch
2	20 °C	–	–	+	–	keine
3	20 °C	+	+	+	–	keine
4	20 °C	–	–	+	+	keine
5	8 °C	–	+	+	–	gering
6	85 °C	–	+	+	–	keine

Tab. 2: Ergebnisse von Experimenten zur Aktivität von Nitrogenase
(+ Substanz vorhanden; – Substanz nicht vorhanden)

3.1 Erklären Sie die Enzymaktivitäten in den Ansätzen 1, 3, 5 und 6! 9

3.2 Begründen Sie, welcher der sechs Versuchsansätze kein aussagekräftiges Ergebnis liefert! Formulieren Sie einen Verbesserungsvorschlag! 4

40

Erwartungshorizont

1.1 Grünalgen sind zwar relativ einfach gebaute Einzeller, sie gehören jedoch systematisch zu den **Eukaryoten**.

Abb. 1 zeigt hingegen, dass die Cyanobakterienzelle Merkmale einer **prokaryotischen** Zelle aufweist:

- Die DNA liegt frei im Cytoplasma vor und nicht in einem von einer Doppelmembran umgebenen Zellkern.
- Es gibt keine membranumhüllten Zellorganellen.
- Die Ribosomen sind die einzigen Zellorganellen.

Die Ribosomen gehören zum 70S-Typ und nicht wie bei Eukaryoten zum 80S-Typ. Außerdem besteht die Zellwand wie bei Bakterien üblich aus Murein und nicht aus Zellulose wie die Zellwand der pflanzlichen Eukaryoten.

Der Begriff Blaualge ist also irreführend und sollte deshalb vermieden werden.

1.2 Beide Stoffwechselwege zeigen einige **Übereinstimmungen:**
ATP ist das Energieäquivalent und wird aus ADP und einem anorganischen Phosphatrest aufgebaut. Außerdem dient anorganisches Kohlenstoffdioxid als **Kohlenstoffquelle**. Durch die lichtunabhängigen Reaktionen des **Calvin-Zyklus** wird der energiereiche, organische Stoff **Glucose** gebildet.

Beide Stoffwechselwege weisen jedoch auch deutliche **Unterschiede** auf:

- Als **Elektronenquelle** dient bei der Fotosynthese Wasser, bei der Chemosynthese hingegen H_2S.
- Als **Energiequelle** dient bei der Fotosynthese Licht, bei der Chemosynthese jedoch die exotherme Reaktion von H_2S.
- Als **Reduktionsäquivalent** dient bei der Fotosynthese $NADPH/H^+$, bei der Chemosynthese jedoch $NADH/H^+$.
- Während Wasser bei der Fotosynthese als Edukt fungiert und Sauerstoff produziert wird, verhält es sich bei der Chemosynthese genau umgekehrt (Sauerstoff als Edukt, Wasser als Produkt).

2.1 Das erstmögliche Auftreten lag bei der Organismengruppe …

- **B vor ca. 3,5 bis 4 Milliarden Jahren**, da die Ursuppe den heterotrophen Organismen als Nahrungsquelle zur Verfügung stand und die nahezu sauerstofffreie Uratmosphäre nur Anaerobiern das Überleben ermöglichte.
- **D vor ca. 3 Milliarden Jahren**, da der Sauerstoffanstieg in der Atmosphäre auf die Fotosynthesetätigkeit der autotrophen Cyanobakterien hinweist.
- **A ab ca. 3 Milliarden Jahren**, da nun den Aerobiern durch den steigenden Sauerstoffgehalt der Atmosphäre genügend Sauerstoff zur Verfügung stand.
- **C vor ca. 1 Milliarden Jahren**, da sich die Atmosphäre durch deren Fotosynthesetätigkeit seitdem weiter mit Sauerstoff – bis zum heutigen Sauerstoffgehalt – anreicherte.

..2 *Nach der Aufgabenstellung muss der Selektionsfaktor unter Mitverwendung einer geeigneten Stoffbilanzgleichung dargelegt werden; die Stoffbilanzgleichung muss also Rückschlüsse auf die Energieausbeute zulassen. Die hier verwendete Bilanz der alkoholischen Gärung ist jedoch nur eine Möglichkeit.*

Der Selektionsvorteil für die aeroben Lebewesen liegt in der **deutlich höheren Energieausbeute** bei der Zellatmung pro Mol abgebauter Glucose und damit in der effizienteren Nutzung der Nährstoffressourcen.
Bei der alkoholischen **Gärung** wird 1 mol Glucose während der Glykolyse in mehreren Schritten unter **anaeroben** Bedingungen zu 2 mol Brenztraubensäure abgebaut. Dabei entstehen **2 mol ATP** und 2 mol $NADH/H^+$.

$$C_6H_{12}O_6 + 2\ ADP + 2\ P_i \longrightarrow 2\ C_2H_5OH + 2\ CO_2 + 2\ ATP$$

Dagegen wird unter **aeroben** Bedingungen bei der **Zellatmung** nach der Glykolyse die energiereiche Brenztraubensäure weiter abgebaut. Durch oxidative Decarboxylierung und den Zitronensäurezyklus entstehen aus 2 mol Brenztraubensäure 6 mol Kohlenstoffdioxid. In der anschließenden Atmungskette wird der von den Reduktionsäquivalenten aufgenommene Wasserstoff zusammen mit den aufgenommenen Elektronen auf Sauerstoff übertragen. Insgesamt können so **38 ATP** erzeugt werden.

$$C_6H_{12}O_6 + 6\ O_2 + 38\ ADP + 38\ P_i \longrightarrow 6\ CO_2 + 6\ H_2O + 38\ ATP$$

3.1 Im **Ansatz 1** zeigt sich eine hohe Enzymaktivität. Die Temperatur liegt bei 20 °C, der Ansatz ist sauerstofffrei und enthält ATP. Diese Bedingungen sind vermutlich für die Aktivität der Nitrogenase relevant und optimal.
Im **Ansatz 3** zeigt sich dagegen keine Enzymaktivität. Da hier unter ansonsten gleichbleibenden Bedingungen Sauerstoff eingeleitet wurde, muss dieser die Enzymaktivität hemmen.
Im Vergleich zu Ansatz 1 wurde bei **Ansatz 5** unter ansonsten gleichbleibenden Bedingungen die Temperatur von 20 °C auf 8 °C erniedrigt. Aufgrund der **RGT-Regel** lässt sich die geringere Aktivität der Nitrogenase damit erklären, dass sich die Reaktionsgeschwindigkeit chemischer Reaktionen bei einer Temperaturerniedrigung um 10 °C halbiert bis drittelt.
Bei einer Temperaturerhöhung auf 85 °C zeigt sich im **Ansatz 6** bei ansonsten konstanten Bedingungen im Vergleich zu Ansatz 1 keine Enzymaktivität. Dies ist auf die Hitzedenaturierung der Enzymproteine zurückzuführen.

3.2 **Ansatz 4** liefert kein aussagekräftiges Ergebnis, da hier im Vergleich zu Ansatz 1 zwei Bedingungen gleichzeitig geändert wurden: Es fehlt ATP und es wurde Kupfer(II)-sulfat zugegeben. Aus Ansatz 2 geht jedoch hervor, dass ATP für die Enzymaktivität notwendig ist.
Um den Einfluss von Kupfer(II)-sulfat auf die Aktivität von Nitrogenase zu untersuchen, müssten für Ansatz 4 also die gleichen Versuchsbedingungen wie bei Ansatz 1 gelten. Dazu wird dann Kupfer(II)-sulfat gegeben.